无线电监测理论与实践

孙　涛　胡佳庆　王　鑫　编著

中国海洋大学出版社
·青岛·

图书在版编目（CIP）数据

无线电监测理论与实践／孙涛，胡佳庆，王鑫编著
. -- 青岛：中国海洋大学出版社，2022. 8（2023.10重印）
ISBN 978-7-5670-3271-2

Ⅰ. ①无… Ⅱ. ①孙… ②胡… ③王… Ⅲ . ①无线电
信号－监测 Ⅳ. ① TN911

中国版本图书馆 CIP 数据核字（2022）第 166665 号

出版发行	中国海洋大学出版社		
社　　址	青岛市香港东路 23 号	邮政编码	266071
出 版 人	刘文菁		
网　　址	http://pub.ouc.edu.cn		
电子信箱	zhengxuejiao@ouc-press.com		
订购电话	0532－82032573（传真）		
责任编辑	郑雪姣	电　　话	0532-85901092
印　　制	日照日报印务中心		
版　　次	2022 年 12 月第 1 版		
印　　次	2023 年 10 月第 2 次印刷		
成品尺寸	170 mm ×230 mm		
印　　张	19.75		
字　　数	385 千		
印　　数	601 ～ 1400		
定　　价	59.00 元		

 FOREWORD

随着社会经济的飞速发展,各行各业对无线电业务提出了越来越广泛和迫切的需求,无线电业务从技术体系到应用领域都呈现出日新月异、如火如荼的发展态势。在无线电技术进步的支撑下,无线电业务在国民经济各行业与各领域迅速普及、广泛渗透,日益发挥着基础平台和关键支撑的作用,成为直接推动经济发展和社会进步的重要生产力要素。

由于无线电新技术、新设备的大量运用和无线电监测工作的大量增加,无线电监测系统和监测任务日趋复杂,无线电监测技术人员有许多新的知识和技能需要去学习和充实,迫切需要系统化、理论与实践相结合的无线电监测培训书籍。为了适应无线电监测工作变化发展,满足无线电相关从业人员的需求,我们从现有无线电监测网的实际出发,以通信相关专业的无线电基础理论为依托,编写了这本以无线电相关从业人员为主要对象,同时也可以扩展到其他相关行业的《无线电监测理论与实践》。

本书在风格上力求文字精练、脉络清晰,阐述了无线电监测及测向理论与实践应用,主要包含了无线电基础概述、信号特征分析、监测及测向原理、主要监测设施及建设施工要求、无线电技术发展应用及未来展望等方面的内容。本书可作为无线电工作人员培训的学习用书,也可供无线电、通信等专业的学生以及从事无线电相关工作的工程人员参考。

在编写过程中,我们参考了很多无线电监测方面相关的著作、学术论文及互联网上的文章,这些都给予了编者很大的启迪,在此表示由衷感谢。由于水平有限,难免存在不足,敬请读者批评指正。

目　录　CONTENTS

第一章　无线电概述

第一节　无线电基础

1. 基本概念

（1）无线电的发现。

无线电的通信起源可以追溯到 100 多年前无线电的发现。1831 年,英国法拉第首先发现了电磁感应现象。1865 年,英国科学家麦克斯韦在总结前人研究电磁现象的基础上,于 1873 年总结出了电磁场理论方程组,建立了完整的电磁场理论。1887 年赫兹验证了电磁波的存在。1895 年意大利的马可尼和俄国的波波夫分别利用电磁波成功地进行了莫尔斯电码的发射和接收的实验,发展了无线电,开创了人类开发利用无线电的新纪元。无线电经过一百多年的发展,逐步被人类所认识,并被广泛运用于国防建设、经济发展、社会生活的各个领域,在人类社会的发展中起到了重要的推动作用。其中,德国物理学家赫兹用实验证实了电磁波的存在,为无线电技术的发展开拓了道路,被誉为无线电通信的先驱。后人为了纪念他,用他的名字命名了频率的单位。

1905 年 7 月,北洋大臣袁世凯在天津开办了无线电训练班,购置马可尼无线电机,在南苑、保定、天津等处行营及部分军舰上装用,用无线电进行相互联系,开办了中国第一所中央政府所属军用无线电报学堂。中国人自己开办的第一个广播电台是由无线电专家刘瀚 1926 年 10 月 1 日在哈尔滨创办的。早期,国际无线电管理机构划分了专门的无线电频率用于海上船舶遇险呼救,呼救信号是 SOS。1958 年 5 月 1 日,新中国的第一家电视台——北京电视台成立,并试验播出,1958 年 9 月 2 日正式播出,北京电视台是中央电视台的前身。

（2）无线电波。

无线电波是电磁波的一部分，它通过电场和磁场的交替变化，以 $3×10^8$ 米/秒（光速）在自由空间（包括空气和真空）向各个方向传播。其频率一般为 3 kHz～300 GHz。

（3）无线电波段。

无线电波根据波长和频率，可分为超长波、长波、中波、短波、超短波、微波等波段（也称频段）。长波，主要用于导航，引导舰船和飞机按预定线路航行；中波作为大众媒介的信息渠道，我们平时就是在这个波段收听本地广播电台的中波节目；短波作为远距离通信频率；超短波作为电视的信使，此外，还有一部分用于高质量的调频广播。

长波，指波长为 1 000～10 000 m 的无线电波。长波传播时，具有传播稳定优点。其传播方式主要是绕地球表面以电离层波的形式传播，作用距离可达几千到上万 km，此外，在近距离（200～300 km）也可以由地面波传播，主要用于对潜艇的通信和远洋航行的舰艇通信等。

中波，指波长为 100～1 000 m 的无线电波，主要用于广播、导航和通信等方面。中波传播兼有长波和短波传播的某些特点，它既可以沿地表面绕射传播，也可以通过电离层反射传播。

短波，是指波长为 10～100 m 范围内的无线电波。短波可以沿地面以地波方式传播，也可通过电离层反射以天波方式传播。短波的主要传播途径是天波，依靠电离层来反射传播的，广泛用于远距离通信和广播。

超短波，指波长为 1～10 m 的无线电波。主要依靠空间波传播，用于导航、电视、调频广播、雷达、电离层散射通信、固定和移动通信业务等。

微波，是使用波长为 0.1 mm 至 1 m 之间的无线电波。微波不需要固体介质，当两点间直线距离内无障碍时就可以使用微波传送。利用微波进行通信具有容量大、质量好并可传至很远的距离，因此是国家通信网的一种重要通信手段，也普遍适用于各种专用通信网。

通常情况下，无线电波的频率越高，损耗越大，反射能力越强，绕射能力越低。无线电波的频率越高，其波长越短；无线电波的频率越低，其波长越长。

（4）无线电波的传播方式。

无线电波有四种主要传播方式，即地波、天波、空间波和散射波。

地波，沿地面传播的无线电波叫地波，又叫表面波。电波的波长越短，越容易被地面吸收，因此只有长波和中波能在地面传播。

天波，经过空中电离层的反射或折射后返回地面的无线电波叫天波。短波是利用电离层反射传播的最佳波段。利用电离层反射的传播方式称为天波传输。

空间波,直射波和地面反射波统称为空间波,其传播情形主要取决于对流层和地面。超短波通常是利用空间波来传播的。

散射波,利用对流层或电离层对电波的散射作用而传播的电波,其传播情形主要取决于对流层或电离层。利用散射波可实现超短波中距离和远距离通信及雷达的远程侦察。

在中波、短波和长波传输过程中,长波最为稳定。

(5)无线电频率资源的特性。

无线电频率既有一般自然资源属性,又有它自身特殊的固有属性。无线电频谱的属性包括两个主要方面:一是无线电频谱是自然资源,属国家所有;从世界范围来讲,无线电频谱又是一项人类共享的自然资源。二是无线电频率还有它的固有特性,主要有 6 个方面:

有限性。由于较高频率上无线电波的传播特性,无线电业务不能无限地使用较高频段的无线电频率,目前人类对于 3 000 GHz 以上的频率还无法开发和利用,尽管使用无线电频谱可以根据时间、空间、频率和编码四种方式进行频率的复用,但就某一频段和频率来讲,在一定的区域、一定的时间和一定的条件下使用频率是有限的。

排他性。无线电频谱资源与其他资源具有共同的属性,即排他性,在一定的时间、地区和频域内,一旦被使用,其他设备是不能再用的。

复用性。虽然无线电频谱具有排他性,但在一定的时间、地区、频域和编码条件下,无线电频率是可以重复使用和利用的,即不同无线电业务和设备可以频率复用和共用。

非耗竭性。无线电频谱资源又不同于矿产、森林等资源,它是可以被人类利用,但不会被消耗掉,不使用它是一种浪费,使用不当更是一种浪费,甚至由于使用不当产生干扰而造成危害。

固有传播特性。无线电波按照一定规律传播,不受行政地域的限制,是无国界的。

易污染性。如果无线电频率使用不当,就会受到其他无线电台、自然噪声和人为噪声的干扰而无法正常工作,或者干扰其他无线电台站,使其不能正常工作,使之无法准确、有效和迅速地传送信息。

(6)电磁辐射。

电磁辐射是指能量以电磁波形式由源发射到空间的现象。电磁辐射在我们周围的环境中随处存在,所有的电子和电气设备在工作时都会产生电磁辐射,如电视机、电吹风、计算机、日光灯等家用电器,电动机、输电线、变压器、电焊等工

3

业设备和 X 光机、CT 仪、紫外线器械等医疗设备工作时都会产生电磁辐射。还有大家熟悉的广播电视、无线电通信、无线导航等无线电通信设备也是通过电磁辐射来传输声音、数据和图像。电磁辐射正被人们不断地开发利用,将会渗透到人们生活中更多的领域。

当电磁辐射能量(其大小用场强表示)被控制在一定限度内时,它对人体、有机体及其他生物体是有益的,它可以加速生物体的微循环、防止炎症的发生,还可促进植物的生长和发育。电磁辐射只有达到一定强度(即超过了安全卫生标准的限值)才会对人体健康造成危害。

广播电视、移动通信(含手机或基站)、家用电器、医疗设备、测量与控制设备等,都会产生电磁辐射。如无线上网正常使用,但附近有微波炉工作时,无线上网网络会时断时续,主要是由微波炉产生的电磁干扰生成的。但是并不是所有电磁辐射对人体都能造成伤害,而是达到一定量或者说强度后,才会对人有害。

(7) 无线电监测。

无线电监测是采用先进的技术手段和一定的设备对无线电发射的基本参数如频率、频率误差、射频电平、发射带宽等系统地进行测量,对声音信号进行监听,对发射标识识别确定,对频段利用率和频道占用度进行统计,分析信号使用情况,以便合理、有效地指配频率,对非法电台和干扰源测向定位进行查处。

无线电测向,是指利用接收无线电波来确定一个电台或目标的方向的无线电定位。

2. 国际电信联盟

国际电信联盟是联合国的一个重要专门机构,也是联合国机构中历史最长的一个国际组织,简称"国际电联""电联"或"ITU"。其历史可以追溯到 1865 年。为了顺利实现国际电报通信,1865 年 5 月 17 日,法国、德国、俄国、意大利等 20 个欧洲国家的代表在巴黎签订了《国际电报公约》,国际电报联盟(ITU)也宣告成立。随着电话与无线电的应用与发展,国际电信联盟的职权不断扩大,1906 年,德、英、法、美、日等 27 个国家的代表在柏林签订了《国际无线电报公约》。1932 年,70 多个国家的代表在西班牙马德里召开会议,将《国际电报公约》与《国际无线电报公约》合并,制定《国际电信公约》,并决定自 1934 年 1 月 1 日起正式改称为"国际电信联盟",经联合国同意,1947 年 10 月 15 日国际电信联盟成为联合国的一个专门机构,其总部由瑞士伯尔尼迁至日内瓦。1969 年 5 月 17 日,是国际电信联盟的成立日,这一天被定为"世界电信日"。中国 1920 年加入国际电报联盟,1972 年被国际电信联盟理事会承认并恢复中国的合法席位,1973 年被选为电联理事国。

国际电信联盟是联合国的 15 个专门机构之一,其成员包括 193 个成员国和700 多个部门成员及部门准成员和学术成员,在法律上不是联合国附属机构,它的决议和活动不需联合国批准,但每年要向联合国提出工作报告。国际电信联盟是主管信息通信技术事务的联合国机构,负责分配和管理全球无线电频谱与卫星轨道资源,制定全球电信标准,向发展中国家提供电信援助,促进全球电信发展。

(1)宗旨使命。

国际电信联盟的宗旨,可定义如下:

保持和发展国际合作,促进各种电信业务的研发和合理使用;

促使电信设施的更新和最有效的利用,提高电信服务的效率,增加利用率和尽可能达到大众化、普遍化;

协调各国工作,达到共同目的,这些工作可分为电信标准化、无线电通信规范和电信发展 3 个部分,每个部分的常设职能部门是"局",其中包括电信标准局(TSB)、无线通信局(RB)和电信发展局(BDT)。

国际电联的使命是使电信和信息网络得以增长和持续发展,并促进普遍接入,以便世界各国人民都能参与全球信息经济和社会并从中受益。

国际电联还针对防灾和减灾努力加强应急通信。尽管发展中国家和发达国家均会受到自然灾害的威胁,但是较贫穷的国家由于其薄弱的经济能力和资源的匮乏往往受到最沉重的打击。

无论是制定全球范围内电信服务的标准,还是通过对无线电频谱和卫星轨道进行公平管理以便将无线业务推广到世界每个角落,抑或向努力制定电信发展战略的国家提供支持,国际电联开展的所有工作均围绕着一个目标,即让所有人均能够方便地获取信息和通信服务,从而为全人类的经济和社会发展做出重大贡献。

(2)成员情况。

国际电联既吸收各国政府作为成员国加入,也吸收运营商、设备制造商、融资机构、研发机构和国际及区域电信组织等机构作为部门成员加盟。

随着电信在全面推动全球经济活动中的作用与日俱增,加入国际电联使政府和机构能够在这个拥有 140 多年世界电信网络建设经验的机构中发挥积极作用。通过加入这一世界上规模最大,最受尊重和最有影响的全球电信机构,政府和行业都能确保其意见得到表达,并有力和有效地推进发展我们周围的世界再次旧貌换新颜。私营公司及其他机构可以根据其关注领域,选择加入国际电联三个部门当中的一个或多个。无论通过出席大会、全会及技术会议,还是从事日常工作,成员都可以享受到独特的交流机会和广泛交流环境,讨论问题并结成业

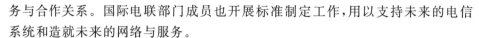

务与合作关系。国际电联部门成员也开展标准制定工作,用以支持未来的电信系统和造就未来的网络与服务。

(3)主要工作。

管理国际无线电频谱和卫星轨道资源是国际电联无线电通信组(ITU-R)的核心工作。

国际电联《组织法》规定,国际电联有责任对频谱和频率指配,以及卫星轨道位置和其他参数进行分配和登记,避免不同国家间的无线电电台出现有害干扰。因此,频率通知、协调和登记的规则程序是国际频谱管理体系的依据。ITU-R 的主要任务亦包括制定无线电通信系统标准,确保有效使用无线电频谱,并开展有关无线电通信系统发展的研究。此外,ITU-R 从事有关减灾和救灾工作所需无线电通信系统发展的研究,具体内容由无线电通信研究组的工作计划予以涵盖。与灾害相关的无线电通信服务内容包括灾害预测、发现、预警和救灾。在有线通信基础设施遭受严重或彻底破坏的情况下,无线电通信服务是开展救灾工作最为有效的手段。

国际电联《无线电规则》及其"频率划分表"定期进行修订和更新,以满足人们对频谱的巨大需求。这一修订和更新工作对于适应现有系统的迅速发展并满足开发中的先进无线技术对频谱的需求十分重要。每三至四年举行一次的国际电联世界无线电通信大会(WRC)是国际频谱管理进程的核心所在,同时也是各国开展实际工作的起点。世界无线电通信大会审议并修订《无线电规则》,确立国际电联成员国使用无线电频率和卫星轨道框架的国际条约,并按照相关议程,审议属于其职权范围的、任何世界性的问题。

从实施《无线电规则》,到制定有关无线电系统和频谱/轨道资源使用的建议书和导则,ITU-R 通过开展种类繁多的活动在全球无线电频谱和卫星轨道管理方面发挥着关键作用。数量巨大、增长迅速且有赖于无线电通信来保障陆地、海上和空中人身财产的各类业务,如固定、移动、广播、业余、空间研究、气象、全球定位系统和环境监测等,对频谱和轨道这些有限的自然资源的需求与日俱增。

无线电通信部门研究无线通信技术和操作,出版建议书,还行使世界无线电行政大会(WARC)、(CCZR)和频率登记委员会的职能,包括:

无线电频谱在陆地和空间无线电通信中的应用;

无线电通信系统的特性和性能;

无线电台站的操作;

遇险和安全方面的无线电通信。

第二节　无线电的应用

1.无线电的用途

无线电最早应用于航海中,使用摩尔斯电报在船与陆地间传递信息。现在,无线电有着多种应用形式,包括无线数据网,各种移动通信以及无线电广播等。

以下是一些无线电技术的主要应用:

广播。调幅广播采用幅度调制技术,即话筒处接受的音量越大则电台发射的能量也越大。这样的信号容易受到诸如闪电或其他干扰源的干扰。调频广播可以比调幅广播更高的保真度传播音乐和声音。对频率调制而言,话筒处接受的音量越大对应发射信号的频率越高。调频广播工作于甚高频段。频段越高,其所拥有的频率带宽也越大,因而可以容纳更多的电台。同时,波长越短的无线电波的传播也越接近于光波直线传播的特性。调频广播的边带可以用来传播数字信号,如电台标识、节目名称简介、网址、股市信息等。

电视。通常的模拟电视信号采用将图像调幅,伴音调频并合成在同一信号中的方式传播。数字电视采用 MPEG-2 图像压缩技术,由此大约仅需模拟电视信号一半的带宽。

电话。移动电话是当前最普遍应用的无线通信方式。当前广泛使用的移动电话系统标准包括 GSM、CDMA 和 TDMA 等。运营商已经开始提供的 5G 移动通信服务。

数据传输。数字微波传输设备、卫星等通常采用正交幅度调制。QAM 调制方式同时利用信号的幅度和相位加载信息,这样,可以在同样的带宽上传递更大的数据量。

蓝牙。蓝牙是一种短距离无线通信的技术。它可以支持便携式计算机、移动电话以及其他的移动设备之间相互通信进行数据和语音传输。蓝牙技术的最大好处是消除了电缆线。目前蓝牙技术的传输范围为 10 米左右,速率为 1 Mb/s,新标准出来后,可使传输范围达到 100 米。

辨识。利用主动及被动无线电装置可以辨识以及表明物体身份。RFID,即射频识别,俗称电子标签。RFID 射频识别是一种非接触式的自动识别技术,它通过射频信号自动识别目标对象并获取相关数据,识别工作无须人工干预,可工作于各种恶劣环境。RFID 广泛应用在物流、零售、仓储、交通、防伪、安防、医疗、军事等各个领域,我们常用的公交 ID 卡就属此类。

业余无线电。业余无线电是无线电爱好者参与的无线电台通信。业余无线电台可以使用整个频谱上很多开放的频段。爱好者使用不同形式的编码方式和技术。有些后来商用的技术,比如调频、上边带调幅、数字分组无线电和卫星信号转发器,都是由业余爱好者首先应用的。

导航。所有的卫星导航系统都使用装备了精确时钟的卫星。导航卫星播发其位置和定时信息。接收机同时接受多颗导航卫星的信号。接收机通过测量电波的传播时间得出它到各个卫星的距离,然后计算得出其精确位置。

雷达。通过测量反射无线电波的延迟来推算目标的距离,并通过反射波的极化和频率感应目标的表面类型。

加热。如微波炉利用高功率的微波对食物加热。

生物学应用。是一种能够对昆虫进行无线遥控的新技术。

动力。无线电波可以产生微弱的静电力和磁力。在微重力条件下,这可以被用来固定物体的位置。

宇航动力。有方案提出可以使用高强度微波辐射产生的压力作为星际探测器的动力。

天文学。通过射电天文望远镜接收到的宇宙天体发射的无线电波信号可以研究天体的物理、化学性质。这门学科叫作射电天文学。

(1)无线电广播。

根据将声音调制在无线电波上的不同,无线电波又分为调频波与调幅波两大类,调频波简称为 FM,范围为 87~108 MHz。调幅波简称 AM,可分为中波、短波、长波,相对应的英文简称为 MW、SW、LW。

现在世界上各个广播电台发射的无线电波有两种:一种叫调幅波,另一种叫调频波。能接收调幅波的收音机就叫调幅收音机,能接收调频波的收音机就叫调频收音机。调频广播抗干扰能力强,节目听起来要比调幅广播高音丰富、清晰、逼真。但调频广播不能做远距离广播用。

调幅广播在我国只有中波和短波两个大波段的无线电广播。中波广播主要靠地波传播,也伴有部分天波;短波广播主要靠天波传播,近距离内伴有地波。短波传播距离远、经济方便,在通信和广播领域,短波传播很快超过了中波传播。调频制无线电广播多用超短波(甚高频)无线电波传送信号,使用频率为 88~108 MHz,主要靠空间波传送信号。

(2)无线电对讲机。

无线电对讲机是用于发射和接收语音信息的双向无线电通信设备。每一部无线电对讲机包括一个发射器和一个接收器、一个麦克风和一个扩音器、一条天线和一组电源。手提式对讲机用电池作为电源,而车载式无线电可使用汽车电源。

当发信者对着麦克风说话时,语音信号即转换为电信号,电信号再经发射器放大为无线电信号,传送至天线,经天线发射到空中,受信方的天线接收到该信号后,送到接收器,解调为原来的语音信号,由扩音器播放出来,这样,就可以听见发信者的声音了。

对讲机从使用方式上,可分为手持式、车(船、机)载式、固定式、转发式。

从通信工作方式上,可分为单工通信工作的单工机和双工通信工作的双工机。

从技术设计上,可分为模拟对讲机和数字对讲机。

从设备等级上,可分为业余无线电对讲机和专业无线电对讲机。

从通信业务上,可分为公众对讲机、数传对讲机、警用对讲机、航空对讲机、船用对讲机。

(3)无线电遥测。

无线电遥测就是利用无线电波在离测量仪器有一定距离的地方自动地显示或记录测量结果的过程。广泛应用在电力、水利、铁路、人防、军事、路灯、自来水、油田、环保、燃气管道监控等国民经济的重要行业中,目前在这些行业的无线遥控遥测 SCADA 系统已日趋完善,并且逐渐形成了比较规范的行业标准,在技术层面上得到了广大客户的认可,使 SCADA 系统进入了一个高速增长期。SCADA 系统的主要传输途径是无线数传电台,数传电台是集无线通信技术、无线调制解调技术、计算机控制技术为一体的高新技术产品。

(4)无线电遥控。

无线电遥控就是利用无线电波把测量和控制装置与判决单元联通,以实现对远距离操作设备控制的过程。这些信号被远方的接收设备接收后,可以指令或驱动其他各种相应的机械,去完成各种操作,如闭合电路、移动手柄、开动电机,再由这些机械进行需要的操作。所以,各个控制的信号在频率和延续的时间上都彼此不同,无线电遥控在船舶、飞机、导弹等应用上极为广泛。

(5)无线电运动。

无线电运动是现代科技与体育相结合的产物。它要求运动员具有一定的无线电技术和其他有关方面的知识。

无线电运动包括无线电工程设计制作、无线电快速收发报、无线电测向、无线电通信多项和业余无线电台等五个项目。

无线电工程设计制作以训练无线电理论为目的,参赛者按统一的规定装制和调试无线电设备,以速度快,性能好者为优胜。

无线电快速收发报以练习抄收和拍发莫尔斯电码电报为内容。速收发报竞赛以收发报的速度快,错误少者为优胜。

无线电测向是以无线电测向机为工具,寻找隐蔽发射台的运动。以在规定时间内找到的电台数量多者为优胜。因发射台隐蔽巧妙不易发觉,被喻为"狐狸",测向运动因此有叫"猎狐运动"。

无线电通信多项是运动员携带小型电台在野外完成的一系列通信任务的运动。其中包括开设电台,定向行军,行进中无线电专向通话,抄收无线电讯号和通播电报,专向通报,拆收电台七个项目。比赛以完成任务时间短,错误少者为优胜。

业余无线电台是无线电爱好者利用业余电台进行训练、研究和比赛的活动,主要形式是开设业余电台,在业余频段上同世界各地的无线电爱好者进行通信联络。比赛以在规定时间内联络到的电台多、区域广、距离远者为胜。设立无线电台须经国家有关部门批准。中华人民共和国第一座集体业余电台始建于1958年,呼号为"BYIPK"。世界各国开展业余无线电运动的项目名称、组织形式和活动内容不尽相同,联合国国际电信联盟把凡是业余的经正式核准的,单纯由于个人兴趣,有志于无线电技术的人员,不是为了盈利而用以自我训练,相互通信及进行各种技术探讨的无线电通信业务称为"无线电业余业务"。中国的业余无线电活动主要包括业余电台通信活动、无线电测向运动、无线电通信多项、无线电快速收发报和无线电工程制作竞赛5项活动。

(6) 无线电台。

无线电台是指为开展无线电通信业务或射电天文业务所必需的一个或多个发信机或收信机,或它们的组合(包括附属设备)。

无线电台执照是合法设置、使用无线电台(站)的法定凭证。使用各类无线电台(站),应当持有无线电台执照,按规定不需要取得无线电台执照的除外。

无线电频率或无线电频道的指配,是指将无线电频率或频道批准给无线电台使用。

设置使用无线电台站,应具备以下4个具体条件:无线电设备符合国家技术标准;操作人员熟悉无线电管理的有关规定,并具有相应的业务技能和操作资格;必要的无线电网络设计,符合经济合理的原则,工作环境安全可靠;设台(站)单位或者个人有相应的管理措施。

无线电台站根据使用频段或业务范围进行分类,可分为长波电台、中波电台、短波电台、超短波电台、微波电台等。

(7) 数字通信。

数字通信就是把需要传送的原始信号变成一系列数字脉冲(最常用的是二进制编码)来传输的通信方式,称为数字通信。信息源可以是产生或存储各种信息的人或机器,用户可以是接收或记录这些信息的人或机器,就可以实现人与人、人与机、机与机的通信。数字通信的特点是传递离散的(不连续的)数字脉冲,这种数字脉冲可以代表文字、语言或图像,但要把文字、语言或图像与数字脉冲序列间建立起对应的关系。目前采用的调制方式有两种:脉码调制和增量调制。

数字通信的优点有以下几点。

① 由于在传输过程中只需识别脉冲的有无,故抗干扰能力强。

② 由于在传输过程中可通过再生中继器将失真了的脉冲再生为完整的脉冲,故失真不致沿线积累,传输距离远,通信质量高。

③ 各种不同形式的信号,如电话、传真、电视等,都化成数字脉冲传输,有利于组成统一的通信网和提高传输质量,并便于保密。

④ 由于大量采用逻辑电路,便于集成电路化;也易于利用现代固体器件及计算机技术的成果。目前世界上大多数国家都在采用数字通信。

(8) 业余无线电通信。

业余无线电通信的英语名字是"Amateur Radio",符合国际电信联盟组织(ITU)定义的业余无线电爱好者是"Radio Amateur",在世界上又普遍被称为"HAM"。由于"HAM"在英语中释义为"火腿",所以"火腿"又成了从事业余无线电通信的爱好者们的另一个名字。

用于业余业务的电台称业余电台。业余电台是经过所在国家主管部门正式批准,业余无线电爱好者为了试验收发信设备、进行技术探讨、通信训练和比赛而设立的电台。

设立业余无线电台必须不以金钱利益为目的;只为个人对无线电技术抱有兴趣的人服务。

业务内容是自我训练、相互通信和技术研究。因此,仅以方便为由,或为了节省电话费用及商业销售而设立的业余无线电台是违法行为。此外,使用已获许可的业余无线电台进行商业销售联系、交通信息交换和清理事故现场联络等业务,显然也是目的以外的通信。如果以从事上述业务为目的,应该设立相应的专用无线电台。

设置个人业余电台应具备以下条件:年满十八岁以上的中华人民共和国公民,并为中国无线电运动协会会员、具有《中华人民共和国个人业余无线电台操作证书》、本人拥有符合《无线电发射的标识及必要带宽的确定》《无线电发射机杂散发射功率电平的限值和测量方法》和《发射机频率容限》等国家标准的无线电收发信设备,工作环境安全可靠,有必要的管理措施,熟悉并遵守国际、国内有关业余电台管理方面的规定。设置、使用业余无线电台,必须向业余无线电协会申请同意后,报无线电管理机构审批,领取无线电台执照。

个人业余电台遇到紧急救援和抢险救灾等紧急情况时可以和非业余电台进

行联络,但事后应及时向当地无线电运动协会和当地无线电管理机构报告。地震等自然灾害中,大部分的通信都被迫中断,最早在灾区出现的通信网,就是由当地的无线电爱好者通过无线对讲机联通的。在旅游爱好者中,也有非常多的朋友在使用业余无线对讲机。

(9)公众对讲机。

公众对讲机是指发射功率不大于 0.5 W,工作于指定频率的无线对讲机,其无线电发射频率、功率等射频技术指标须符合规定要求。设置和使用公众对讲机,不需领取电台执照,免收频率占用费。禁止在机场和飞行器上使用公众对讲机。禁止与公众电话网、公众移动通信网互联。已经国家无线电管理机构型号核准的公众对讲机,任何单位和个人不得擅自更改使用频率、加大发射功率(包括额外加装射频功率放大器),不得擅自外接天线或改用其他发射天线,或改变原设计特性及功能。任何生产厂商和进口商必须接受无线电管理机构对其产品性能指标进行必要的检查或测试。

除公众移动电话、民用公众对讲机、微功率短距离无线电发射设备可以不办理无线电台站设置、使用的审批手续,其他无线电发射设备的设置使用都需办理设台手续。

(10)移动通信。

移动通信是沟通移动用户与固定点用户之间或移动用户之间的通信方式,通信双方有一方或两方处于运动中的通信。包括陆、海、空移动通信。采用的频段遍及低频、中频、高频、甚高频和特高频。移动通信系统由移动台、基台、移动交换局等组成。若要同某移动台通信,移动交换局通过各基台向全网发出呼叫,被叫台收到后发出应答信号,移动交换局收到应答后分配一个信道给该移动台并在此话路信道中传送信令。

移动通信是进行无线通信的现代化技术,这种技术是电子计算机与移动互联网发展的重要成果之一。移动通信技术经过第一代、第二代、第三代、第四代技术的发展,目前,已经迈入了第五代发展的时代(5G 移动通信技术),这也是目前改变世界的几种主要技术之一。

现代移动通信技术主要可以分为低频、中频、高频、甚高频和特高频几个频段,在这几个频段之中,技术人员可以利用移动台技术、基站技术、移动交换技术,对移动通信网络内的终端设备进行连接,满足人们的移动通信需求。从模拟制式的移动通信系统、数字蜂窝通信系统、移动多媒体通信系统,到目前的高速移动通信系统,移动通信技术的速度不断提升,延时与误码现象减少,技术的稳定性与可靠性不断提升,为人们的生产生活提供了多种灵活的通信方式。

移动通信技术经历了模拟传输、数字语音传输、互联网通信、个人通信、新一代无线移动通信 5 个发展阶段。在过去的半个世纪中,移动通信的发展对人们的生活、生产、工作、娱乐乃至经济和文化都产生了深刻的影响,幻想中的无人机、智能家居、网络视频、网上购物等均已实现。

(11) 卫星通信技术。

卫星通信是一种利用人造地球卫星作为中继站来转发无线电波而进行的两个或多个地球站之间的通信。

卫星通信系统是由通信卫星和经该卫星连通的地球站两部分组成。静止通信卫星是目前全球卫星通信系统中最常用的星体,是将通信卫星发射到赤道上空 35 860 km 的高度上,使卫星运转方向与地球自转方向一致,并使卫星的运转周期正好等于地球的自转周期(24 小时),从而使卫星始终保持与地球同步运行状态。故静止卫星也称为同步卫星。静止卫星天线波束最大覆盖面可以达到大于地球表面总面积的三分之一。因此,在静止轨道上,只要等间隔地放置三颗通信卫星,其天线波束就能基本覆盖整个地球(除两极地区外),实现全球范围的通信。

中国北斗卫星导航系统是中国自行研制的全球卫星导航系统,也是继 GPS、GLONASS 之后的第三个成熟的卫星导航系统。北斗卫星导航系统(BDS)和美国 GPS、俄罗斯 GLONASS、欧盟 GALILEO,是联合国卫星导航委员会已认定的供应商。北斗卫星导航系统由空间段、地面段和用户段三部分组成,可在全球范围内全天候、全天时为各类用户提供高精度、高可靠定位、导航、授时服务,并且具备短报文通信能力,已经初步具备区域导航、定位和授时能力,定位精度为分米、厘米级别,测速精度 0.2 m/s,授时精度 10 ns。全球范围内已经有 137 个国家与北斗卫星导航系统签下了合作协议。随着全球组网的成功,北斗卫星导航系统未来的国际应用空间将会不断扩展。

2. 通信系统分类

通信系统是用以完成信息传输过程的技术系统的总称。现代通信系统主要借助电磁波在自由空间的传播或在导引媒体中的传输机理来实现,前者称为无线通信系统,后者称为有线通信系统。

(1) 系统简介。

用电信号(或光信号)传输信息的系统,也称电信系统。系统通常是由具有特定功能、相互作用和相互依赖的若干单元组成的、完成统一目标的有机整体。最简便的通信系统供两点的用户彼此发送和接收信息。在一般通信系统内,用户可通过交换设备与系统内的其他用户进行通信。

当电磁波的波长达到光波范围时,这样的电信系统特称为光通信系统,其他电磁波范围的通信系统则称为电磁通信系统,简称为电信系统。由于光的导引媒体采用特制的玻璃纤维,因此有线光通信系统又称光纤通信系统。一般电磁波的导引媒体是导线,按其具体结构可分为电缆通信系统和明线通信系统;无线电信系统按其电磁波的波长则有微波通信系统与短波通信系统之分。另一方面,按照通信业务的不同,通信系统又可分为电话通信系统、数据通信系统、传真通信系统和图像通信系统等。由于人们对通信的容量要求越来越高,对通信的业务要求越来越多样化,所以通信系统正迅速向着宽带化方向发展,而光纤通信系统在通信网中发挥着越来越重要的作用。

(2)基本系统。

一般由信源(发端设备)、信宿(收端设备)和信道(传输媒介)等组成,被称为通信的三要素。

来自信源的消息(语言、文字、图像或数据)在发信端先由末端设备(如电话机、电传打字机、传真机或数据末端设备等)变换成电信号,然后经发端设备编码、调制、放大或发射后,把基带信号变换成适合在传输媒介中传输的形式;经传输媒介传输,在收信端经收端设备进行反变换恢复成消息提供给收信者。这种点对点的通信大都是双向传输的。因此,在通信对象所在的两端均备有发端和收端设备。通信系统按所用传输媒介的不同可分为以下两类:

利用金属导体为传输媒介,如常用的通信线缆等,这种以线缆为传输媒介的通信系统称为有线电通信系统。

利用无线电波在大气、空间、水或岩、土等传输媒介中传播而进行通信,这种通信系统称为无线电通信系统。光通信系统也有"有线"和"无线"之分,它们所用的传输媒介分别为光学纤维和大气、空间或水。

通信系统按通信业务(即所传输的信息种类)的不同可分为电话、电报、传真、数据通信系统等。信号在时间上是连续变化的,称为模拟信号(如电话);在时间上离散,其幅度取值也是离散的信号称为数字信号(如电报)。模拟信号通过模拟数字变换(包括采样、量化和编码过程)也可变成数字信号。通信系统中传输的基带信号为模拟信号时,这种系统称为模拟通信系统;传输的基带信号为数字信号的通信系统称为数字通信系统。

通信系统都是在有噪声的环境下工作的。设计模拟通信系统时采用最小均方误差准则,即收信端输出的信号噪声比最大。设计数字通信系统时,采用最小错误概率准则,即根据所选用的传输媒介和噪声的统计特性,选用最佳调制体制,设计最佳信号和最佳接收机。

(3)模拟通信系统。

模拟通信是指在信道上把模拟信号从信源传送到信宿的一种通信方式。由于导体中存在电阻,信号直接传输的距离不能太远,解决的方法是通过载波来传输模拟信号。载波是指被调制以传输信号的波形,通常为高频振荡的正弦波。这样,把模拟信号调制在载波上传输,则可比直接传输远得多。一般要求正弦波的频率远远高于调制信号的带宽,否则会发生混叠,使传输信号失真。

模拟通信系统通常由信源、调制器、信道、解调器、信宿及噪声源组成。模拟通信的优点是直观且容易实现,但保密性差,抗干扰能力弱。由于模拟通信在信道传输的信号频谱比较窄,因此可通过多路复用使信道的利用率提高。

(4)数字通信系统。

数字通信是指在信道上把数字信号从信源传送到信宿的一种通信方式。它与模拟通信相比,其优点为:抗干扰能力强,没有噪声积累;可以进行远距离传输并能保证质量;能适应各种通信业务要求,便于实现综合处理;传输的二进制数字信号能直接被计算机接收和处理;便于采用大规模集成电路实现,通信设备利于集成化;容易进行加密处理,安全性更容易得到保证。

(5)多路系统。

为了充分利用通信信道、扩大通信容量和降低通信费用,很多通信系统采用多路复用方式,即在同一传输途径上同时传输多个信息。多路复用分为频率分割、时间分割和码分割多路复用。在模拟通信系统中,将划分的可用频段分配给各个信息而共用一个共同传输媒质,称为频分多路复用。在数字通信系统中,分配给每个信息一个时隙(短暂的时间段),各路依次轮流占用时隙,称为时分多路复用。码分多路复用则是在发信端使各路输入信号分别与正交码波形发生器产生的某个码列波形相乘,然后相加而得到多路信号。完成多路复用功能的设备称为多路复用终端设备,简称终端设备。多路通信系统由末端设备、终端设备、发送设备、接收设备和传输媒介等组成。

(6)有线系统。

用于长距离电话通信的载波通信系统,是按频率分割进行多路复用的通信系统。它由载波电话终端设备、增音机、传输线路和附属设备等组成。其中载波电话终端设备是把话频信号或其他群信号搬移到线路频谱或将对方传输来的线路频谱加以反变换、并能适应线路传输要求的设备;增音机能补偿线路传输衰耗及其变化,沿线路每隔一定距离装设一部。

(7)微波系统。

长距离大容量的无线电通信系统,因传输信号占用频带宽,一般工作于微波或超短波波段。在这些波段,一般仅在视距范围内具有稳定的传输特性,而在进行长距离通信时须采用接力(也称中继)通信方式,即在信号由一个终端站传输到另一个终端站所经的路由上,设立若干个邻接的、转送信号的微波接力站(又称中继站),各站间的空间距离为 20~50 km。接力站又可分为中间站和分转站。

微波接力通信系统的终端站所传信号在基带上可与模拟频分多路终端设备或与数字时分多路终端设备相连接。前者称为模拟接力通信系统;后者称为数字接力通信系统。由于具有便于加密和传输质量好等优点,数字微波接力通信系统日益得到人们的重视。除上述视距接力通信系统外,利用对流层散射传播的超视距散射通信系统,也可通过接力方式作为长距离中容量的通信系统。

(8) 卫星系统。

在微波通信系统中,若以位于对地静止轨道上的通信卫星为中继转发器,转发各地球站的信号,则构成一个卫星通信系统。卫星通信系统的特点是覆盖面积很大,在卫星天线波束覆盖的大面积范围内可根据需要灵活地组织通信联络,有的还具有一定的变换功能,故已成为国际通信的主要手段,也是许多国家国内通信的重要手段。卫星通信系统主要由通信卫星、地球站、测控系统和相应的终端设备组成。卫星通信系统既可作为一种独立的通信手段(特别适用于对海上、空中的移动通信业务和专用通信网),又可与陆地的通信系统结合、相互补充,构成更完善的传输系统。

用上述载波、微波接力、卫星等通信系统作传输分系统,与交换分系统相结合,可构成传送各种通信业务的通信系统。

(9) 电话系统。

电话通信的特点是通话双方要求实时对话,因而要在一个相对短暂的时间内在双方之间临时接通一条通路,故电话通信系统应具有传输和交换两种功能。这种系统通常由用户线路、交换中心、局间中继线和干线等组成。电话通信网的交换设备采用电路交换方式,由接续网络(又称交换网络)和控制部分组成。话路接续网络可根据需要临时向用户接通通话用的通路,控制部分是用来完成用户通话建立全过程中的信号处理并控制接续网络。在设计电话通信系统时,主要以接收话音的响度来评定通话质量,在规定发送、接收和全程参考当量后即可进行传输衰耗的分配。另一方面根据话务量和规定的服务等级(即用户未被接通的概率,呼损率)来确定所需机、线设备的能力。

由于移动通信业务的需要日益增长,移动通信得到了迅速的发展。移动通信系统由车载无线电台、无线电中心(又称基地台)和无线交换中心等组成。车载电台通过固定配置的无线电中心进入无线电交换中心,可完成各移动用户间的通信联络;还可由无线电交换中心与固定电话通信系统中的交换中心(一般为市内电话局)连接,实现移动用户与固定用户间的通话。

(10) 电报系统。

为使电报用户之间互通电报而建立的通信系统。它主要利用电话通路传输电报信号。公众电报通信系统中的电报交换设备采用存储转发交换方式(又称电文交换），即将收到的报文先存入缓冲存储器中，然后转发到去向路由，这样可以提高电路和交换设备的利用率。在设计电报通信系统时，服务质量是以通过系统传输一份报文所用的平均时延来衡量的。对于用户电报通信业务则仍采用电路交换方式，即将双方间的电路接通，而后由用户双方直接通报。

（11）数据系统。

数据通信是伴随着信息处理技术的迅速发展而发展起来的。数据通信系统由分布在各点的数据终端和数据传输设备、数据交换设备和通信线路互相连接而成。利用通信线路把分布在不同地点的多个独立的计算机系统连接在一起的网络，称为计算机网络，这样可使广大用户共享资源。在数据通信系统中多采用分组交换（或称包交换）方式，这是一种特殊的电文交换方式，在发信端把数据分割成若干长度较短的分组然后进行传输，在收信端再加以合并。它的主要优点是可以减少时延和充分利用传输信道。

（12）系统指标。

一个通信系统的好坏主要是通过有效性和可靠性来衡量的，也就是说一个通信系统越高效可靠，显然就越好。但实际上有效性和可靠性是一对矛盾的指标，两者需要一定的折中。有效性指的是信息传输的速率，信息传输的速率越快，有效性越好。但信息传输快了，出错的概率也就越高，信息的传输质量就不能保证，也就是可靠性降低了。就好比汽车在公路上超速行驶，快是快了，但有很大的安全隐患。所以不能撇开可靠性来单纯追求高速度，否则，真的会欲速则不达了。

对于模拟通信系统来说，有效性是用系统的带宽来衡量的，可靠性则是用信噪比来衡量的。如果一路电话占用的带宽是一定的话，那么系统的总带宽越大，就意味着能容纳更多路电话。而当系统的带宽一定时，要想增加系统的容量，则可以通过降低单路电话占用的带宽来实现，因此单路信号所需的带宽越窄，说明有效性越好。但降低单路信号的占用带宽后，由于两路信号之间的频带隔离变窄，势必会增加相互间的干扰，即增加噪声，使信号功率与噪声功率的比值降低，从而降低了系统的可靠性。

对于数字通信系统来说，有效性是通过信息传输速率来表示的，可靠性则是通过误码率或误信率来体现的。误码率是指接收端收到的错误码元数与总的传输码元数的比值，即表示在传输中出现错误码元的概率。误信率是指接收到的错误比特数与总的传输比特数的比值，即传输中出现错误信息量的概率。

数字信号在信道中传输时，为了保证传输的可靠性，往往要添加纠错编码，纠错编码是要占用传输速率的。当一个信道每秒能传输的总码元数或比特数一定时，如果不要纠错编码，显然每秒传输的信息量比特会多些，效率提高了，但没有了纠错码,可靠性则无法保证。这些为了提高可靠性而增加的编码,也被称为传输开销,原因是传输这些码元或比特的目的是为了检错纠错,而它们是不携带信息的。

在通信系统中,频率是个任何信号都与生俱有的特征。即使是数字信号,也不例外,传输它们是要占用一定的频率资源的。带宽和数字信号的传输速率是成正比的关系。理想情况下,传输速率除以2就是以这个速率传输的数字信号所占用的频带宽度。所以越高速率所占的频带也会越宽,所以高速通信往往也以叫"宽带通信"。

第二章　无线电信号特征分析

第一节　概述

1. 信号特征分类

对无线电信号的特征目前尚没有统一、严格的分类。按照长期以来人们对无线电信号特征的习惯分类加以介绍。

（1）信号的内部特征与外部特征。

信号的内部特征通常指无线电信号所包含的信息内容。除信息内容以外无线电信号所具有的其他所有特征统称为信号的外部特征。所以内部特征和外部特征是完整反映无线电信号特征的两个方面。

（2）通联特征与技术特征。

无线电信号的外部特征主要表现为通联特征和技术特征。通联特征主要反映无线电通信联络的特点，主要包括通信诸元、联络情况和联络关系内容。通信诸元是指由频率、呼号、通信术语和通联时间构成的通信联络的几项重要元素，是监测无线电信号的基本元素。联络情况和联络关系是指联络次数（频繁程度）、通信网络组成等方面的内容。通联特征是靠监听监测以及在此基础上的分析判断得到的。

技术特征是指无线电信号在技术方面反映出来的特点。主要是用信号的波形、频谱和技术参数来表征的技术参数，有信号的频率、电平、带宽、调制指数、跳频信号的跳速、数字信号的码元速率以及电台的位置参数等。信号的技术参数需要通过测量才能得到。通过对信号技术参数的分析、判断可以得到信号种类、通信体制、网络组成等方面的信息。

2. 一般技术特征

信号的一般技术特征所对应的技术特点和技术参数比较容易分析识别和提取测量。一般技术特征中各种信号共有的特征主要有以下几点。

（1）工作频率。对包含有载频的无线电信号如 AM 信号、ASK 信号等工作频率指载频频率。对于不包含载频的信号，如 SSB 信号，由监测测量得到的工作频率一般为信号频谱的中心频率。

（2）信号的频谱结构与带宽。

（3）信号的波形与相对电平。信号的波形可以在显示器上显示出来，它是识别信号的重要依据。严格来讲信号的电平应该在监测接收机的输入端测量，但实现起来难度很大。实际测量的信号电平一般是经过监测接收机内部电路放大处理后的相对电平。

（4）信号的来波方位，这是由无线电测向确定的。

（5）电波的极化方式。在短波、超短波采用地面波和天波传播的情况下，信道对电波的极化方式影响很大。在监测接收无线电信号时，一般不考虑电波的极化问题。但对某些微波通信信号而言，如微波接力通信信号，信道对电波的极化影响较小，监测接收必须考虑电波的极化问题。为此需要测量电波的极化方式。

分析或监测接收到的无线电信号都是经过调制的已调信号，不同的调制信号具有不同的调制特征，描述不同调制信号特征的技术参数主要有以下几点。

AM 信号的调幅度；

FM 信号的调频指数；

数字信号的码元速率（或信息速率）和码元宽度；

FSK 信号的频移间隔；

DS 信号的扩频码长度；

FH 信号的跳频频率集和跳速；

多路复用信号的复用路数。

上述技术参数都是可以直接测量的。根据直接测量的技术参数，又可以推断出被监测无线电系统的某些技术参数和技术特征。例如，根据信号的来波方位，可以利用测向定位确定发射台的地理位置；根据信号相对电平和发射台的地理位置，可以估算出发射台的发射功率；根据信号带宽可以估计出被监方接收机的系统带宽；根据信号的波形和频谱结构可以判断信号的调制方式等。

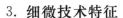

3. 细微技术特征

信号的细微技术特征又简称信号的细微特征,最先是出现在对雷达信号的分选识别中,后来又将这一概念应用到对通信信号特征的分析中。但是,什么是无线电信号的细微特征,目前尚没有公认的确切定义。如果从笼统的概念上讲信号的细微特征应当是能够精确反映信号个体特点的技术特征,这些技术特征主要有以下几方面。

(1) 信号载频的精确度不论信号本身是否含有载频,产生该信号的发射台中总是有载频,已调信号则是由基带信号对该载频调制而产生的。由于任何载频都不是绝对稳定的,因此,实际的载频不会完全精确等于其标称频率值,总是存在或大或小的偏差。分析在采用频率合成器产生所需载频的情况下,一部电台通常用一个晶体振荡器作为标准频率源,当电台在不同工作频率上工作时载频的相对频率偏差($\Delta f / f$)是不变的,而绝对频率偏差随工作频率而改变。对于不同的电台,由于采用的不是同一个晶体振荡器,因此相对频率偏差和绝对频率偏差都是不同的。从理论上讲,只要能对信号载频做足够精确的测量,根据频率偏差的大小是可以作为个体信号识别依据的。当然,对信号载频进行精确测量技术实现上较为困难。

(2) 话音信号的语音特征。

每个人讲话都有自身的语音特征,用人耳听辨是不难的。在无线电监测中,如果能对讲话者的语音实现自动识别,对于识别无线电通信网台并获得有价值的信息资料都是很有意义的。语音识别只是无线电监测的一个辅助手段。

(3) 发射台的杂散输出。

任何发射台在发射有用信号的同时不可避免地总是伴随有不需要的杂散频率被发射出去。杂散频率成分主要有互调频率成分、谐波辐射、电源滤波不良引起的寄生调制等。不同的发射台由于电路参数及电特性的差异,其杂散输出的成分和大小也不相同。如果监测接收设备能对发射台的杂散输出进行提取和测量,将为识别不同的电台提供重要依据。但是,由于杂散成分比信号小得多,因此对其提取和测量是十分困难的。

(4) 信号调制参数的差异。

无线电监测信号都是经过调制的,不同发射设备因采用器件和电路参数的差异,也会引起信号调制参数的差异(即使是相同型号的发射机)。例如,2FSK信号的频移间隔、AM信号的调幅度(统计平均值)、FH信号的跳速等,即使用相同型号的不同发射机发射相同调制样式的信号,只要测量精度足够高,也可以根据测量结果区分出不同发射机发射的信号。

以上举例说明,从理论上讲确实存在无线电信号的细微技术特征,能够更精细地反映出某一个体信号的某些技术特性。信号的一般技术特征可以反映出某一类信号的一些共同特点,例如,AM 话信号的波形、频谱结构、信号带宽是近似相同的,采用同一型号的发射机和同一型号印字电报机传送的 2FSK 电报信号,其波形、频谱、信号带宽、码元速率、频移间隔等参数也是相同(或基本相同)的。因此,根据信号的一般技术特征,可以对不同类型的信号实现分类识别。目前在技术上可以实现对常规无线电信号不同调制方式的自动分类识别。但是,欲在同一类信号(如采用相同型号的不同发射设备发送的 2FSK 信号)中识别出每一个个体信号,仅凭借一般技术特征就难以实现了。从上述讨论看出,根据分析信号的细微特征,能够做到对个体信号特征的识别,甚至对发射台和发信人个体特征的识别,这样就可以在更高程度上对信号进行更为细致的识别分类。对无线电信号的细微特征,目前尚缺乏系统深入的研究。对于无线电信号细微特征的确切含义、具体内容、分析方法以及特征参数的提取测量方法等一系列问题,都有待于做更深入的分析研究。

4. 输出口的选择

信号技术特征是从监测接收机输出的信号中进行提取和测量的。按照信号在典型接收机中的变换过程,可以有三种不同的信号输出口,即音频(或基带)输出口、中频输出口和射频输出口。

音频输出口输出的是经过解调后的基带信号,由此可以对基带信号的特征进行提取和测量,对模拟话音信号可以进行监听和录音,可以提取讲话者的语音特征。对数字信号可以测量其码元速率和码元宽度。对音频电报信号可以监听和录音,对人工莫尔斯电报的手法特征可以进行机器自动提取等。基带信号频率较低,易于实现信号特征的自动提取和处理。但基带信号失去了原已调信号的调制特征,另外受监测接收机解调方式的限制,有些信号(尤其是特殊的无线电信号)不能解调,这就使得从音频输出口提取信号特征受到了限制。

中频输出口输出的是中频信号,它基本上保留了已调信号的全部技术特征,而且中频为固定频率且频率较低(用低中频输出),易于实现信号数据采集和数字处理。因此,目前的监测接收设备对已调信号技术特征的提取和测量基本都是在中频进行的。例如,对于中频频谱和波形的显示、信号带宽、相对电平、AM信号调幅度、FSK信号频移间隔等参数的测量都是在中频信号上实现的。

射频输出口输出的是射频信号。接收机的射频电路带宽比较宽且为线性电路,与中频信号相比射频信号保留已调信号的特征更为完善。这是因为中频信号经过了非线性变换和窄带滤波,会使已调信号失去一部分固有特征,尤其信号的细微特征。因此,从理论上讲,从射频信号中提取已调信号的技术特征和进行参数测量是最佳的,但是实际实现的技术难度很大,主要表现在以下几点。

(1)射频信号的频率是可变的,现代监测接收机的工作频率范围一般都很宽(有的达 1 000 MHz),这给实现信号的数据采集带来了很大困难。

(2)射频信号很微弱(一般为几毫伏量级),在宽频段内对射频信号做高倍数放大的技术难度很大,这也给信号采集和数字处理带来了困难。

(3)受器件精度、速度和计算机内存容量与处理时间的约束。射频信号频率一般都很高,需用高速 AD 器件进行数据采集,在实际应用中 AD 器件的速度不一定满足要求。在 AD 速度满足要求的情况下,数据采集时间短,经 FFT 处理频率分辨率很低,若要求提高频率分辨率,则需要加大数据采集时间,这就要求计算机有大的内存容量并且处理时间增长,实时性变差。在射频信号频率很高的情况下,上述矛盾往往很难同时兼顾得到解决。基于上述原因,目前尚未见到从射频信号提取信号技术特征在实际监测接收设备上的应用。但是,随着器件水平的提高和信号处理技术的发展进步,从射频信号提取信号特征预计很快会在无线电监测中得到应用。

第二节　模拟信号分析

1. AM 信号特征

(1) AM 信号的波形特征。

设基带调制信号为 $X(t)$,载频信号为 $S_c(t)=A_c \cdot \cos(w_c t+j_0)$,用 AM 信号的数学表达式可以写为

$$S_{AM}(t)= A_c+K \cdot X(t) \cdot \cos(w_c t+j_0)$$

式中,K 是由调制电路决定的比例常数,为讨论方便起见,令 $K=1,j_0=0$,于是 AM 信号的表达式可以表示为

$$S_{AM}(t)= A_c+X(t) \cdot \cos w_c t X(t)$$

可以看出:

AM 信号的瞬时包络为 $A(t)=A_c+X(t)$。它与基带调制信号的瞬时值成线性变化关系。瞬时包络的最大值为 $U_{max}=A_c+X_{max}$,其最小值为 $U_{min}=A_c-X_{min}$。

AM 信号经过信道传输以后,由于噪声和干扰的影响,接收到的 AM 信号其瞬时包络会有所失真。但是只要接收信号的信噪比不是太低,信号的瞬时包络仍然可以反映基带调制信号的基本变化规律。另外需要指出,在 AM 通信中在

调制信号存在的间隙(例如采用模拟话音调制时,在讲话的间隙)发射机一般发送载波信号,从理论上讲其瞬时包络是恒定的,但受噪声的影响,包络会引起载波幅度的起伏变化。噪声引起载波包络的变化和 AM 信号包络的变化都是随机的,但是二者的统计特性是不同的。前者的随机变化不具有相关性而后者则具有相关性。

AM 信号的瞬时角频率为 $w(t)=w_c$(为简便起见,以后统称角频率为频率),其瞬时频移为 $\Delta w(t)=0$。经信道传输以后噪声引起的瞬时频移很小,一般不予考虑。

(2) AM 信号的频谱特征。

傅立叶变换将信号的频域表示与时域表示联系在一起。设基带信号 $X(t)$ 的频谱为 $X(w)$,

AM 信号的频谱是基带信号频谱在频率轴上的线性搬移,是将 $X(t)$ 的频谱向上搬移到 w_c 的两边。

AM 信号的频谱是由载频和上、下两个边带组成的。载频幅度比边带的幅度大得多,因此在观察 AM 信号的实际频谱结构时(只能观察正频域),在 $w=w_c$ 处会出现很大的尖峰。

AM 信号的带宽为基带信号带宽的 2 倍,即 $B_{AM}=2f_m(f_m=w_m/2p)$。当 $X(t)$ 为模拟话音信号时,军用话音通信的基带频率一般取 300 至 3 000 Hz,此时 AM 信号的带宽为 $B_{AM}=2\times 3\ 000=6\ 000$ Hz。

(3) AM 信号的调制参数。

描述 AM 信号调制特征的参数为调幅度 m_a,为了使 AM 信号不产生过调制失真,要求 $m_a\leqslant 1$。在单音调制的情况下,设调制信号为

$$X(t)=A_m\cdot \cos W_t$$

(4) AM 信号的功率利用率。

在 AM 信号中信息全部包含在上、下两个边带中,而载频不包含信息,却占有一定的功率。两个边带占有的功率用 P_x 表示,称有用功率。载频占有的功率用 P_c 表示,称无用功率。

AM 信号的功率利用率又称 AM 信号的调制效率,用 η_{AM} 表示,它等于有用功率与 AM 信号的总功率之比。

2.FM 信号特征

(1) FM 信号的数学表达式与波形特征。

众所周知,FM 信号是频率受基带信号调制的等幅信号,设基带信号为 $X(t)$,载频信号为 $S_c(t)=A_c\cdot \cos w_c t$,则 FM 信号的瞬时频率为 $w(t)=w_c+K_f X(t)$,

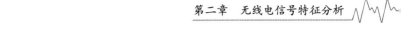

式中,K_f 为比例常数,其大小取决于调频器电路,称为调频灵敏度。

FM 信号的瞬时频移为:$\Delta w(t) = K_f \cdot X(t)$

其最大频移为:$\Delta w_m = K_f |X(t)|_{max}$

在单音调制的情况下:$X(t) = Am \cdot \cos \Omega t$

对于任意基带信号,FM 信号的瞬时频移 $\Delta w(t)$ 是与 $X(t)$ 呈线性关系变化的。其瞬时包络在理论上是恒定不变的,但经过无线信道传输以后,由于噪声和干扰的影响,瞬时包络会随机变化,而变化的规律与前面讨论的线性调制信号比较具有不同的统计特性。另外,对于 FM 信号而言,在基带信号存在的间隙,一般发信机发射载波信号。

(2) FM 信号的频谱与带宽。

FM 信号按其带宽分为窄带调频(NBFM)和宽带调频(WBFM)。

窄带调频(NBFM)。NBFM 频谱成分与单音 AM 信号相同,即包含载频和上、下边频。其频谱结构与 AM 信号不完全相同,AM 信号的上、下边频是同相的,而 NBFM 信号的下边频与上边频反相。它的边频幅度比载频小得多。需要指出的是,以上对 NBFM 信号频谱的分析是在近似条件下得到的,而实际的NBFM 信号频谱不仅只有一对边频,其他边频只是由于幅度太小,忽略不计而已。NBFM 信号的频谱包括载频和上、下边带,并且下边带与上边带是反相的。在 NBFM 信号的频谱中,由于载频分量的幅度比边带幅度大得多,因此观察NBFM 信号的实际频谱时,在载频位置有一很大的尖峰。但是,下边带与上边带反相的问题,在观察的实际频谱中反映不出来。

宽带调频(WBFM)。由于 WBFM 信号的频谱结构比较复杂,所以一般都用单音调制的 WBFM 信号进行频谱分析。WBFM 的频谱结构与调制指数 m_f 有关。m_f 越大,具有较大幅度的边频数目越多。WBFM 信号的频谱包含载频和无数对边频,各相邻频谱分量之间的间隔等于基带调制频率 Ω,对于远离载频的边频分量,由于幅度很小可以忽略。

WBFM 信号的带宽。WBFM 信号的边频分量从理论上讲是无限多的,但是远离载频的边频分量其幅度都很小。如果把最靠近载频的一对边频称为第一边频,根据数学分析,凡大于 $m_f + 1$ 的各边频分量,其幅度均小于载频振幅的 10%。实践证明,如果去掉这些边频,对于信号的传输质量没有明显的影响。实际应用中,一般取不大于 $m_f + 1$ 的边频作为有效边频,并由此来确定 WBFM 信号的带宽,即在 $m_f = 1$ 的情况下,$B_{WBFM} \approx 2 m_f \cdot F$。

以上是单音调制的情况。当 $X(t)$ 为任意基带信号时,WBFM 信号的频谱结构十分复杂。若 $X(t)$ 的最高频率为 f_m,则一般用下面的近似公式计算调制指数,此时 WBFM 信号的带宽为 $B_{NBFM} = 2(m_f + 1)F = 2(\Delta f_m + f_m)$。

（3）FM 信号的调制参数。

FM 信号的调制参数为调制指数 m_f，m_f 取决于 Δf_m 和 f_m。在实际的 FM 信号中，由于 $X(t)$ 是随机变化的，因此在不同的观察时间段得到的 m_f 是不同的，即 m_f 值不是一个恒定的值。在测量 m_f 时，应通过多次测量来计算 m_f 的统计平均值。FM 信号不论在军用和民用通信及广播中都得到了广泛应用。在通信中，超短波电台(有的频段扩展到短波的高端，一般在 20 至 30 MHz)中大量应用的模拟话音通信，基本都是采用 FM 制。在接力通信、卫星通信和散射通信中采用模拟调制的射频信号大多也是 FM 信号。

3. DSB 信号特征

DSB 信号是由基带信号与载频信号相乘得到的。设基带信号为 $X(t)$，载频为 $S_c(t)=A_c \cdot \cos w_c t$ 则 DSB 信号的数学表达式为

$$S_{DSB}(t)=X(t) \cdot S_c(t)=A_c \cdot X(t) \cdot \cos w_c t$$

（1）DSB 信号的瞬时包络为 $A(t)=Ac \cdot |X(t)|$，它与基带调制信号的绝对值成线性变化关系。在 $X(t)$ 信号的过零点处载频相位出现反相。与 AM 信号比较可以发现，AM 信号只有在 $m_a=1$ 的情况下，瞬时包络才出现零点，而 DSB 信号凡是 $X(t)$ 信号的过零点处，也是瞬时包络的零点。需要指出对 DSB 通信而言，载频是被抑制的，所以在调制信号存在的间隙，发射机无载波发射，这与 AM 通信是不同的。

（2）DSB 信号的瞬时频移 $\Delta w(t)=0$。

DSB 信号的频谱是基带信号频谱在频率轴上的线性搬移。其频谱结构只包含上、下两个边带，而无载频分量。在观察 DSB 信号的实际频谱时，就不会在 w_c 处出现很大的尖峰。边带频谱结构取决于 $X(w)$ 的结构。

（3）DSB 信号带宽为基带信号带宽的 2 倍，即 $B_{DSB}=2f_m(f_m=w_m/2p)$。由于 DSB 信号中不存在不含信息的载频分量，所以 DSB 信号的功率利用率是 100%。

4. SSB 信号特征

（1）SSB 信号的数学表达式与波形特征。

SSB 信号应用最为广泛的是抑制载频的 SSB 信号，它只用 DSB 信号中的一个边带(上边带)传送信息。在特殊情况下(例如与高速运动目标的通信)，一般用一个边带再加载频(幅度一般较小)来传送信息，这种单边带信号称导频制单边带信号。导频制单边带应用较少，下面只讨论抑制载频的单边带信号。抑制载频的 SSB 信号可以由 DSB 信号用边带滤波器滤除一个边带来得到。

为了说明问题，首先讨论单音调制的单边带信号。若用边带滤波器滤除下

边频,则可得到单音调制的上边带信号;若用边带滤波器滤除上边带,则得到单音调制的下边带信号。单音调制的 SSB 信号不能充分体现出一般 SSB 信号波形的特点。SSB 信号波形的特点通常用等幅双音调制的 SSB 信号加以描述。

设等幅双音信号为

$$X_1(t)=A_m \cdot \cos\Omega_1 t$$
$$X_2(t)=A_m \cdot \cos\Omega_2 t$$

基带调制信号为等幅双音信号的叠加,即

$X(t)=X_1(t)+X_2(t)=Am \cdot (\cos_1 t+\cos\Omega_2 t)$,变为以下的形式

$$X(t)=A(t) \cdot \cos\Omega_1 t+j\Omega(t)$$

按照上面的分析方法,可以写出等幅双音调制的 SSB 信号(取上边带)的表达式,令 $w_1=w_c+\Omega_1$, $w_2=w_c+\Omega_2$,代入上式后,经数学推演,可以看出,等幅双音调制单边带信号的瞬时包络与等幅双音信号的包络成正比关系,即二者瞬时包络具有相同的变化律,只是二者包络内的填充频率不同。这一结论对于任意基带信号调制的单边带信号都是适用的。以上对双音调制单边带信号的分析直观地反映了单边带信号瞬时包络和瞬时相位与基带调制信号之间的关系。但在无线电监测中,直接接收到的是已调单边带信号,需要根据接收到的 SSB 信号计算其瞬时包络和瞬时相位(或瞬时频移),为此将 SSB 信号的数学表达式进行变换,以便找出计算瞬时包络和瞬时相移。

(2) SSB 信号的频谱特征。

由于 SSB 信号只是发送 DSB 信号中的一个边带,因此不难得到任意基带信号调制的 SSB 信号的频谱。由于 SSB 信号频谱中不包含幅度较大的载频分量,因此在观察 SSB 信号的实际频谱时,一般不会出现固定的且幅度很大的尖峰。SSB 信号的带宽与基带调制信号带宽相同,一般认为 $B_{SSB}=f_m$ 。SSB 信号带宽只有 AM 信号和 DSB 信号带宽的一半,这是一个很突出的优点。SSB 信号的功率利用率为 100%。

SSB 信号主要用于短波通信。由于短波频段窄,电台信号十分拥挤,SSB 信号占用带宽窄的优点使之用于短波通信显得更为突出。需要指出,中、大功率的短波 SSB 电台,一般都可以利用上、下两个边带同时传送两路 SSB 话音信号,这种情况下称之为独立边带制。在传送两路 SSB 话音信号的情况下,由于两路话音信号是各自独立的,两路话音信号的频谱不会完全同步出现和消失,并且频谱结构也不会完全相同(与讲话人有关)。而 DSB 信号的频谱则与此不同,它的两个边带的频谱结构是一致的,并且同时出现和消失。在微波频段(例如微波接力通信和卫星通信)采用频分制传输多路模拟话音信号时,各路话音信号也是采用 SSB 调制,将各路基带话音信号频谱搬移到不同的子频段上形成群频信号频谱。

群频信号再对载频调制形成射频信号,第二次调制的调制方式视需要而定。

第三节　数字信号特征分析

1. 2ASK 信号特征

(1) 2ASK 信号的波形特征。

2ASK 信号为二进制振幅键控信号,它是用二进制数字基带信号与载频相乘得到的。数字基带信号为单极性全占空随机矩形脉冲序列。

(2) 2ASK 信号的频谱特征。

根据傅立叶变换的性质,2ASK 信号的频谱应是将 $X(t)$ 的频谱线性搬移到 w_c 处。要得到 2ASK 信号的频谱,必须知道数字基带信号 $X(t)$ 的频谱。$X(t)$ 为单极性全占空随机矩形脉冲序列,它的频谱只能用功率谱表示。2ASK 信号的带宽从理论上讲是无限宽的,但信号功率主要集中在主峰中,一般用主峰宽度作为 2ASK 信号的带宽,即 $B_{2ASK}=2f_b$。2ASK 信号的调制参数为码元速率 f_b(或码元宽度 T_b)是由数字基带信号决定。当数字终端设备确定以后,一般情况下 f_b 是一个恒定的值。

2ASK 信号在通信中应用较多的是等幅报信号,主要用于短波通信,在超短波中也有应用。在早期的短波通信中,人工等幅报是一种主要的通信方式,但是由于它的抗噪声、抗干扰性能不及移频报好,在 SSB 通信广泛应用以后移频报成为短波通信的主要通信方式,而等幅报的应用已大为减少。

2. 2FSK 信号特征

(1) 2FSK 信号的波形特征。

2FSK 信号的数学表达式一般可表示为

$$S_{2FSK}(t)=A_c \cdot \cos[w_c t + \Delta w_d \cdot X(t) + \theta_0]$$

式中,Δw_d 是以角频率表示的频移值,q_0 为载频初相位,$X(t)$ 为数字基带信号,是双极性矩形脉冲序列,实际应用的为全占空双极性随机矩形脉冲序列。

实际应用中,2FSK 信号又分两种,即相位连续的(或称相位不中断的)2FSK 信号和相位中断的(或称相位不连续的)2FSK 信号。相位连续的 2FSK 信号和相位中断的 2FSK 信号其频谱有所不同,但差异不大。因为相位中断的 2FSK 信号应用最多,下面以这种信号为例,讨论其频谱特征。

因为相位中断的 2FSK 信号是用数字基带信号控制两个独立振荡器的输出产生的,可以看作是两个 2ASK 信号之和。第一个 2ASK 信号为 $S_1(t)=X(t) \cdot$

$\cos(w_1 t + \varphi_1)$，它是由 $X(t)$ 对频率为 f_1 的载波调制产生的。第二个 2ASK 信号是对频率为 f_2 的载波调制产生的。这样相位中断信号的功率谱就可以用两个信号的功率谱之和来表示。

2FSK 信号的功率谱包含离散谱和连续谱两部分，两个离散谱的频率分别为 f_1 和 f_2。2FSK 信号的带宽为 $B_{2FSK} = |f_1 f_2| + 2f_b$。在实际应用中，经常取 $\Delta f_d = f_b$，此时两个主峰不重叠。在接收端解调时，便于将 f_1 和 f_2 两个频率分离开来。也可以取 $\Delta f_d > f_b$，此时两个主峰虽然不重叠，但信号带宽增大。当 $\Delta f_d = f_b$ 时，$B_{2FSK} = 4f_b$，为 2ASK 信号带宽的 2 倍。对于相位连续的 2FSK 信号，分析其频谱十分复杂。由于这种信号不存在相位突跳，因此在 Δf_d、f_b 相同的条件下，其信号带宽比相位中断的 2FSK 信号要窄。Δf_d 越小，其差异越明显。在 $\Delta f_d > f_b$ 的情况下，二者的信号带宽近似相等。

在观察 2FSK 信号的实际频谱时，一般在 f_1 和 f_2 处出现两个较大的尖峰。按照理论分析，在"1"码和"0"码等概率出现的情况下，两个尖峰应是幅度相同的。"1"码和"0"码等概率出现是长时间统计的结果。但在观察实际频谱时，一般对信号的取样时间很短，在短时间取样的情况下"1"码和"0"码出现的概率往往不同，所以两个尖峰的幅度一般也不同，并且随着"1"码和"0"码出现概率的变化，两个尖峰的瞬时幅度也是变化的。

2FSK 信号的调制参数主要是码元速率 f_b（或码元宽度 T_b）和频移值 Δf_d。在通信设备确定的情况下，频移值是一个恒定值。码元速率一般取决于使用的数字终端设备，是一个恒定值。

2FSK 信号在通信中应用极为广泛。如在短波单边带通信系统中，移频报通信是一种主要的通信方式，工作种类主要有人工移频报和移频印字报。2FSK 信号一般占用一个 SSB 话路进行传输。此外，在接力通信、卫星通信和散射通信中，2FSK 信号也有大量的应用。

3.2PSK 信号特征

（1）2PSK 信号的波形特征。

二进制相位键控信号一般用 2PSK 表示。但严格区分又分为绝对相位键控（仍用 2PSK 表示）和相对相位键控（用 2DPSK 表示）两种。2PSK 有时泛指二进制相位键控，有时专指二进制绝对相位键控，这可以根据文中所表达的意思加以区分。

2PSK 信号可以用数字基带信号与载频信号相乘得到。

设数字基带信号为 $x(t)$，载频信号为 $S_c(t) = A_c \cdot \cos w_c t = \cos w_c t$（令 $A_c = 1$），则 2PSK 信号的表达式为 $S_{2PSK}(t) = X(t) \cdot \cos w_c t$

可见,当 $a_n=1$ 时,$S_{2PSK}(t)=\cos w_c t$。

当 $a_n=-1$ 时,$S_{2PSK}(t)=\cos w_c t=\cos(w_c t+\pi)$。

2PSK 信号的相位取值是以未调载波的固定相位作为参考。只要数字基带信号的极性改变一次,载波码元的载波相位都要产生"π"相移。2PSK 信号也称绝对调相信号,它的相位取值是以相邻的前一码元的载波相位为参考的。

2DPSK 信号又称相对调相信号。

(2) 相位键控信号的频谱特征。

首先讨论 2PSK 信号的功率谱。2PSK 信号是用双极性全占空矩形随机脉冲序列与载频相乘得到的。根据傅立叶变换的知识,2PSK 信号的功率谱应当是双极性全占空矩形随机脉冲序列的功率谱在频率轴上线性搬移到载频 f_c 的位置上。

根据理论分析,在"1"码和"0"码等概率出现的情况下,双极性全占空矩形随机脉冲序列的单边功率谱表示式为 $P_x(f)=2T_b \cdot S_a^2(\pi f T_b)$

由于脉冲序列的直流分量为 0,所以只有形状为 $(\sin x/x)^2$ 的连续谱。

对于 2DPSK 信号而言,其波形与 2PSK 信号没有本质的区别,两种信号载频相位的变化都只有"不变"和相移"p"两种情况。从统计的观点,这两种相位变化都是随机的。因此,2DPSK 信号和 2PSK 信号的功率谱结构是相同的。观察两种信号的实际频谱,都在载频位置出现较大的尖峰。这两种信号的频谱结构与 2ASK 信号是相似的,都是单峰谱结构,但是由于 2ASK 信号的载频是断续出现的,在观察其瞬时谱时,其谱峰的幅度会随采样时间的不同而时大时小地变化。2PSK 和 2DPSK 信号瞬时谱峰幅度则变化不明显。

2PSK 信号、2DPSK 信号的带宽与 2ASK 信号的相同,其带宽为

$$B_{2PSK}=B_{2DPSK}=2f_b。$$

2PSK 信号和 2DPSK 信号的调制参数为码元速率 f_b(或码元宽度 T_b)和相移 $\Delta\varphi=\pi$。其相移值可以通过鉴相电路进行提取和测量。

2DPSK 信号在通信中的应用非常广,在短波通信、接力通信、卫星通信、散射通信及扩频通信中都有应用。

2PSK 信号应用较少,在大容量的微波接力通信和卫星通信中,大多用于高速率数据传输,为了解决相位模糊问题确保完善同步,通信设备都较复杂。

4.4PSK 信号特征

四进制相位键控信号简称四相制信号,一般记为 4PSK。它是用正弦载波的四个相位代表不同的数字信息。4PSK 信号的四个相位有两种配置方式,分别称为 π/2 系统和 π/4 系统。各相位在正弦载波上的对应位置,代表两位二进制编

码,因此一个载频码元包含 2 比特的信息量。

四相制信号也分绝对移相(4PSK)和相对移相(4DPSK)两种。对于 4PSK 信号而言,相位值表示载频码元相对于未调载波的绝对相移值。对于 4DPSK 信号而言,相位值表示载频码元相对于前一相邻码元的相移值。实际应用较多的是 4DPSK 信号。

两种信号波形的共同点是载波频率不变,信号的瞬时包络是恒定的,信号载波码元的相位随数字基带信号二进制编码的改变而随机变化。但是相位变化的特点是不同的,对于 $\pi/2$ 系统而言,不论 4PSK 还是 4DPSK 信号,载频码元的绝对相位值都只有四个,即 0、$\pm\pi/2$ 和 π。对于 $\pi/4$ 系统而言,4PSK 信号的绝对相位值有四个,即 $\pm\pi/4$ 和 $\pm3\pi/4$,而 4DPSK 信号的绝对相位值却有八个,除上述四个以外还有 0、$\pm\pi/2$ 和 π。基于以上相位特点,对于监测到的四相制信号,可以区分为 $\pi/2$ 系统和 $\pi/4$ 系统以及 $\pi/4$ 系统的 4PSK 信号和 4DPSK 信号。

第四节 多路复用和特殊信号分析

1. 多路复用信号特征

多路复用是指在一个信道上同时传输多个信号,因此多路复用信号是包含多个信号的一个信号群,通常称为多路信号或群信号。在接力通信、卫星通信和散射通信中,实际传输的一般都是多路信号。多路复用的方式包括频分复用、时分复用和码分复用三种。码分复用只用于扩频通信中,在后面讨论扩频信号时再加以介绍。这里只讨论频分复用信号和时分复用信号。

(1) 频分复用信号。

频分复用是指在一个给定的信道带宽内,使欲传送的各个信号占用不同的子频段。频分复用既可用于模拟调制信号也可用于数字调制信号。复用路数的多少与信道带宽、基带信号带宽、调制方式等因素有关,少则几路、几十路,多则几百路到几千路。例如在微波接力通信中常常提到的 480 路或 960 路就是指在一个信道上可同时传送 480 路或 960 路话音信号。模拟话音信号的多路复用是目前无线电通信中应用最多且比较典型的频分复用信号。实现复用的方法是把各路基带话音信号分别对不同的载频进行单边带调制,使之话音频谱搬移到不同的子频段上,然后将各路 SSB 话音信号送入相加器,其合成信号则为多路频分复用信号。各路话音频谱对应的中心频率分别为 $f_1, f_2, \cdots, f_N$,相邻话音频谱之间要留出一定的频率间隔称防护频带,以避免不同话路间的相互影响。

上述频分复用信号由于各路信号的频谱都是相互分离的,每一路的频谱结构取决于它的调制方式从频谱上很容易识别出这种频分复用信号。频分复用信号的波形是各路信号波形瞬时值的叠加,所以合成信号波形的瞬时包络和瞬时相位都是随机起伏变化的。起伏的幅度与各路信号的调制方式及合成信号的路数有关。频分复用信号的带宽则取决于基带信号的带宽、调制方式、防护频带的大小及复用的路数。

在话音信号采用 SSB 调制后再进行频分复用时,一路话音信号与一个防护频带占用的带宽一般为 4 kHz。当然,在实际通信线路上,除话音信号外还有振铃信号等非话音信号(一般称信令信号),信令信号也占用一定的频带,在计算频分复用信号带宽时必须把信令信号占用的带宽计算在内。

频分复用信号也可以是数字调制信号的频分复用。例如,在一个 SSB 话路带宽内可以采用频分复用的办法传送 16 路 2DPSK 电报信号。实现的方法是用 16 路电报的数字基带信号对 16 个不同的载频进行 2DPSK 调制(基带调制),然后将 16 路 2DPSK 信号相加,即得到频分复用的 16 路电报信号。16 路信号所占据的带宽在一个话路带宽内,因此可以占用一个 SSB 话路传送。

单路 2DPSK 信号在理论上是一个载频不变、相位为"0"或"π"、瞬时包络恒定的信号。但是,当多路 2DPSK 信号叠加以后,其合成信号的瞬时包络和瞬时相位将是随机起伏变化的,与单路 2DPSK 信号完全不同。在一个话路带宽内也可以传送 16 路频分复用的 2FSK 信号。16 路 2FSK 信号共有 32 个载频,长时间观察其功率谱有 32 个连续谱主峰。合成信号的波形其瞬时包络和瞬时相位也是随机起伏变化的。当在一个 SSB 话路带宽内传送多路 2DPSK 或 2FSK 电报信号时,受话路带宽的制约,电报信号的码元速率 f_b 也要受到限制以保证相邻两路电报信号的频谱(指功率谱主峰)基本不出现重叠现象。应当指出多路复用的数字信号与多进制数字信号是不同的。以四进制的频移键控信号为例,4FSK 信号与两路频分复用的 2FSK 信号比较,在码元速率相同的情况下两者具有相同的信息速率并且都有四个载频,在长时间观察其平均频谱时,两者均具有四个连续谱主峰。但是两种信号也存在明显的差别。4FSK 信号虽有四个载频,但每一瞬时只有一个载频出现,信号的瞬时包络是恒定不变的,在采样时间足够短的情况下观察其瞬时频谱,每一瞬时只有一个频谱主峰。对于两路频分复用的 2FSK 信号而言,每一瞬时有两个载频出现,瞬时谱主峰也有两个,信号的瞬时包络则是随机起伏变化的。对于其他数字调制信号,读者可自行分析。根据多进制数字信号和多路频分复用数字信号的特征差异,可以区分两类不同的信号。

以上讨论的多路频分复用信号(模拟的和数字的)在送入无线信道传输时,一般还要经过第二次调制变为射频信号再发射出去。第二次调制有不同的调制方式,当采用 FM 方式时(在微波接力通信、卫星通信和散射通信中应用较多),射频信号具有 FM 信号的特征,其频谱结构与频分复用信号的频谱则完全不同。当采用 SSB 调制方式时(在短波单边带通信中传输多路频分复用数字信号时都应用这种调制方式),射频信号的频谱结构与频分复用信号相同。

频分复用在无线电通信中应用极为广泛。微波接力通信、卫星通信和散射通信由于占用频段宽,通信容量大,实际传输的信号基本都是多路复用信号。当这些通信系统为模拟系统时(主要是早期生产的系统),多路复用信号为频分复用信号。在短波单边带通信中传输的多路频分复用信号一般是多路复用的 2FSK 或 2DPSK 电报信号,它是占用 SSB 话路传输的。

(2) 时分复用信号。

时分复用是指在一个信道上传输多路信号时,各路信号在时间轴上占用不同的时隙(很小的时间区段)。时分复用只能用于在时间上离散分布的脉冲序列信号。对于在时间上连续分布的模拟信号若进行时分复用必须先将模拟信号进行 A/D 变换,变为在时间上离散分布的脉冲序列以后才能进行时分复用。

在实际应用中,时分复用都是在基带实现的并且一般都采用二进制码序列。各路信号的时间配置有两种方式,一种是各路信号按每路的二进制编码进行排序;另一种是各路信号按二进制码元进行排序。二进制编码的位数由实际需要确定,例如传输 PCM 制数字电话时,每路话通常采用 8 位二进制编码。两种时间配置方式在通信中都有实际应用。

时分复用的数字基带信号再对载频进行数字调制。调制方式可选用 ASK、FSK、PSK 等,由实际需要确定。实际应用较多的调制方式有 2FSK、2DPSK 和 4DPSK。有的也采用改进的数字调制方式以提高信号的传输质量。

由以上讨论不难看出,时分复用的数字已调信号其信号特征取决于采用的数字调制方式。但由于在一个信道上传输信号路数的增多,信号的码元速率必然增大。传输的路数越多,码元速率则越高,信号带宽也越大。时分复用信号的码元速率一般比单路信号高得多。但是分复用信号和高速率的数据信号在采用相同调制方式时难以根据信号的时、频域特征加以区分。

时分复用信号在现代通信中应用越来越多,主要用于接力通信、卫星通信和散射通信。这些通信系统过去以模拟通信设备为主,采用频分复用方式。由于数字通信一些突出优点的驱动,目前生产的通信设备基本都是数字设备,多路信号的复用方式则采用时分复用。

2.多路并发信号特征

多路并发通常指将一路信号分成多路同时在一个信道上传输。它用于数字信号的传输,其目的是降低在无线信道中传输的数字信号的码元速率。多路并发信号一般用于短波天波传播的无线通信中。短波天波传播时,由于存在严重的多径效应,从而会引起数字信号载频码元宽度的增大。如果被展宽的载频码元落入后面码元的时隙内,则容易引起后面码元在解调时产生误码。理论分析和实践证明,数字信号的码元速率越高,码元宽度越窄,由多径效应引起的误码率越高。为了保证一定的通信质量,试验证明在短波天波信道中传输数字信号时,码元速率最高不超过 200 波特。但现代通信中常常要求传输速率很高的数字信号以增大通信容量,为此,一般都采用多路并发的方式以增加路数为代价来降低无线信道中数字信号的码元速率。

例如,传输速率为 1 200 b/s 的数字基带信号欲在短波 SSB 通信线路上传输,若采用 16 路同时并发,在发送端传输速率为 1 200 b/s 的数字基带信号先经过串/并转换,由一路串行码转换为 16 路并行码,每路的传输速率为 75 b/s。按照频分复用的方法,用 16 路并行码分别对 16 个载频进行 2DPSK 调制后再合成到一起,合成信号则为 16 路频分复用 2DPSK 信号。该信号占用的带宽为 $B=16 \times 75 \times 2 = 2\,400$ Hz,其带宽在一个话音频带内可以占用一个 SSB 话路传输。在接收端则完成相反的转换,将解调出的 16 路并行码经并/串转换,恢复出 1 200 b/s 的数字基带信号。

3. 扩频信号特征

(1) DS 信号的特征。

根据直接序列扩频的工作原理可知 DS 通信用于传输数字信号。DS 信号的产生原理是用含有信息的数字基带信号(称信息码)对载频进行 2PSK 调制,得到含有信息的 2PSK 信号,这次调制称为信息调制,然后用扩频码对含有信息的 2PSK 信号再进行一次二相键控调制,便得到 DS 信号,第二次调制称为扩频调制。两次调制都是通过相乘器实现的。因此,

DS 信号可以表示为

$$S_{DS}(t) = A_c \cdot m(t) \cdot P(t) \cdot \cos w_c t$$

$S_{DS}(t)$ 可以看作是 $m(t)$ 与 $P(t)$ 先相乘后再与载波相乘的结果。DS 信号是一个码元速率为 R_P 的 2PSK 信号,因此它的波形和频谱具有一般 2PSK 信号的特征。只是经过扩频调制后,由于扩频码的码元速率比信息码高得多,DS 信号频谱主峰的宽度比单独用信息码调制时的频谱主峰宽度大大展宽了。

DS 信号中扩频码的选择是一个十分重要的问题,要求扩频码具有白噪声的统计特性和良好的自相关特性。这是 DS 通信系统设计中必须考虑的问题,这里不做更深入的讨论。

DS 通信中的一个十分重要的参数是扩频增益(又称处理增益),信息码速率是由数字终端设备决定的,因此扩频增益主要取决于扩频码的速率。由于 $T_\mathrm{m}= N \cdot T_\mathrm{P}$ 或 $R_\mathrm{P}=N \cdot R_\mathrm{m}$,在信息码速率确定的情况下,扩频码速率 R_P 取决于扩频码长度 N,在数值上 $N=G_\mathrm{P}$。所以要提高扩频增益,必须增加扩频码的长度,这样 DS 通信信号带宽也随之增大。G_P 越大 DS 通信系统的抗截获、抗干扰能力越强。受技术条件和系统同步时间的制约,目前扩频增益一般为几十分贝。例如,美国研制的扩频设备 MX—170 采用 Gold 扩频码,码长 N 为 2 047 位,码元速率为 1.5 Mb/s。该设备可用于卫星通信和接力通信。

为了提高 DS 通信系统的抗截获、抗干扰能力,一般尽量增大扩频增益。这样一来 DS 信号能量分布在一个很宽的频带范围内,使得通信接收端的 DS 信号电平很低,并且往往低于噪声电平,信号被淹没于噪声中,增大了通信的隐蔽性。这也是 DS 通信的一个重要特点。

由于 DS 信号占据的频带很宽,当需要进行 DS 多路通信时是通过码分复用实现的,在同一信号带宽内不同的通信对象分配不同的扩频码,在接收方只有与分配给自己的扩频码匹配的 DS 信号才能被解扩和解调接收,对于同频带内的其他 DS 信号不能进行解扩,在接收机中只能形成背景噪声。

DS 信号的码分复用特别适用于卫星通信中分布在不同地址的卫星接收地面站通过不同的扩频地址码实现与发信方的通信联络。这种码分复用通信也称码分多址通信。DS 信号在通信方面应用最多也最为成功的是用于卫星通信。目前在超短波和微波接力通信中,DS 通信也得到了越来越多的应用。在无线电通信中,由于 DS 通信存在不易解决的远近效应问题,使其应用受到了很大的限制。

所谓远近效应是指当 DS 接收机在接收远距离的弱信号时,如果附近有 DS 发射机在工作,会对 DS 接收机造成严重干扰。在战术无线电通信中如何解决远近效应问题,目前仍处于研究和实验中。

(2) DS 信号监测。

由 DS 通信的基本原理知道,要实现 DS 信号的解扩,DS 接收机中的本地扩频码必须与发端 DS 信号中的扩频码具有相同的码型,并且必须使二者严格保持同步。对无线电监测而言,往往是在对 DS 信号一无所知的情况下监测接收 DS 信号的,这就使得对 DS 信号的监测变得十分困难。根据 DS 信号的特征,用普通监测接收机是无法接收 DS 信号的,其主要原因如下:其一,DS 信号一般占用的频带比较宽,而普通监测接收机大多为窄带接收机,在工作频带上二者不相适应;其二,DS 信号虽然是一种 2PSK 信号,但信号电平很低,往往淹没于噪声之中,即使监测接收机有足够的带宽和对 2PSK 信号的解调功能,也无法从噪声中把 DS 信号检测出来;其三,DS 信号中的扩频码在通信中是属于严格保密的内容并且可以人为地随时加以改变,即使已知 DS 信号存在的情况下,若不知 DS 信号中的扩频码结构也无法对 DS 信号进行解扩。

监测 DS 信号一条有效的途径是设法使监测接收机靠近 DS 发射机。例如用升空监测,由于升空增益可以达到几十分贝,这样有可能监测接收到比较强的 DS 信号,可以按 2PSK 信号的接收方法来接收 DS 信号。但是,监测接收机靠近 DS 发射机不是任何情况下都可以实现的。在远距离上监测微弱的 DS 信号时,首先解决的问题是从噪声中检测到 DS 信号的存在。一般认为有效的办法是用自相关平方律检测,它是将接收到的 DS 信号分为两路,分别进行宽带放大,两路宽放具有完全相同的特性。设宽放输出的 DS 信号为

$$S_A(t) = S_B(t) = K \cdot A_c \cdot m(t) \cdot P(t) \cdot \cos wt$$

式中,K 为宽放增益,A_c 为载波振幅。令 $A_m = K \cdot A_c$ 并代入上式,得 $S_A(t) = S_B(t) = A_m \cdot m(t) \cdot P(t) \cdot \cos wt$,将 $S_A(t)$ 和 $S_B(t)$ 送入相乘器经过相乘后,其输出为 $y(t) = S_A(t) \cdot S_B(t) = [A_m \cdot m(t) \cdot P(t) \cdot \cos wt]^2$,因 $m^2(t) = p^2(t) = 1$,代入上式并经整理后可见宽带的 DS 信号经过自身相乘后变为直流分量和频率为 $2f_c$ 的单频交流分量。再经带通滤波器后将 $2f_c$ 分量取出。测出 $2f_c$ 的值,也就知道了 DS 信号的载频值。

以上检测方法是利用了信号的自相关性,把宽带的 DS 信号变为窄带的单频信号。实际情况下,A、B 两个宽放支路输出的还有噪声,考虑噪声后两个支路的输出为

$$X_A(t) = S_A(t) + n_A(t)$$
$$X_B(t) = S_B(t) + n_B(t)$$

经过相乘器后其输出为

$$y'(t) = X_A(t) \cdot X_B(t) = S_A(t) \cdot S_B(t) + S_A(t) \cdot n_B(t) + S_B(t) \cdot n_A(t) + n_A(t) \cdot n_B(t)$$

由于两个支路的噪声是互不相关的,噪声和 DS 信号也是互不相关的,因此相乘器输出的各项中除第一项为自相关相乘得到窄带信号外,其余各项都是非相关相乘得到的仍然是电平很低的宽带信号,这些宽带信号都当作噪声,经过通带很窄的带通滤波器后大部分被滤除,只有少部分经带通滤波器输出。这样,带通滤波器输出端具有较高的信噪比可以很容易地将频率为 $2f_c$ 的单频信号检测出来。

若存在多个 DS 信号,各个 DS 信号是互不相关的,在相乘器输出端可以得到各个 DS 信号的二倍载频,而非相关 DS 信号,相乘得到的也是宽带信号,被当作噪声,大部分被滤除。不过 DS 信号增多滤波器输出的噪声电平也增高。

采用以上自相关平方律检测方法,可以得到 DS 信号的载频,但是从无线电

监测的要求看,还需要知道 DS 信号的码元速率、扩频码结构和长度等参数。这些参数的获得难度极大,是目前无线电监测正在研究解决的一个难题。已经提出的一些解决办法,从理论和实现的技术上都是比较复杂的,并且大多处于研究和实验阶段,这里不再详细讨论。

4. 跳频信号特征

(1) FH 信号的波形与频谱。

由跳频通信的工作原理知道,跳频通信是信号载频在多个频率上不断跳变进行通信的。在发信端,由伪码序列控制频率合成器的频率跳变产生跳频信号。在接收端,由相同的伪序列控制收端频率合成器输出的参考频率,使之与发送的 FH 信号频率同步跳变。由于参考频率与 FH 信号频率相差一个中频,经混频后得到一个固定频率的中频信号,这便实现了对 FH 信号的"解跳"。收、发端频率的同步跳变是依靠同步电路来实现的。

FH 信号的波形与 2FSK 信号的波形是类似的,不同的是 2FSK 信号只在两个频率上跳变,而 FH 信号是在多个频率上跳变。一个载频连续占用的时间间隔称为一个时隙,它相当于一个载频码元宽度。

(2) FH 信号的信息调制方式。

FH 信号最普遍采用的是 2FSK 数字调制方式。若 FH 通信系统在 N 个频率上跳变,则其中 $N/2$ 个频率代表信息码的"1",另外 $N/2$ 个频率则代表"0"码。代表"1"码和"0"码的频率是由系统的跳频码决定的。在 2FSK 调制的情况下,在一个时隙内的频率是不变的。

模拟 FM 在 FH 信号的信息调制中也有应用。因为在频率跳变瞬间载波的相位不能连续变化,相位的跳变在接收端用鉴频器解调时会形成脉冲噪声干扰,所以 FM 不是一种很好的调制方式。在 FM 的情况下,一个时隙内的瞬时频率是随基带调制信号线性改变的。

跳频图案与频率变化周期跳频图案是指跳频系统频率的跳变规律。跳频系统的频率跳变都是按设计的跳频图案进行的。如果掌握了被监测 FH 系统的跳频图案,就可以为监测的 FH 信号提供极有利的条件。由于跳频系统的频率跳变是受伪码序列控制的,因此跳频图案取决于伪码序列的设计。伪码序列变化一个周期就使得 FH 信号的频率按跳频图案跳变了一个周期。实际应用的伪码序列一般都很长,所以重复周期也很长。从一些实用的战术跳频电台的技术性能看,频率变化的重复周期少则几十小时、几天到几个月,多则几年到几十年,有的甚至长达几百年到上千年,并且跳频图案是可以人为改变的。因此,要想通过无线电监测获取跳频电台的跳频图案是极其困难的。

（3）FH 信号的主要参数。

① 跳频速率。

跳频速率是指每秒频率跳变的次数,单位为 H/s(跳/秒)。跳频速率越高,FH 信号抗截获、抗跟踪的能力越强。跳频速率通常分为三种,即慢速(10～50 H/s)、中速(50～500 H/s)和高速(高于 500 H/s)。目前,短波跳频电台基本都是慢速跳频,超短波跳频电台的跳速大多在中速,以 100～500 H/s 的占多数。现在国外也出现了跳速高达 38 000 H/s 的跳频电台。

跳频速率还有恒速与变速之分。恒速跳频是指跳频速率不变。在通信过程中跳频速率可以改变的为变速跳频。这两种跳频电台都有实际应用。

② 跳频数。

跳频数是指跳频系统可供选用的频率数目。设选用的频率数目为 N,显然 N 越大,跳频系统抗频率击中的能力越强。通常把跳频数 N 作为跳频系统的处理增益,即 $G_{FH} = N$。

在实际应用中,跳频系统工作时有全频段跳频和部分频段跳频之分。全频段跳频是在 FH 电台的整个工作频段内实现频率跳变,频率跳变范围大,可选用的频率数目多,系统的实际处理增益高。但是,多网台同时工作时组网难度大,实现同步也困难。部分频段跳频的处理增益低,但组网工作比较方便,也易于同步。

从无线电监测的角度看,得到电台的跳频图极其困难,但得到电台工作时使用了哪些跳变的频率并非十分困难。这些使用的频率通常称为跳频频率集。这是对 FH 信号监测的一个重要内容。

③ 信号的驻留时间。

从理论上讲,FH 信号跳到某个频率上的持续时间等于对应的时隙宽度。实际上,由于频率合成器需要一定的换频时间,换频之后信号在选频电路中需要一定的建立时间,因此信号的实际持续时间小于时隙宽度。信号在一个时隙中的实际持续时间通常称驻留时间,一般认为它等于时隙宽度的 0.8～0.9 倍。

④ 信号电平和信号的来波方位。

以上参数对 FH 信号的分析识别和对不同 FH 网台的信号分选具有重要的实用意义。在实际应用环境下,往往是多个定频网台和多个跳频网台同时工作。如何把跳频网台与定频网台区分开来,以及如何从多个跳频网台中把各个 FH 网分选出来,是对 FH 信号监测中需要解决的重要问题。不同网台分选的依据主要是 FH 信号的各种参数。

FH 通信具有良好的抗截获、抗干扰能力,又不存在 DS 通信的远近效应问题,并且易于和常规通信体制相兼容,因此在现代通信中得到了广泛应用。目前,应用最多的是 VHF 和 UHF 频段的通信,大多为中速跳频,频道间隔一般为 25 kHz,有的减小到 12.5 kHz。

FH 通信在短波应用中也较多,基本都是慢速跳频,频道间隔一般为 1 kHz 或 100 Hz。

对 FH 信号的监测,已实际应用或正研究应用的接收机体制主要是压缩接收机、信道化接收、声光接收机以及混合体制的监测接收机。

第三章　无线电监测

第一节　无线电波与天线

1. 电磁波分类

电磁波(又称电磁辐射)是由同相振荡且互相垂直的电场与磁场在空间中以波的形式移动,其传播方向垂直于电场与磁场构成的平面,有效地传递能量和动量。电磁辐射可以按照频率分类,从低频率到高频率,包括有无线电波、微波、红外线、可见光、紫外光、X-射线和伽马射线等等。

在不同的波段内的无线电波具有不同的传播特性。

频率越低,传播损耗越小,覆盖距离越远,绕射能力也越强。但是低频段的频率资源紧张,系统容量有限,因此低频段的无线电波主要应用于广播、电视、寻呼等系统。

高频段频率资源丰富,系统容量大。但是频率越高,传播损耗越大,覆盖距离越近,绕射能力越弱。另外,频率越高,技术难度也越大,系统的成本相应提高。

电磁波的应用:

◆无线电波用于通信等

◆微波用于微波炉、卫星通信等

◆红外线用于遥控、热成像仪、红外制导导弹等

◆可见光是所有生物用来观察事物的基础

◆紫外线用于医用消毒,验证假钞,测量距离,工程上的探伤等

◆X 射线用于 CT 照相

◆伽马射线用于治疗,使原子发生跃迁从而产生新的射线等

　　无线电波是指在自由空间(包括空气和真空)传播的射频频段的电磁波。波长大于 1 mm,频率小于 300 GHz 的电磁波是无线电波。

表 3-1　无线电频段划分表

波段(频段)	符号	波长范围	频率范围	应用范围
超长波(甚低频)	VLF	100 000～10 000 m	3～30 kHz	1.海岸——潜艇通信;2.海上导航
长波(低频)	LF	10 000～1 000 m	30～300 kHz	1.大气层内中等距离通信;2.地下岩层通信;3.海上导航
中波(中频)	MF	1 000～100 m	300 kHz～3 MHz	1.广播;2.海上导航
短波(高频)	HF	100～10 m	3～30 MHz	1.远距离短波通信;2.短波广播
超短波(甚高频)	VHF	10～1 m	30～300 MHz	1.电离层散射通信(30～60 MHz);2.流星余迹通信(30～100 MHz);3.人造电离层通信(30～144 MHz);4.对大气层内、外空间飞行体(飞机、导弹、卫星)的通信;电视、雷达、导航、移动通信
分米波(特高频)	UHF	1～0.1 m	300～3 000 MHz	1.对流层工散射通信(700～1 000 MHz);2.小容量(8—12 路)微波接力通信(352～420 MHz);3.中容量(120 路)微波接力通信(1 700～2 400 MHz)
厘米波(超高频)	SHF	10～1 cm	3～30 GHz	1.大容量(2500 路、6000 路)微波接力通信(3 600～4 200 MHz,5 850～8 500 MHz);2.数字通信;3.卫星通信;4.波导通信
毫米波(极高频)	EHF	10～1 mm	30～300 GHz	穿入大气层时的通信

2.传播规律

　　一般情况下,无线电波的传播是以光速沿最短路径从发射点传播到接收点的,也就是说,无论电波是以天波、地波、空间波还是散射波形式传播,传播路径总是处于收发两点和地球球心构成的大圆平面内,正是由于这种规律,我们可以利用接收点处的测向机通过测定来波方向确定无线电发射源的方向,可以利用不同点处的测向机对同一目标测向确定目标的位置。如图 3-1 所示。

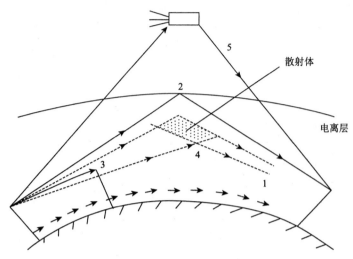

图 3-1　无线电波的传输途径图示

　　相对于利用光、声、热测向,无线电测向的优点是明显的,它的作用距离远,不受气候、能见度和被测目标是否移动的影响。

　　(1)短波传播特点。

　　3～30 MHz 频率范围称短波,短波传播有地波、天波和空间波三种传播方式,其中:

　　地波——沿地球表面绕射传播。

　　天波——靠电离层反射传播,是主要传播方式。

　　空间波——视距传播,只适用于空↔空、地↔空通信,一般用水平极化波。

　　短波的传播特点如下:

　　① 地波衰减快,天波不稳定。

　　地波场强与频率、地面电特性、天线种类及安装高度有关,一般实用功率,地波传播距为几十千兆。适用于垂直极化,短波低频段近距通信。

　　天波可实现远距离传播,但电离层受季节、昼夜、太阳黑子数影响,所以稳定性差。

　　② 存在寂静区。

　　是围绕发射机,根据发射功率及天线方向性所确定的地波可能达到的最远距离和天波反射回地面可能的最近距离之间所形成的环形区域。

　　③ 有衰落现象。

　　接收场强产生无规律的突然的变化,有时达几十至几百倍,变化周期为十分之几秒到几十秒,接收点衰落场强变化服从瑞利分布,达到或超过某一给定场强的时间百分率为 $T = 100\mathrm{e}^{-0.69315}(E/E_{50})^2$。

式中,T——达到或超过 E 的时间百分率　E_{50}——场强中值

衰落:分干涉衰落及极化衰落:

干涉衰落——由于电波传播的多径引起接收电波干涉引起的。

极化衰落——由于地磁场作用,电波通过电离层时分为两个椭圆极化波,由于电子密度的不断变化,使每个椭圆主轴倾向随时刻改变,引起衰落。

④ 有回波现象。

回波分为环球回波和邻近回波:

环球回波——电波在地和电离层间多次反射,环球一周或数周后在接收点再度出现。

邻近回波——反射次数不一样的多个波先后到达同一接收点的现象。

(2) 超短波传播特点。

超短波标称频率为 30~300 MHz,但习惯上可上扩至 1 GHz,甚至更高。传播方式有空间波、散射波、地波。超短波不能被电离层反射,所以不能以天波方式传播,超短波只有在用垂直极化天线时用地波传播,也只有几千米,所以超短波主要传播方式为空间波和散射波。空间波也称地面视距传播。而散射波是由于大气层不均匀性造成的,如对流层散射,电离层散射,流星余迹散射,可以实现超视距通信。

超短波传播特点如下:

① 受地形、地物影响大,传播距限制在视距以内或稍远。

② 通信稳定、受天电、工业干扰小。

③ 波段宽、可容大量电台。

视距,就是收发天线相位中心连线与地球面相切时地面上对应大圆弧长。其公式如下:

$$\gamma_0 = 3.57(\sqrt{h_1} + \sqrt{h_2})km \qquad (不考虑大气对电波折射时视距)$$

$$\gamma = 4.12(\sqrt{h_1} + \sqrt{h_2})km \qquad (考虑大气对电波折射时视距)$$

式中,h_1,h_2 分别发、收天线架设高度(m)。

3. 天线技术

(1)天线方向图。

天线辐射电磁波是有方向性的,它表示天线向一定方面辐射电磁波的能力。反之,作为接收天线的方向性表示了它接收不同方向来的电磁波的能力。

天线方向图的定义:天线辐射的电磁场在一定距离上随空间角坐标分布的

图形。

　　由于电磁场的矢量特征包含了幅度、相位、极化方向等信息。因此,对应有幅度方向图、相位方向图。而电磁场的幅度可用场强和功率密度表示,所以,幅度方向图又分为场强方向图和功率方向图。除非特殊说明,在一般情况下,通常天线方向图指的是功率方向图,幅度以 dB 为单位。

　　根据定义,天线的方向图是三维立体图,但实际获得完整的三维方向图是非常困难的。通常根据天线的结构特点,选择两个或多个特征面测得该平面内的二维方向,如图 3-2 所示。

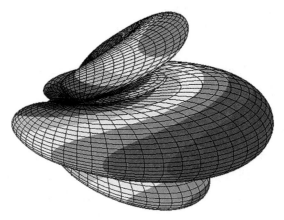

图 3-2　天线方向示意图

　　E 面方向图:通过最大辐射方向并与电场矢量平行的平面。

　　H 面方向图:通过最大辐射方向并与磁场矢量平行的平面。

　　水平面方向图(Horizontal)是指与地面平行的平面内的方向图。

　　垂直面方向图(Vertical)是指与地面垂直的平面内的方向图。

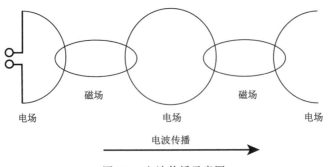

图 3-3　电波传播示意图

　　当天线为垂直极化时,H 面近似为水平面,E 面近似为垂直面,如果天线为水平极化则情况正好相反。

　　E 面图和 H 面图只是描述了天线的功率密度的分布情况,但不能定量的反映天线的主要特征。为了更好地描述天线的方向图,常使用的半功率波束宽度、副瓣电平、前后比、第一上副瓣抑制、第一下零点填充等都是描述方向图特征的指标。

　　(2) 极化方式。

　　天线的极化是指该天线在给定空间方向上远区无线电的极化即时变电磁场矢量端点运动轨迹的形状、取向和旋转方向。根据电场矢量端点呈直线、圆形和椭圆形,天线的极化可分为线极化(水平、垂直以及+45°/-45°)、圆极化和椭圆极化(左旋、右旋)三种。一般我们使用的天线采用的是线极化方式。如图 3-4 所示。

　　通常,天线的辐射除辐射预定极化的波以外,还辐射非预定极化的波,前者称为主极化,后者称为交叉极化。线极化天线的交叉极化方向与主极化方向垂直;圆极化天线的交叉极化则是与主极化旋向相反的圆极化分量。

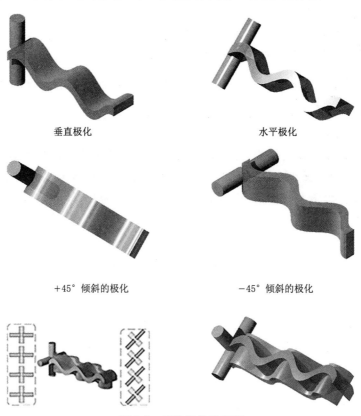

垂直极化　　　　　　　　　水平极化

+45°倾斜的极化　　　　　　-45°倾斜的极化

图 3-4　天线极化示意图

为了实现不同方向的极化,天线在天线单元的排列方式上做了一定的处理。半波振子安装方向与极化方式相同(例如,当半波振子垂直安装时,天线为垂直极化方式)。

不同极化方式的信号之间由于传播方式的不同而使相互之间有一定的隔离效果。在理想情况下垂直极化和水平极化方式之间的隔离度达到 30 dB。

但是在实际条件下,天线在预定极化方式发射的同时还会进行其交叉极化方向的发射。所以在一般环境下,我们做测试时会发现垂直极化和水平极化之间的隔离度只有 24~26 dB。

垂直极化的信号在高低不平的地形中传播距离较远,而水平极化的信号在平坦地形上传播距离较远。

(3) 天线系数。

天线系数 K,有的科技文献也称天线因子。它同电场强度 E 有如下关系:

$$K = E/V$$

式中,V 是天线的输出电压。

在上式中 K 的单位是 $1/$米,E 的单位是伏/米,V 的单位是伏。通常 E 用单位 $dB(\mu V/m)$ 表示,V 用单位 $dB(\mu V)$ 表示,则 K 用单位 $dB(1/m)$ 表示。

天线系数的倒数 $\frac{1}{K} = h_e$ 称之为天线的有效高度。天线的输出电压 V 同天线的有效高度 h_e 和场强有如下的关系:$V = h_e E$

(4) 天线增益。

定义:在相同输入功率、相同距离条件下,天线在最大辐射方向上的功率密度与无方向性天线在该方向上的功率密度之比定义为天线的增益 G_i(单位 dBi),有时也以无耗半波振子的增益系数(1.64)做比较标准,记为 G_d(单位 dBd)。

$$G_d = G_i/1.64$$

或 $$G_d(dBd) = G_i(dBi) - 2.17$$

dBi 与 dBd 的关系:1 dBd = 3.17 dBi。

天线是无源器件,它并不放大电磁信号,天线的增益是将天线辐射电磁波进行聚束以后比起理想的参考天线,在输入功率相同条件下,在同一点上接收功率的比值,显然增益与天线的方向图有关。方向图中主波束越窄,副瓣尾瓣越小,增益就越高。可以看出高的增益是以减小天线波束的照射范围为代价的。

当端口完全张开后,形成的振子长度为波长的一半就形成了半波振子或称偶极子。

表 3-2　定向单极化天线增益与角度对照表摘自国标:YD/T 1059－2000

水平波瓣宽度/度	垂直波瓣宽度/度	增益/dBi
65±6	34	12
	16	15
	8	18
90±8	34	10.5
	16	13.5
	8	16.5
105±9	34	10
	16	13
	8	16
120±10	34	9
	16	12
	8	15

　　从表 3-2 我们可以知道天线的水平波瓣宽度和垂直波瓣宽度越窄,天线的增益越高,但它们之间只是近似的线性关系。

　　增益与波瓣宽度的关系:

　　当只有一对半波振子时,垂直面半功率波瓣宽度为 78°,天线增益为 0 dB。每增加一倍的半波振子,天线增益增加 3 dBi,如图 3-5 所示。

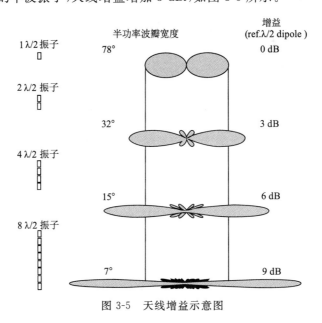

图 3-5　天线增益示意图

水平波瓣宽度与增益的关系也基本相同。

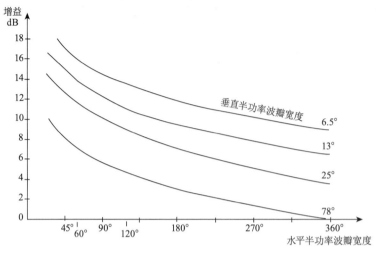

图 3-6　天线波瓣宽度与增益示意图

天线辐射的水平波瓣宽度决定了天线辐射的电磁波水平覆盖的范围。

天线垂直波瓣宽度决定了传输距离及纵向覆盖。

为了增强天线的方向性,提高天线的增益,得到所需要的辐射特性,把若干个相同的天线按一定的规律排列起来,并给予适当的激励,这样组成的天线系统称为天线阵。组成天线阵的独立单元称为阵元或天线单元。天线阵可分为线阵、面阵、立体阵以及共形阵。

天线阵的辐射特性取决于阵元的类型、数目、排列方式、阵元间距以及阵元上电流的幅度和相位分布、反射板形状及单元距离反射板的高度等。

第二节　无线电通信系统

将声频、视频或数字信号经过载频调制成调幅波、调频波或调相波,然后再通过功率放大,经由天线发射出去。接收方由天线接收到信号后,进行检波、鉴相电路或相干法将原来的声频、视频或数字信号分离出来,再进行放大,最后通过扬声器、显示设备或数字终端设备将声频、视频或数字信号还原出来。

1.模拟通信系统

模拟系统是利用正弦波的幅度、频率或相位的变化,或者利用脉冲的幅度、宽度或位置变化来模拟原始信号,以达到通信的目的,故称为模拟通信。

模拟信号指幅度的取值是连续的(幅值可由无限个数值表示)。时间上连续的模拟信号连续变化的图像(电视、传真)信号等,时间上离散的模拟信号是一种抽样信号。非电的信号(如声、光等)输入到变换器(如送话器、光电管),使其输出连续的电信号,使电信号的频率或振幅等随输入的非电信号而变化。普通电话所传输的信号为模拟信号。电话通信是最常用的一种模拟通信。模拟通信系统主要由用户设备、终端设备和传输设备等部分组成。其工作过程是,在发送端,先由用户设备将用户送出的非电信号转换成模拟电信号,再经终端设备将它调制成适合信道传输的模拟电信号,然后送往信道传输。到了接收端,经终端设备解调,然后由用户设备将模拟电信号还原成非电信号,送至用户。

(1)模拟系统的组成。

对于模拟通信系统,它主要包含两种重要变换。一是把连续消息变换成电信号(发送端信源完成)和把电信号恢复成最初的连续消息(接收端信宿完成)。由信源输出的电信号(基带信号)由于具有频率较低的频谱分量,一般不能直接作为传输信号而送到信道中去。因此,模拟通信系统里常用第二种变换,即将基带信号转换成适合信道传输的信号,这一变换由调制器完成;在接收端同样需经相反的变换,它由解调器完成。经过调制后的信号通常称为已调信号。已调信号有三个基本特性:一是携带有消息,二是适合在信道中传输,三是频谱具有带通形式,且中心频率远离零频。因而已调信号又常称为频带信号。

必须指出,从消息的发送到消息的恢复,事实上并非仅有以上两种变换,通常在一个通信系统里可能还有滤波、放大、天线辐射与接收、控制等过程。对信号传输而言,由于上面两种变换对信号形式的变化起着决定性作用,它们是通信过程中的重要方面,而其他过程对信号变化来说,没有发生质的作用,只不过是对信号进行了放大和改善信号特性等,因此,这些过程我们认为都是理想的,而不去讨论它。

(2)主要性能指标。

① 有效性

模拟通信系统的有效性指标用传输频带宽度衡量,采用不同调制方式传输需要的频带宽度(简称带宽 B)不同,信号的带宽 B 越小,占用信道带宽越少,在给定信道时容纳的传输路数越多,有效性越好。

需要说明的是,信号带宽、系统带宽与信道带宽是有区别的。信号带宽由信号频谱密度或功率频谱密度在频域的分布规律决定;系统带宽由电路系统的传输特性决定;信道带宽由信道的传输特性决定。实际工作中用得比较多的是信号带宽和信道带宽。其中,信号带宽越小有效性越好,如 SSB 信号有效性优于FM 信号;而信道带宽越大越好,如同轴电缆、光纤传输媒质比电话线带宽大,传输能力强。信号带宽和信道带宽的关系可以比喻成高速公路上的车与路的宽度,车越小,路上容纳的车就越多,路的利用率越高。

② 可靠性。

模拟通信系统的可靠性指标用接收端的最终输出信号噪声功率比(Signal Noise Ratio,SNR,简称信噪比 S/N)衡量。不同调制方式在同样信道信噪比下所得到的最终解调输出信噪比也不同,调频系统的输出信噪比大于调幅系统,故可靠性比调幅系统好,但调频信号所需传输带宽高于调幅信号,有效性变差,这反映了通信系统有效性与可靠性的矛盾。

(3) 模拟系统特点。

模拟通信与数字通信相比,模拟通信系统设备简单,占用频带窄,但通信质量、抗干扰能力和保密性能等不及数字通信。从长远观点看,模拟通信将逐步被数字通信所替代。

模拟通信的优点是直观且容易实现,但存在以下几个缺点:

保密性差。模拟通信,尤其是微波通信和有线明线通信,很容易被窃听。只要收到模拟信号,就容易得到通信内容。

抗干扰能力弱。电信号在沿线路的传输过程中会受到外界的和通信系统内部的各种噪声干扰,噪声和信号混合后难以分开,从而使得通信质量下降。线路越长,噪声的积累也就越多。数字信号与模拟信号的区别不在于该信号使用哪个波段(C、Ku)进行转发,而在于信号采用何种标准进行传输。

设备不易大规模集成化。

不适于飞速发展的计算机通信要求。

2.数字通信系统

(1) 数字通信系统的组成。

① 信源/信宿。

信源产生信息,信宿最后接收信息。它们可能是人直接使用的设备,如电话端机、电传打字机、键盘显示器等;或者其他机器,如检测器、存储器、电视摄像机、其他输入输出设备等。信源和信宿可以是分开的设备,也可能是装在一起的,便于像电话那样进行双向通信的复合装置。根据通信对象和任务的不同,信源产生的信息的形式也不同,总的说来可分为连续的和离散的两种,与此对应地分别有连续信源和离散信源。前者产生幅度随时间连续变化的信号(如话筒产生的话音信号);后者产生各种离散的符号或数据。

② 信源编码/解码器。

各种信源产生的信息要在数字通信系统中传输,必须变换成统一格式的数字信号,这个过程称为信源编码。对连续信息要进行模/数(A/D)变换,用一定的数字脉冲组合来表示信号的一定幅度;对离散信息则用数字脉冲组合来表示符号、字母等。用一组数字脉冲信号来表示信息的过程称为编码,这组数字脉冲就称为代码、码组或码字,其中每个数字脉冲就称为码元。

信源编码往往还有一个重要的作用,就是提高数字信号的有效性,即在保证一定传输质量的情况下,用尽可能少的数字脉冲来表示信源产生的信息。这种编码称为频带压缩或数据压缩编码。

在接收端的信源解码是发端信源编码的逆过程,把数字信号还原为信宿可接受的信息形式。

③ 信道与干扰。

信源与信宿总是隔开的,而且往往距离很远,其间必须有某种媒介进行电的连接以传输信号,这种媒介就是信道。用于模拟通信的各种有线和无线信道都可用作数字通信。目前在大容量干线通信中,有线用的主要是同轴电缆;无线用的主要是微波视距中继;数字卫星通信和光纤通信的进展也很快。各种信道由于物理上的原因,具有种种不完善的特性,会使在其中传输的数字信号产生衰减和畸变。另外,信号还受到各种不需要的和无法预知的其他信号的干扰。因此,在数字通信系统中就要设置各种设备,采取专门措施来克服这些不利因素。通信系统设计的主要目标之一就是尽可能地抑制干扰的破坏作用,保证数字信号可靠而有效的传输。

干扰可以是信号在传输过程中造成信号畸变的所有因素。总的来说,干扰可分为加性干扰和乘性干扰两个部分。加性干扰是叠加到有用信号上去的其他种种来源产生的不需要的电磁信号,主要包括随机噪声、脉冲干扰和正弦干扰三种。随机噪声主要有热噪声、宇宙噪声和电子器件内部噪声等;脉冲干扰主要有大气干扰和工业干扰等;正弦干扰主要有邻台干扰、邻信道串扰和人为电子干扰等。乘性干扰是由于信道特性的种种不完善所引起的信号畸变,这些畸变不能简单看作叠加到信号上,而是相当于使信号乘上某些畸变因子。引起乘性干扰的主要因素是信道引起的衰变、幅度和相位的畸变、频率漂移和相位的抖动及非线性失真等。所有这些干扰在信道中是散布在各个环节的。

④ 调制/解调器。

各种信道都有一定的频带限制,二进制脉冲序列往往不能直接在信道上传输。调制器的作用就是把二进制脉冲变换成适宜于在通信信道上传输的波形。数字调制过程就是使一定频率的高频正弦振荡(称为载波)的振幅、频率、相位或它们的组合随着所要传输的数字脉冲而有规律地改变。

调制是信息传输过程中一个重要的措施,它还用来减小信道中干扰的作用,改变信道的频谱使与信道特性匹配以减小传输引起的畸变,提供很多用户合用一个信道(多路复用)的能力等。解调是调制的逆过程。但对一种已调波形进行解调以恢复原数字信号的方法可以有好几种,具体选用哪一种取决于所要求的解调精度和所允许的设备复杂性。

在数字通信系统中,调制器和解调器常装在一起,称调制解调器(MODEM)。

⑤ 信道编码/解码器。

选择好的调制解调方法可以有效地消除干扰的影响,但这也有一定的局限性。有时候经仔细设计了调制解调器后,系统尚不能充分抑制干扰的影响,达不到传输的可靠性指标。为此,在数字通信中可采用信道编码/解码的办法来进一步提高可靠性。

在数字通信中,信道干扰的有害影响表现为产生错码。信道编码/解码的作用,就是减少错码,以达到指标的要求。

信道编码是一种代码变换,其方法是在信源编码后的脉冲序列中有规律地插入一些附加的脉冲,成为监督码元,这些码元不代表所传输的信息,但它们插入的位置和值与信息脉冲(码元)之间有固定的关系,称为监督关系,用监督方程表示。这个监督关系接收端是知道的,如果传输中出了差错,就破坏了这个监督关系,接收端就可通过验证监督方程来检查到错误。有的编码还可纠正某些错误。接收端检测或者纠正错误的过程就是信道解码。

⑥ 发射/接收机。

信号在媒介中传播会被衰减,所以在发、收两端进行适当的放大是必不可少的。其次,还要进行滤波,限制频带宽度;还需要有耦合装置。将能量发送到媒介中去或从其中接收下来等。这种设备(例如发射机和接收机)并不对信号进行改变特性的处理,仅起提供通路的作用,故常视作信道的一部分。

定时同步系统:数字信号是一个个码元依次按拍节传输的,因此必须有定时电路来保证正确的时序关系,必须由同步电路来保证接收端的工作与发送端步调一致。定时同步系统控制着数字信号的可靠传输。定时同步系统失效,轻则错误增多,重则通信中断。

均衡器:均衡器是用来补偿不理想的信道特性,使信号能正确无误地接收。

再生中继器:我们知道在长途电话传输过程中,为弥补线路的损耗,沿途要设置若干增音器。在数字通信中与此相应的是再生中继器,用来修正脉冲波形,消除干扰和畸变。

加密/解密设备:在机要通信中,保密是非常重要的。数字信号的特点是它比模拟信号易于加密并获得极好的性能。加密器放在信源编码后,解密器则放在信源解码器之前。

数字交换设备:在要为很多分散的用户服务的数字通信网中,必须有数字交换设备进行通路的转接,它起接线员的作用。

数字复接设备:在通信网中,很多用户或不同速率级别的数字信号流需要合用一条信号通路,或几个低一级速率的数字信号流要合并成高一级速率的数字信号流,这时需要用数字复接设备。

(2)数字系统的主要性能指标。

数据在信道中是以电信号的形式传送的。如上所述,电信号分为模拟信号和数字信号两种,模拟信号是连续变化的电压或电流波形,而数字信号是一系列表示数字"0"和"1"的电脉冲。各种通信系统有各自的技术性能指标,但衡量任何通信系统的优劣都是以有效性和可靠性为基础的。下面以数字通信系统为例,说明它的性能指标。

① 有效性指标。

a.信息传输速率。

信道的传输速率是以每秒所传输的信息量来衡量的。信息量是消息多少的一种度量。消息的不确定性程度愈大,则其信息量愈大。

信息论中已定义信源发出信息量的度量单位是"比特"。对于随机二进制序列,当"1"码和"0"码出现的概率相等,并前后相对独立,这时的一个二进制码元(一个"1"或者一个"0")所含的信息量就是一个"比特"。所以,信息传输速率的单位是比特/秒,或写成 bit/s。

b.信号传输速率。

信号传输速率也叫码元速率。它是指单位时间内所传输码元的数目,其单位是"波特"(Baud)。信号传输速率和信息传输速率是可以换算的。

c.频带利用率。

频带利用率是指单位频带内的传输速率。在比较不同通信系统的传输效率时,单看它们的传输速率是不够的,还应看在这样的传输速率下所占的频带宽度。通信系统占用的频带愈宽,传输信息的能力应该愈大。所以,用来衡量数字通信系统传输效率(有效性)的指标应该是单位频带内的传输速率。

② 可靠性指标。

误码率:误码率是在传输过程中发生误码的码元个数与传输的总码元数之比。它是衡量数据通信系统在正常工作情况下的传输可靠性的指标。

误码率的大小由传输系统特性、信道质量及系统噪声等因素决定。如果传输系统特性、信道质量都很好,并且噪声较小,则系统误码率就较低;反之,系统的误码率就较高。

信号抖动:在数字通信技术中,信号抖动是指数字信号码相对于标准位置的随机偏移。数字信号位置的随机偏移,同样与传输系统特性、信道质量与噪声等有关。

从可靠性角度而言,误码率和信号抖动都直接反映了通信质量。

(3)数字系统的特点。

① 数字通信系统的优点。

a.数字通信的抗干扰能力强,可靠性高。

因为模拟信号在传输过程中噪声干扰是叠加在模拟信号上,接收端难以把信号和噪声分开,所以模拟通信的抗干扰能力较差。而数字通信系统传递的是数字信号,数字信号的取值是有限可数的,通常是把这些取值用二进制数值表示,这样,在有干扰的条件下容易检测。而且还可以进行码再生,从而能够避免传输过程中的噪声积累。比如,数字信号在传输过程中混入的杂音,可以利用电子电路构成的门限电压(称为阈值)去衡量输入的信号电压,只有达到某一电压幅度,电路才会有输出值,并自动生成一整齐的脉冲(称为整形或再生)。由于较小杂音电压到达时,由于它低于阈值而被过滤掉,不会引起电路动作,因此再生的信号与原信号完全相同,除非干扰信号大于原信号才会产生误码。为了防止误码,在电路中可以通过设置检验错误和纠正错误的方法,即在出现误码时,利用后向信号使对方重发。因而数字传输适用于较远距离的传输,也适用于性能较差的线路。

b.数字信号易于加密且保密性强。

数字信号可以采用各种复杂的加密算法进行加密,而且只需要用简单的逻辑电路就能实现加密,从而使通信具有高度的保密性。

c.通用性、灵活性好。

在数字通信中各种电报、电话、图像和数据等都可变成统一的二进制数字信号,既便于计算机对其进行处理,又便于接口和复接,因而可将数字传输技术和数字交换技术结合起来,这样能够方便地实现各种业务的处理和交换,从而形成综合业务数字网(ISDN)。

d.可采用再生中继实现远距离高质量的通信。

远距离模拟通信系统中的噪声是积累的,因而随着通信距离的增加,传输质量也随着传输距离的增加急剧下降。而数字通信传送的是二元数字信号,采用再生中继的方法能够将在传输过程中信号受到的噪声干扰加以消除,从而再生出原始信号波形。远距离的数字通信,可以经过多次再生中继实现高质量的传输。

e.设备可集成化、微型化。

数字电路比模拟电路更容易实现集成化,随着近年来大规模集成电路技术的迅速发展,更进一步促进数字通信电路做到微型化,这对数字通信系统产生极大的影响。

f.能适应各种通信业务。

各种信息,都可以变换为统一的二元数字信号进行传输。把数字信号传输技术与数字交换技术结合,还可组成统一的综合业务数字网(ISDN)。对来自各种不同信源的信号自动进行变换、综合、传输、处理、储存和分离,实现各种综合的业务入网。

② 数字化通信的缺点。

事物总是一分为二的,数字通信的许多优点都是用比模拟通信占用更宽的系统频带换得的。以电话为例,一路模拟电话通常仅占用 4 kHz 带宽,但一路数字电话(PCM 终端机输出的一路话音)占用带宽就为 64 kHz,即一路 PCM 信号占了几个模拟话路。对某一话路而言,它的利用率降低了,换句话讲是对线路的要求提高了。因此,与模拟通信系统相比,数字通信的频带利用率不高。在系统的传输带宽一定的情况下,模拟电话的频带利用率要比数字电话高出 5~15 倍。在系统频带紧张的场合,数字通信占带宽的缺点显得十分突出。然而,随着社会生产力的不断发展,有待传输的信息量急剧增加,对通信的可靠性和保密性要求也越来越高。尤其是计算机的发展和通信技术的结合对社会的发展产生着深刻的影响。如计算机网、综合业务数字网(ISDN)的形成使数字通信几乎成了通信发展的必然趋势。因而,实际中往往宁可牺牲系统带宽来换取可靠性的提高而采用数字通信。当然,近年来已采用了一些压缩编码及有效的调制方法使数字话音及数字图像的占用频带降低了很多,另外,在新建的微波及光纤通信系统中,系统频带富裕,占带宽已不再是突出的问题了,所以在这些系统中数字通信已经成为通信系统的首选。

a.占用频带较宽,技术要求复杂,尤其是同步技术要求精度很高。

接收方要能正确地理解发送方的意思,就必须正确地把每个码元区分开来,并且找到每个信息组的开始,这就需要收发双方严格实现同步,如果组成一个数字网的话,同步问题的解决将更加困难。

b.进行模/数转换时会带来量化误差。

随着大规模集成电路的使用以及光纤等宽频带传输介质的普及,对信息的存储和传输,越来越多使用的是数字信号的方式,因此必须对模拟信号进行模/数转换,在转换中不可避免地会产生量化误差。

3.调制与解调

调制就是用基带信号去控制载波信号的某个或几个参量的变化,将信息荷载在其上形成已调信号传输,而解调是调制的反过程,通过具体的方法从已调信号的参量变化中将恢复原始的基带信号。

(1) 调制。

调制是将能量低的消息信号与能量高的载波信号进行混合,产生一个新的高能量信号的过程,该信号可以将信息传输到很远的距离。或者说,调制是根据消息信号的幅度去改变载波信号的特性(幅度、频率或者相位)的过程。

举个例子,两个人说话距离 0.5 米的时候很容易听清对方要表述的内容,但是距离增加到 5 米的时候听起来就比较费劲,如果周围再增加一些其他人说话的声音,有可能就听不出对方要表达的意思了。

从上面的例子我们可以知道,消息信号一般强度很弱,无法进行远距离传播。除此之外,物理环境、外部噪声和传播距离的增加都会进一步减小消息的信号强度。那为了把消息信号传输到很远很远的地方,我们该怎么办呢?此时就通过高频率和高能量的载波信号来帮助我们实现,它传播距离更远,不容易受外部干扰的影响,这种高能量或高频信号称为载波信号。

既然我们可以使用载波信号帮助我们将消息信号传输到很远的距离,那么如何将消息信号和载波信号进行结合呢?我们知道,一个信号包括了幅度、频率和相位,那么我们可以根据消息信号的幅度来改变载波信号的幅度、频率和相位,即我们所熟知的调幅、调频和调相。

在调制过程中,载波信号的特性会根据调制方式发生变化,但我们要传输的消息信号的特性不会发生改变的。

调制包括的信号类型:

消息信号。消息信号就是我们要传播到目的地的消息,如我们的语音信号等,它也称调制信号或者基带信号。

载波信号。具有振幅、频率和相位等特性,但是不包含任何有用信息的高能量或高频信号,我们称之为载波信号或载波。

调制信号。当消息信号与载波信号进行混合,会产生一个新的信号,我们称这个新信号为调制信号。

调制类型。模拟调制,指模拟消息信号直接调制在载波上,让载波的特性跟随其幅度进行变化;数字调制,指调制信号或者消息信号已经不再是模拟形式,而是进行了模数转换,将数字基带信号调制到载波上进行传输,它的优点有高抗噪性、高可用带宽和容许功率。

① 调幅:载波信号的幅度根据消息信号的幅度而变化(改变),而载波信号的频率和相位保持恒定。

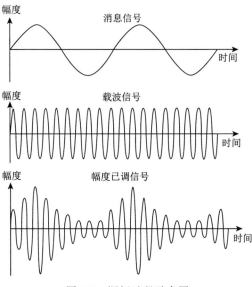

图 3-7　调幅过程示意图

② 调频：载波信号的频率根据消息信号的幅度而变化（改变），而载波信号的幅度和相位保持恒定。

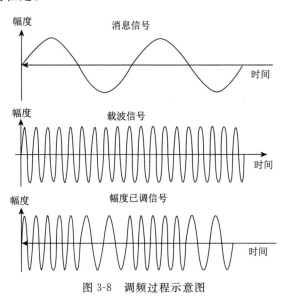

图 3-8　调频过程示意图

③ 调相：载波信号的相位根据消息信号的幅度而变化（改变），而载波信号的幅度保持恒定。

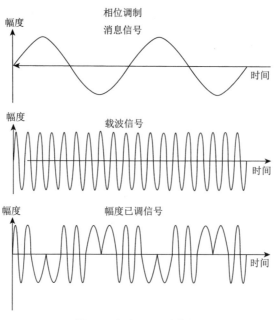

图 3-9 调幅过程示意图

④ 模拟脉冲调制:根据消息信号的幅度改变载波脉冲的特性(脉冲幅度,脉冲宽度或脉冲位置)的过程。

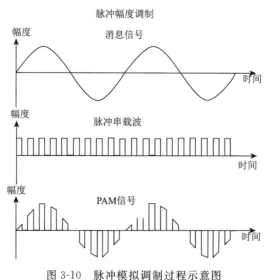

图 3-10 脉冲模拟调制过程示意图

脉冲编码调制是对连续变化的模拟信号进行抽样、量化和编码产生的数字信号。PCM 的优点就是音质好,缺点就是体积大。

(2)解调。

解调是从携带信息的已调信号中恢复消息的过程。在各种信息传输或处理系统中,发送端用所欲传送的消息对载波进行调制,产生携带这一消息的信号。接收端必须恢复所传送的消息才能加以利用,这就是解调。

解调是从携带消息的已调信号中恢复消息的过程。在各种信息传输或处理系统中,发送端用所欲传送的消息对载波进行调制,产生携带这一消息的信号。接收端必须恢复所传送的消息才能加以利用,这就是解调。

解调是调制的逆过程。调制方式不同,解调方法也不一样。与调制的分类相对应,解调可分为正弦波解调(有时也称为连续波解调)和脉冲波解调。正弦波解调还可再分为幅度解调、频率解调和相位解调。同样,脉冲波解调也可分为脉冲幅度解调、脉冲相位解调、脉冲宽度解调和脉冲编码解调等。对于多重调制需要配以多重解调。

按照调制方法可分为两类:线性调制和非线性调制。线性调制包括调幅(AM)、抑制载波双边带调幅(DSB－SC)、单边带调幅(SSB)、残留边带调幅(VSB)等。非线性调制的抗干扰性能较强,包括调频(FM)、移频键控(FSK)、移相键控(PSK)、差分移相键控(DPSK)等。线性调制特点是不改变信号原始频谱结构,而非线性调制改变了信号原始频谱结构。根据调制的方式,调制可划分为连续调制和脉冲调制。按调制技术分,可分为模拟调制技术与数字调制技术,其主要区别是,模拟调制是对载波信号的某些参量进行连续调制,在接收端对载波信号的调制参量连续估值,而数字调制是用载波信号的某些离散状态来表征所传送信息,在接收端只对载波信号的离散调制参量进行检测。

① 过程。

解调是调制的逆过程。调制方式不同,解调方法也不一样。与调制的分类相对应,解调可分为正弦波解调(有时也称为连续波解调)和脉冲波解调。正弦波解调还可再分为幅度解调、频率解调和相位解调,此外还有一些变种如单边带信号解调、残留边带信号解调等。同样,脉冲波解调也可分为脉冲幅度解调、脉冲相位解调、脉冲宽度解调和脉冲编码解调等。对于多重调制需要配以多重解调。

解调过程大体上包含两个主要环节:首先把位于载波附近携带有用信息的频谱搬移到基带中,然后用相应的滤波器滤出基带信号,完成解调任务。

脉冲调制信号的解调比较简单。例如脉幅调制和脉宽调制信号都含有很大的调制信号分量,可以用低通滤波器直接从脉冲已调波中将它们滤出,实现解调;有的脉冲已调波(如脉位调制、脉码调制等)中的调制信号分量较小,通常先把它们变为脉幅或脉宽调制信号,再用滤波器把有用信号滤出。

正弦波已调信号中不包含调制信号分量。解调时应先进行频率变换,把蕴含在边带中的有用信号频谱搬移到适当的频带之内,再用滤波器或适当器件,把有用信号检出。

② 解调的方式有正弦波幅度解调、正弦波角度解调和共振解调技术。

a. 正弦波幅度解调。

从携带消息的调幅信号中恢复消息的过程。这种方式应用得最早,现代仍广泛地用于广播、通信和其他电子设备。早期的键控电报是一种典型的调幅信号。对这类信号的解调,通常可用拍频振荡器(BFO)产生的正弦振荡信号在一非线性器件中与该信号相乘(差拍)来实现。差拍输出经过低通滤波即得到一断续的音频信号。这种解调方式有时称为外差接收。

标准调幅信号的解调可以不用拍频振荡器。调幅信号中的载波实际上起了拍频振荡波的作用,利用非线性元件实现频率变换,经低通滤波即得到与调幅信号包络成对应关系的输出。这种方法属于非相干解调。

单边带信号的解调需要一个频率和相位与被抑制载波完全一致的正弦振荡波。使这个由接收机复原的载波和单边带信号相乘,即可实现解调。这种方式称为同步检波,也称为相干解调。

b. 正弦波角度解调。

从带有消息的调角波中恢复消息的过程。与频率调制相逆的称为频率解调,与相位调制相逆的称为相位解调。频率解调通常由鉴频器完成。当输入信号的瞬时频率 f_i 正好为 f_0(载波频率),即 $f_i = f_0$ 时,鉴频器输出为零;当 $f_i > f_0$ 时,鉴频器输出为正,$f_i < f_0$ 时则为负。传统的方法是把调频波变为调幅-调频波,然后用检波器来解调。为了防止调频信号的寄生调幅在解调过程中产生干扰,可在鉴频之前对信号进行限幅,使其幅度保持恒定。相位解调需要有一个作为参考相位的相干信号,所以相位解调属于相干解调。相位解调电路通常称为鉴相器。

脉冲调制信号的解调,脉冲幅度调制和脉冲宽度调制信号的解调都比较简单。这些信号的频谱中均含有较大的调制信号的频谱分量,对已调制信号直接进行低通滤波即可恢复其中所携带的消息。脉冲宽度调制信号中也含有较大的调制信号分量,可以用同样的方法实现解调。脉冲相位解调的方法是:先将脉冲调相波转变成脉冲调幅波或调宽波,然后再按脉冲幅度或脉冲宽度解调的方法恢复消息。

数字信号的解调方法,基本上与模拟信号解调相似,但有其固有的特点。

解调方法对通信与各种电子设备的抗干扰性能有很大关系,其中以相干解调的抗干扰性能为最佳。对于宽带调频信号,采用频率负反馈的解调方法也可以提高接收调频信号的抗干扰性。

解调过程除了用于通信、广播、雷达等系统外,还广泛用于各种测量和控制设备。例如,在锁相环和自动频率控制电路中采用鉴相器或鉴频器来检测相位或频率的变化,产生控制电压,然后利用负反馈电路,实现相位或频率的自动控制。

c. 共振解调技术。

共振解调技术,是振动检测技术的发展和延伸。它从振动检测技术分离并发展起来,在发展中融入声学、声发射、应变、应力检测而拓宽了其对于工业故障诊断的服务领域。

学术界对于共振解调技术常用 Hilbort 变换来作数学描述。

4. 信号数字化

随着数字电子技术的飞速发展特别是信息技术的发展与普及,数字电视、液晶屏、数字音频、网络视频等用数字电路处理模拟信号的应用越来越广泛。自然界中存在的声音、电压、电流、温度、时间、速度、压力以及利用摄像机摄制的反映客观世界的图像都是连续变化的模拟量,为让计算机等数字设备能够识别这些自然物理量并保证模拟设备和数字设备之间的有效通信,则需要在连续的模拟量和离散的数字量之间进行转换。

图 3-11　数字信号处理系统

（1）信号采样。

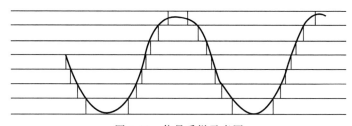

图 3-12　信号采样示意图

采样是对模拟信号进行周期性抽取样值的过程,即把随时间连续变化的信号转换成在时间上断续、在幅度上等于采样时间内模拟信号大小的一串脉冲数码信号,采样间隔时间 T 称为采样周期,单位是秒,采样频率 $f=1/T$,定义了每秒从连续信号中提取并组成离散信号的采样个数,单位是赫兹 Hz。为了保证在采样之后,数字信号能完整地保留原始信号中的信息能不失真地恢复成原模拟信号,采样频率应不小于输入模拟信号频谱中最高频率的两倍。一般实际应用中采样频率为信号最高频率的 5 至 10 倍。显然采样频率越高采样输出的信号就越接近连续的模拟信号。

(2) 保持。

由于 A/D 转换需要一定的时间,所以在每次采样结束后应保持采样电压值在一段时间内不变,直到下一次采样开始,以便对模拟信号进行离散处理。这就要在采样后加上保持电路。一般来说,采样和保持通常做成一个电路。

(3) 量化。

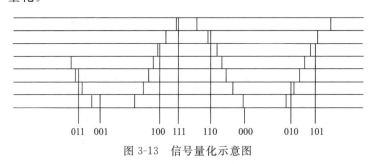

图 3-13　信号量化示意图

采样把模拟信号变成了时间上离散的脉冲信号,但脉冲的幅度仍然是模拟的,还必须进行离散化处理才能最终用数码来表示。对幅值进行舍零取整的处理这个过程称为量化。量化有两种方式,一种是在取整时只舍不入,即 0～1 伏间的所有输入电压都输出 0 伏,1～2 伏间所有输入电压都输出 1 伏等。采用这种量化方式,输入电压总是大于输出电压;另外,一种量化方式是在取整时有舍有入,即 0～0.5 伏间的输入电压都输出 0 伏,0.5～1.5 伏间的输入电压都输出 1 伏,采用有舍有入法进行量化误差较小。

(4) 编码。

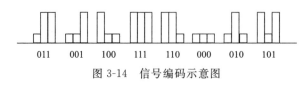

图 3-14　信号编码示意图

采样、量化后的信号还不是数字信号,需要把它转换成数字编码脉冲,这一过程称为编码。最简单的编码方式是二进制编码。具体说来就是用比特二进制码来表示已经量化了的样值,每个二进制数对应一个量化值,然后把它们排列得到由二进制脉冲组成的数字信号流,即用 0 和 1 的二进制码构成数字音视频文件。编码过程在接收端可以按所收到的信息重新组成原来的样值,再经过低通滤波器恢复原信号。抽样频率越高量化比特数越大,数码率就越高,所需要的传输带宽就越宽。

将模拟信号转换成数字信号的电路称为模数转换器,简称 A/D 转换器或 ADC;将数字信号转换为模拟信号的电路称为数模转换器简称 D/A 转换器或 DAC。A/D 转换过程实际上是对连续模拟信号进行采样、保持、量化和编码的过程,通过采样把连续的信号变成离散的信号再把离散的信号按二进制进行量化和编码。当前 A/D 转换器和 D/A 转换器已成为音视频系统中不可缺少的接口电路。

第三节　无线电监测的内容

1. 影响因素

（1）灵敏度。它是指在满足所需要的额定电压和额定信噪比的条件下在接收天线上所需要的最小感应电动势。灵敏度一般都在微伏量级。

监测灵敏度有时也称为监测接收灵敏度,它是指在规定的监测误差范围内监测设备或系统能测定辐射源方向的最小信号的场强或功率。监测灵敏度是一个与信噪比有关的指标,在给出监测灵敏度指标时要同时注明对信噪比的要求。一般来说,监测天线在接收来波信号的过程中也不可避免地附加接收了噪声,引起信噪比的降低。监测信道接收机的内部噪声也会进一步引起信噪比的降低。如果信道接收机输出信噪比低到一定的程度,使得送到方位信息处理单元信号中的来波信号部分甚至全部淹没在噪声中,则方位信息处理单元将无法得到正确的来波方位数据,引起超出监测准确度指标要求的监测误差。

（2）带宽。它是指器上同时显示的整个频率范围,也称全景观察带宽。在显示器确定的情况下显示器屏幕上表示频率范围的扫描线长度是一定的,如果显示的频率范围太宽则显示分辨率下降。为此接收机一般都有几种可选择的显示带宽。当选择窄的显示带宽时,可获得高的显示分辨率。

（3）搜索时间。它是指搜索带宽所需的时间。搜索时间与搜索的频率范围、步进频率间隔、换频时间和在每个搜索频率上的驻留时间有关。

（4）搜索速度和扫频速度（或称扫频速率）。这是与搜索时间相联系的指标,有的用搜索速度表示是指每秒搜索的信道数或搜索的频率范围,也有的用扫频速度表示,一般指每秒搜索的频率范围。

（5）频率分辨率（或称频率分辨能力）。它是指搜索接收机能够分辨出来的两个频率相邻信号之间的最小频率间隔。由前面的讨论已知,如果搜索接收机收到的是单频信号,那么在显示器上显示的并非是单根的谱线,而是与中频滤波器频率响应有关的输出响应曲线,该响应曲线反映了检波器输出电压波形的形状。如果频率分别为 f_1 和 f_2 的两个信号被接收,只要 f_1 与 f_2 有足够大的间隔,显示器上显示的是两个独立的输出响应曲线。如果 f_1 和 f_2 的间隔减小,则两个响应曲线将出现重叠部分。当重叠部分增大到一定程度时,合成的响应曲线则变为单峰曲线,此时就无法将 f_1 和 f_2 两信号分辨开来。接收体制为了分辨两个相邻的频率,对频率分辨率有以下两种定义。

定义 1　对于两个等幅度的正弦信号,搜索接收机显示器显示出的双峰曲线的谷值为峰值一半时,两信号的频率差称为该接收机的频率分辨率。

定义 2　对于两个幅度相差 60 dB 的正弦信号,搜索接收机显示出的双峰曲线的谷值为小的峰值一半时,两信号的频率差称为该接收机的频率分辨率。

以上定义中,定义 2 是以不等幅信号作为依据的与实际情况较为接近,但不便于分析计算。定义 1 用于分析计算比较方便。对于同一部接收机,按定义 1 得出的频率分辨率高于按定义 2 得出的频率分辨率。

接收机频率分辨率的主要影响因素是接收机的频率特性(主要是窄带部分的频率特性)和本振的扫频速率,其次检波器电路的时间常数、视频放大器的频率特性以及显示器自身的分辨能力对频率分辨率也有影响。检波器电路的时间常数不宜过大,以防止出现峰值检波状态。在峰值检波状态下,双峰响应曲线的谷值会增大,使频率分辨率下降。

视频放大器的频率特性一般呈现低通滤波器特性,低通滤波器的通带越窄,脉冲信号经过低通时将有更多的频谱分量被滤除,这将导致在时域上使脉冲波形展宽,从而使频率分辨率下降。所以,低通滤波器的通带不宜太窄。显然,显示器自身的分辨能力越高对于提高接收机的频率分辨率越有利。

(6) 动态范围。它是指搜索接收机正常工作条件下,输入信号幅度的最大变化范围,通常用分贝表示,即 E_{smin} 受接收机显示灵敏度的限制。E_{smax} 的取值则与所采用的动态范围的定义有关。E_{smax} 通常按无寄生干扰动态范围的定义来确定。寄生干扰是由于接收机的非线性引起的,主要影响是使搜索接收机出现虚假信号,因此,无寄生干扰动态范围也称无虚假信号动态范围。在寄生干扰中,影响最严重的是三阶互调干扰,所以,常常以三阶互调干扰的大小作为确定 E_{smax} 的依据。在接收机输入端加入两个等幅正弦干扰信号,当输出三阶互调成分达到某一规定值时,所对应的输入干扰电压的大小为 E_{smax}。

(7) 扫频速度与频率分辨率。

动态频率响应与动态频率分辨率。在一个谐振系统的输入端加恒定振幅的正弦信号,缓慢改变输入信号的频率,在每一频率点上都能在谐振系统中建立起稳定的振荡,这样测出的谐振系统输出电压随频率变化的关系曲线,即是该谐振系统的静态频率响应曲线。在一般接收机中,通常都是用静态频率响应反映接收机的频率特性的。但是,如果在谐振系统的输入端加入恒定振幅的扫频信号,则谐振系统输出电压随频率变化的关系曲线就与静态频率响应曲线有所不同,它不仅与静态频率响应有关,而且与扫频信号的扫频速度有关。此时得到的频率响应称为动态频率响应。

动态频率响应与静态频率响应不同的原因是谐振系统的惰性造成的。因为惰性的存在,快速扫频信号经过谐振系统时,来不及建立起稳定的振荡,当扫频频率扫过谐振系统的静态谐振曲线范围后,谐振系统中储存的电磁能量需经过一定的延迟时间才逐渐损耗衰减掉。

(8)扫频速度。扫频速度的选择对于接收机的性能有着重要的影响。处理原则一般是在不牺牲接收机灵敏度的情况下选择合适的扫频速度。众所周知,一个正弦信号加到谐振系统需要经过一定的建立时间才能达到稳态值。建立时间是指达到稳态值的90%时所需要的时间。在搜索接收机中,如果扫频信号扫过接收机通带(主要由中频带宽决定)的时间不小于信号的建立时间,那么,就可认为接收机的灵敏度基本不受影响。

(9)监测准确度。

监测准确度是指监测设备所测得的来波示向度与被测辐射源的真实方位之间的角度差,一般用均方根值表示。要求监测准确度越高越好或者说要求监测误差越小越好。在实际考察监测设备的监测准确度指标时,有一个因素需要引起足够的注意这就是对监测场地的要求。通常在给出监测准确度指标时都注明为标准场地测量条件,而监测设备在实际使用中,其天线周围的场地环境很难达到指标中所要求的标准场地条件,因此实际监测准确度比指标中给出的往往会低一些。指标中给出的监测准确度通常用符号 Dq 表示。

(10)工作频率范围。

工作频率范围是指监测设备在正常工作条件下从最低工作频率到最高工作频率的整个覆盖频率范围,亦称频段覆盖范围。目前对工作频率范围的要求是能够覆盖某完整的波段并对相邻波段有一定的扩展。如短波监测设备要求能够覆盖 10 kHz 至 30 MHz 的整个中长波到短波的频率范围,并与超短波的低波段在工作频率上有重叠。对超短波监测设备要求能够覆盖 20～1 000 MHz(或 1 300 MHz)的整个 VHF 和 UHF 波段。对微波监测设备则要求能够覆盖 1～18 GHz(或 26.5 GHz)的微波高波段。监测设备的工作频率范围主要取决于监测天线的频率响应特性和信道接收机的工作频率范围。有时信道接收机能够覆盖某一宽阔的频率范围或整个波段而单副监测天线在对应频率范围内的响应特性达不到指标要求,这时就需要采用多副监测天线来分别覆盖各个对应的子波段,最终实现对全波段的频率范围覆盖。这种方式在超短波以上波段的监测设备中使用得非常普遍。

(11) 可测信号的种类。

可测信号的种类在监测设备的指标中简称可测信号。它说明监测设备可以对哪些种类的信号进行正常监测,除此之外的信号则无法正常监测。监测设备可测信号的种类主要受监测信道接收机体制和解调能力的制约,在某些情况下也与监测天线及监测设备的体制有关。可测信号的种类从某种意义上说是衡量其技术先进性的重要指标,如果可测信号的种类覆盖了当前各种最新体制的无线电信号样式并且在关键指标上能达到当前最高标准,例如对付跳频通信的监测设备能够适应当前跳频电台的最高跳速,则这种监测设备就具有无可争辩的先进性。

(12) 抗干扰性。

抗干扰性指标包括两个方面的内涵,其一是衡量监测设备在有干扰噪声的背景下进行正常监测的能力,通常用监测设备在正常监测条件下所允许的最小信噪比来衡量,其二是衡量监测设备在干扰环境中选择信号、抑制干扰的能力,它用信号与干扰同时进入监测信道接收机时所允许的最大干信比来衡量。

(13) 时间特性。

监测设备的时间特性指标包括两个方面的内容,其一是监测速度,其二是完成监测所需要的信号最短持续时间。对于监测速度指标,有的监测设备是用测定一个目标信号的来波方位所需的最短时间来衡量,有的是用每秒所完成的监测次数来描述。显然两者是有区别的,前者包括设置设备工作状态、截获目标信号、完成监测并输出方位数据。后者是在监测工作状态下对同一个目标信号的重复监测。以前的监测设备都采用高速微处理器来完成功能控制和信息处理,监测速度与早期监测设备相比有很大的提高。目前具有代表性的速度指标是完成一次监测所需的时间为 100 ms,最短的可以达到 10 ms,而重复监测的速度通常可以达到 100 次/秒,最快的可以达到 1 000 次/秒。完成监测所需的信号最短持续时间,包括监测设备截获目标信号后的信号建立时间与获取方位数据所需的最短采样时间。在考察所需的信号最短持续时间时,通常是将监测设备设置在等待截获信号的状态,只要目标信号一出现即采集足以满足确定来波方位所需的数据,因而一次监测所需的采样时间长度大体上决定了完成监测所需的信号最短持续时间。对常规通信信号进行监测时,信号的持续时间通常满足各种体制监测设备所需的时间要求。对猝发通信、跳频通信等短时性信号进行监测时,其持续时间长度就可能满足不了某些监测设备所需的信号最短持续时间要求。目前监测设备所需的信号最短持续时间一般在毫秒至秒的量级,有的高速监测设备可监测的最短信号持续时间可达 $10~\mu s$。

(14) 可靠性。

可靠性是衡量监测设备在各种恶劣的自然环境和战场环境下无故障正常工作的质量指标,它包括对工作温度范围的要求、对湿度的要求、对冲击振动的要求等,还包括对监测设备的平均故障间隔时间(MTBF)的要求。另外还有衡量监测设备的其他一些性能指标,如设备的平均修复时间(MTTR)、设备的可用性、体积、质量、工作电源的标准和波动范围、天线架设的人员和时间、用户操作使用的自动化程度、显示方式及其人机界面的友好性等。

2.技术参数

(1) 频谱利用率。

频谱利用数据可以识别一个频段中尚未使用的信道或防止给繁重使用信道增加任务。当频谱管理记录中没有指配的信道上出现用户时,或已指配的频率却没发现使用时,它可以用来提醒进行调查。当现有频段太拥挤时,可以用这些资料进行划分额外的频段。

(2) 频谱占有度。

指单个频率或频段上有发射信号的持续时间,显示在 24 小时利用变化情况(包括忙时、峰值时间、平均和最低应用时间)。

一般测量的频率范围(VHF/UHF):30 MHz~3 GHz,单位用百分比表示。

对某个频段内频谱实际使用情况的统计(例如增长率),频谱占有度测量的作用:

● 通过对自动记录频谱的分析来历编制频谱的实际使用情况表。

● 对实际使用的频率占有度的测量有助于具体频率的分配和排除干扰。

这种方法可为下列各项工作提供有价值的信息:

● 解决干扰问题。

● 鉴定发射机的稳定性和信号质量。

● 指示发射的开始和结束,从而推断它们的业务使用时间。

● 杂散辐射源的识别。

尤其在城市,对不同信道和随时间变化的人为噪声的分析。

(3) 电磁场场强。

电磁场场强用 E 表示,单位:V/m 或 $\mu V/m$(伏/米或微伏/米)。

在接受场地,测量场强通常用对数单位 $dB(\mu V/m)$ 表示电平 e,即大于 $1~\mu v/m$ 的 dB 值。

$$e = 20 \lg E$$

（4）带宽测量。

占用带宽：指这样一种带宽，在它的频率下限之下和频率上限之上所发射的平均功率等于某一给定发射的总平均功率的规定百分数 β/2。ITU-R 规定 β/2 应取 0.5%。如图 3-15 所示，其中 B 为占用带宽。

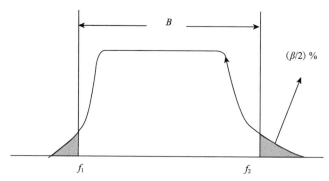

图 3-15　信号占用带宽

x dB 带宽定义：频带宽度为在上、下限频率之外，任何离散频谱或连续的频谱功率密度至少比预定的 0 dB 参考电平低 x dB。

带宽的测量：利用系统提供中频频谱分析软件可实现信号带宽测量。

（5）单位的概念及算法。

dB 的意义其实再简单不过了，就是把一个很大（后面跟一长串 0 的）或者很小（前面有一长串 0 的）的数比较简短地表示出来。

如：$X = 1\,000\,000\,000\,000\,000$（共 15 个 0）　　$10 \lg X = 150$ dB

$X = 0.000\,000\,000\,000\,001$　　　　　　　　$10 \lg X = -150$ dB

dBm 定义的是 miliwatt。0 dBm $= 10 \lg 1$ mW；

dBw 定义 watt。0 dBw $= 10 \lg 1$ W $= 10 \lg 1\,000$ mw $= 30$ dBm。

dB 在缺省情况下总是定义功率单位，以 10 lg 为计。当然某些情况下可以用信号强度（Amplitude）来描述功和功率，这时候就用 20 lg 为计。

功率单位：dBw、dBm　以 10 lg 为计。

$$dBw = 10 \lg \left[\frac{Pout}{1W} \right]$$

$$dBm = 10 \lg \left[\frac{Pout}{1mW} \right]$$

信号强度（电压、电流值）：dBmV、dBμV　以 20 lg 为计。

$$dBmV = 20 \lg \left[\frac{Vout}{1mV} \right]$$

$$dB\mu V = 20lg\left[\frac{Vout}{1\mu V}\right]$$

单位间相互转换:(阻抗 R=50 欧姆)

$$Pout = \frac{Vout^2}{R}$$

$$dBmV = 10lg\left[\frac{R}{1\times10^{-3}}\right]+dBm$$

$$= 46.989\ 7+dBm_{50}$$

$$dB\mu V = 20lg\left[\frac{1\times10^{-3}}{1\times10^{-6}}\right]+dBmV$$

$$= 60+dBmV$$

$$dB\mu V = 106.989\ 7+dBm_{50}$$

第四章　无线电测向

第一节　理论基础

1.示向度

为了确定某个目标的方位,必须确定连接该目标至已知坐标的点的直线与某一起始方向的夹角。

如果在 X 点上有一个要确定方位的目标,而 A 点的坐标已知,则 A 点和 X 点间的连线与某一起始方向之间的夹角称为示向度,如图 4-1 所示。

通常采用已知坐标点的真实(地理)经线方向作为起始方向。也就是说,示向度是指以观测点 A 的地球子午线指北方向沿顺时针方向旋转至观测点 A 与被测辐射源连线所转过的角度,其取值范围为 $0° \sim 360°$。

2.定位

只用一个测向站测向时,只能得到一条示向线,即不可能得到一个定位点。因此,为了实现定位,必须产生两条或两条以上相互独立的示向线。

如果用 n 条示向线进行交会,那么,由于测向误差的影响,将在真实位置 W 周围得出最多可达 m 个交会点,m 由下式得出:

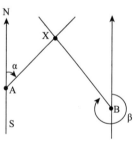

图 4-1　测向与定位

$$m = \frac{n(n-1)}{2}$$

真实位置 W 仅以一定的概率位于这些交点所构成的多边形内。这个概率为

70

$$p_n = 1 - \frac{n}{2^{n-1}}$$

它随着示向线的增多而增大。由上式可得出如下表格

表 4-1　常见电极的种类、电极反应式及电极表达式

n	3	4	5	6	7
P_n	0.25	0.50	0.69	0.81	0.89

由此可见:用三条示向线交会时,大多数情况真实位置都不在所构成的三角形内;而用七条示向线交会时,大多数情况真实位置在所构成的多边形内。

3. 天线的方向性

天线的输出电压与来波方向的关系称为天线的方向性,而其表示图形称为方向图。在图 4-2 中示出了一种天线的方向图。通常采用归一化方向特性:

$$F(\theta,\beta) = \frac{f(\theta,\beta)}{f_{\max}(\theta,\beta)}$$

式中,$f_{\max}(\theta,\beta)$——方向特性的最大值。

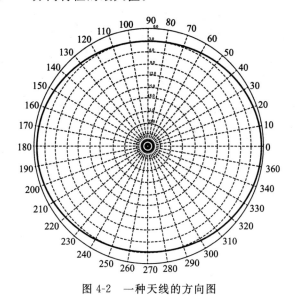

图 4-2　一种天线的方向图

4. 极化

在无线电测向中,电波的一个很重要的特性就是极化。

电场强度矢量与磁场强度矢量($\vec{E}$ 与 $\vec{H}$)相互垂直,且两者又垂直于表征电

71

磁场能量传播方向的坡印廷矢量（$\vec{S}$），如图 4-3 所示。

电场强度矢量与磁场强度矢量始终相互垂直，但可能具有各种不同方向。为了表征电磁场矢量的方向，引入了"极化"这一概念。电波的电场相对于传播面的处向称为电磁场的极化。而所谓传播面就是包含传播方向且垂直于地面的平面。垂直极化是指电场矢量处于传播面内。水平极化是指电场矢量垂直于传播面，此时电场矢量是水平的。

电波可能以向上或向下倾斜的方向传播。当电波是水平极化时，无论以什么方向传播，电场矢量总是水平的；可是，当电波是垂直极化时，尽管电场矢量也处于一个垂直面（即传播面）内，但是电场矢量并不是垂直的。图 4-4 给出了这种电波传播面的一部分。传播方向是向下倾斜的，电场矢量也是倾斜的。这一电场矢量又可分解为垂直分量和水平量。该水平分量处于传播面内。

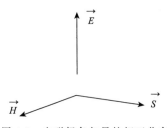

图 4-3　电磁场各矢量的相互分布

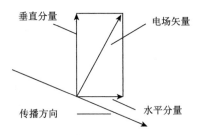

图 4-4　下行波的电场

电波电场矢量的方向是由发射天线的电流方向给定的。电视广播和调频广播所用发射天线为水平极化天线，其所辐射的电波是水平极化的。理论上，水平极化波是不能在垂直极化天线上产生电压的，而垂直极化波也不能在水平极化天线上产生电压。实际上，由于结构、制造和安装等诸多原因，垂直极化天线和水平极化天线都并非理想的，极化方向与之正交的电波或多或少会在其上产生电压。此外，电波在传播路径上产生的极化偏移，也会使垂直极化的接收天线上有来自水平极化的发射天线的信号或水平极化的接收天线上有来自垂直极化的发射天线的信号。但是，不能用对垂直极化波测向的设备来对水平极化波测向，也不能用对水平极化波测向的设备来对垂直极化波测向。在无线电测向设备中，通常只利用天线对电场的两个分量之一（垂直极化分量或水平极化分量）的响应来测向。无线电测向设备的实际使用环境一般同时存在电场的垂直极化分量和水平极化分量，因而可能有由此所引起的极化误差存在。为了使测向结果准确可靠，应选用合适的极化天线，对电场的较大的一个极化分量进行测向。

5.天线系数

天线系数 K,有的科技文献也称天线因子。它同电场强度 E 有如下关系:

$$K = E/V$$

式中,V 是天线的输出电压。

在上式中 K 的单位是 1/米,E 的单位是伏/米,V 的单位是伏。通常 E 用单位 dB(μV/m)表示,V 用单位 dB(μV)表示,则 K 用单位 dB(1/m)表示。

天线系数的倒数 $\dfrac{1}{K} = h_e$ 称之为天线的有效高度。天线的输出电压 V 同天线的有效高度 h_e 和场强的关系:

$$V = h_e E$$

第二节 测向机制

1.垂直旋转环测向机

(1) 工作原理。

这是最古老的测向机,是第一个无线电测向装置,是在 1899 年发明而至今仍在使用的测向设备。

环形天线由一个或多个几何面积 A 小于波长 λ 平方的导线组成。对于垂直极化波,垂直环形天线在方位面的方向图是"8"字形,有两个最大值和两个最小值。当电波传播方向垂直于环形天线平面时,磁力线平行于环形天线而不与之相交连,因此在环形天线中没有感应电压。旋转环形天线,此时越来越多的磁力线与之相交连,因而在其上感应的电压逐渐增大;在其转过的角度达到 90°时,所感应的电压最大。感应电压正比于与磁力线相交连的面积,即环形天线在垂直于磁力线的平面上的投影面积。这个面积正比于从起始位置开始旋转的角度的正弦。在子午线垂直于垂直环形天线的平面的情况下,对于垂直极化波其输出电压的幅值 $U(\alpha) = U_{\max} |\sin\alpha|$ 。式中 α 是来波的方位角。图 4-5 示出了这一状况。

测向时,使垂直环形天线的平面的法线顺时针方向旋转。如果旋转 360°,那么方向图的两个最大值(通常是听信号的声音来测向,所以也称"两个大音点")和两个最小值(也称"两个小音点")都可用来确定来波的方向。但是,垂直旋转环测向机几乎只是用作小音点测向机,因为在方向图的小音点附近电压变化最大,在这里可以达到最高的测向准确度。事实上,用小音点测向时,天线离开声音消失的位置即使很小(0.5°～3°),在耳机中也会出现很显著的音量变化。靠近大音点位置,音量的变化非常钝,而音量要变化 7%～8% 人耳才能发现。因此,当我们觉察到声音强度有变化时,实际偏离其大音点的位置已经非常大了——大于 20°。

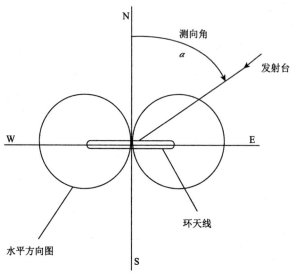

图 4-5　水平双圆方向图

　　由于有两个小音点,所以测得两个示向度值,两者相差 180°。为了消除测向的双值性,往往将来自方位面方向图为圆形的垂直的偶极子或单极子的辅助电压与环形天线的电压合成以得到心形方向图来定单向。

　　环形天线中感应的电压正比于磁通量的变化速度。这个变化速度在磁通量通过零值时最大,而在磁通量为最大值时为零。因此,环形天线的感应电压的相位与磁场的相位相差 90°,这与偶极子不同,偶极子上感应电压的相位与磁场的相位同相。在将环形天线的输出电压和偶极子的输出电压合成而得到心形方向图的过程中,两输出电压之一的相位必须变化 90°,以使两输出电压同相。例如,将偶极子的感应电压(辅助电压)移相 $-\dfrac{\pi}{2}$。

　　环形天线的有效高度和辅助天线(偶极子或单极子)的有效高度相等时,即环形天线的最大输出电压和辅助天线(全向天线——偶极子或单极子)的输出电压相等时,两输出电压之一移相 90° 后,合成电压的幅度 $U(\alpha) = U_{max}(1 + \sin\alpha)$,式中,$U_{max}$ 是环形天线的最大输出电压,α 是来波的方位角。

　　如图 4-6 所示,说明了定单向的过程。先通过环形天线的方向图的小音点测向（声音消失），然后接通辅助天线（出现声音），继续沿顺时针方向旋转环形天线，合成电压将变大或变小（声音将变大或变小）。声音变小时，被测信号来自方 N' 方向；声音变大时，来自 S' 方向。

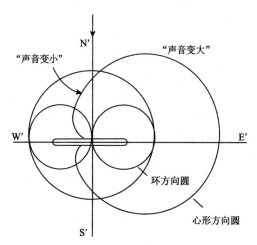

图 4-6　产生心形方向图定单向

（2）垂直效应。

环形天线在用于测向时通常有一个称作垂直效应（也称"天线效应"）的缺点。这个缺点表现为方向图的畸变：两个最小值不相差 180°或者小音点不再是清晰的，这导致分辨率减低。图 4-7 中示出了垂直效应所引起的这种方向图的畸变。引起这种畸变是因为环形天线除了我们所希望的磁耦合外，还不可避免地存在我们所不希望的电容耦合。这种电容耦合使环形天线附加地充当了棒天线（偶极子或单极子）的作用。

屏蔽环形天线如图 4-8 所示，它大大地减小了垂直效应。

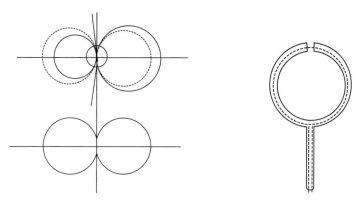

图 4-7　垂直效应引起畸变的环形天线方向　　图4-8　被屏蔽了的测向环形天线

（3）极化误差。

从图 4-9 中可以看出水平极化信号对环形天线测向的影响。在图 4-9 中，电波被表示为以一定的角度向下行进到环形天线（在纸页平面内）。电力线矢量为水平的，图 4-9 中垂直于纸面，用标有 E 的点表示，而磁力线用 H 箭头表示。在4-9 图（a）所示的位置时，环形天线中没有感应电压，因为环形天线处在与磁力线相同的垂直平面内，因而没有交连。当环形天线转过一个 90°时，如 4-9 图（b）所示，这时看上去环形天线两边对在一起，此时有磁力线交连（用 H 矢量所表示的磁力线通过环形天线），且在环形天线中感应的电压最大。与环形天线相交连的磁通面积随入射水平极化电波的仰角增大而增加。假如水平极化电波从水平方向到来，磁力线是垂直的，不与垂直环形天线相交连。

可以看出，倾斜入射的水平极化波在环形天线中产生的最小和最大信号电压的位置与垂直极化波的位置正好相反，因此，倘若在下射波内出现两种极化时，最小信号位置就会处在这两个位置之间的某处，与其正确位置的差额就是测向误差。这种误差叫做极化误差。由此可知：垂直旋转环测向机只限于对垂直极化波测向；当来波既有垂直极化分量又有水平极化分量时，用它测向得出的示向度有较大的误差。

2.旋转阿德考克测向机

垂直旋转环测向机在入射电波中有水平极化分量时就会出现误差。了解到这一事实之后，阿德考克在 1919 年提出，通过去掉环形天线的水平部分可以避免垂直旋转环形测向机的极化误差。阿德考克天线对水平极化波不感应电压，因此，这个在 1919 年获得了专利权的阿德考克测向机在理论上没有极化误差。一根垂直偶极子只对垂直极化波产生响应，但没有方向性。两根相距不到半个波长的偶极子使其输出电压反相连接起来，就可得到有两个相差 180°的最

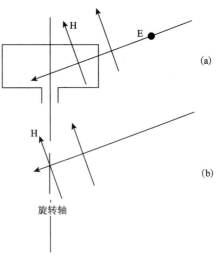

图 4-9　环形天线对水平极化波的响应

大值和两个相差 180°的最小值且最大值点与最小值点相差 90°的方向图，即"8"字形方向图。这就是阿德考克天线的基础。图 4-10、图 4-11 示出了 H 型阿德考克天线的原理图和 U 型阿德考克天线的原理图。

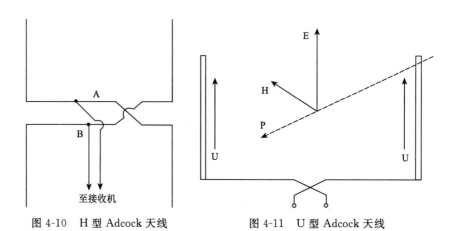

图 4-10　H 型 Adcock 天线　　　　图 4-11　U 型 Adcock 天线

设来波方向与两偶极子(或单极子)的连线的中垂线的夹角为 α,则两偶极子上的感应电压分别为

$$e_1 = E_0 \sin\left(\omega t + \frac{\pi D}{\lambda}\sin\alpha\right),$$

$$e_2 = E_0 \sin\left(\omega t - \frac{\pi D}{\lambda}\sin\alpha\right)。$$

式中,E_0——感应电压的振幅,

　　ω——来波的角频率,

　　λ——来波波长,

　　D——两偶极子(或单极子)的距离。

这两感应电压经天线体系反相合成后送至接收机输入端的电压为

$$\Delta e = e_1 - e_2 = 2E_0 \sin\left(\frac{\pi D}{\lambda}\sin\alpha\right)\cos\omega t。$$

在 $\dfrac{D}{\lambda} \leqslant \dfrac{1}{2}$ 的情况下,当来波方向与上述中垂线的夹角为 0°或 180°时,这种测向机的接收机输入端上的信号幅度为零,耳机中的信号声音消失。由此可见,通过转动阿德考克天线,在小音点位置,两偶极子所在平面的垂线方向即为来波方向。

3. 双通道相关干涉仪测向机

我们以九个天线单元构成的测向天线阵来说明这种测向机的工作原理。图 4-12 示出了这种测向机的原理图。

$A_0 \sim A_8$ 这 9 个天线单元按角度均匀分布在一半径为 R 的圆周围上,且 A_0 位于正北方位。设来波的方位角为 α 而仰角为 θ,则 $A_0 \sim A_8$ 各个天线单元上的感应电压相对于测向天线中心点上一根想象的天线单元的感应电压的相位差依次分别为：

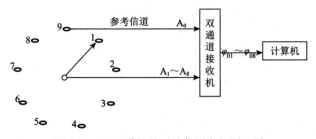

图 4-12 双通道相关干涉仪测向机原理图

$$\varphi_0 = \frac{2\pi R}{\lambda}\cos\alpha\cos\theta$$

$$\varphi_1 = \frac{2\pi R}{\lambda}\cos(\alpha - 40°)\cos\theta$$

$$\varphi_2 = \frac{2\pi R}{\lambda}\cos(\alpha - 2 \times 40°)\cos\theta$$

$$\varphi_8 = \frac{2\pi R}{\lambda}\cos(\alpha - 8 \times 40°)\cos\theta$$

天线单元 $A_1 \sim A_8$ 上的感应电压相对于天线单元 A_0（通常称之为"参考天线单元"）上的感应电压的相位差分别依次为

$$\varphi_{01} = \varphi_1 - \varphi_0 = \frac{4\pi R}{\lambda}\cos\theta\sin 20°\sin(\alpha - 20°)$$

$$\varphi_{02} = \varphi_2 - \varphi_0 = \frac{4\pi R}{\lambda}\cos\theta\sin 40°\sin(\alpha - 40°)$$

$$\varphi_{03} = \varphi_3 - \varphi_0 = \frac{4\pi R}{\lambda}\cos\theta\sin 60°\sin(\alpha - 60°)$$

$$\varphi_{08} = \varphi_8 - \varphi_0 = \frac{4\pi R}{\lambda}\cos\theta\sin 160°\sin(\alpha - 160°)$$

我们将 $\theta = 0$ 时的 $\varphi_{01} \sim \varphi_{08}$ 分别记为 $\Phi_{01} \sim \Phi_{08}$ 。

令（$\Phi_{01}, \Phi_{02}, \cdots, \Phi_{08}$）$= e$，并称之为样本点。若方位角 α 以 1°的步长变化，则得到 360 个样本点：

$e_i = (\Phi_{01i}, \Phi_{02}, \cdots, \Phi_{08i}), i = 1, 2, \cdots, 360$。

应当注意，这些样本点是理论计算而得出的。

在这种测向机中，天线单元 A_0 与双通道接收机的一个通道的输入端固定地连接。天线单元 $A_1 \sim A_8$ 通过一个单刀 8 的射频开关（一般是由 PIN 二极管做成的）与该接收机的另一个通道的输入端依次地（分时地）连接。于是，在该射频

开关将天线单元 $A_1 \sim A_8$ 中的一个与接收机的输入端连接时,我们可以得到该天线单元上的感应电压相对于天线单元 A_0 上的感应电压的相位差。因此,射频开关依次轮流地将天线单元 $A_1 \sim A_8$ 与接收机的一个通道的输入端连接,就可得到这些天线单元上的感应电压相对于天线单元 A_0 上的感应电压的相位差 $\varphi'_{01}, \varphi'_{02}, \cdots, \varphi'_{08}$(这里的各个相位差加上标符号"'"表示它们是测向机工作时实际测量的值,以区别于上述理论计算值)。

令 $e' = (\varphi'_{01}, \varphi'_{02}, \cdots, \varphi'_{08})$

将 e' 与 e_i(i=1,2,$\cdots$,360)作相关运算。所谓相关运算,也就是模式识别这门新兴的边缘学科的聚类分析,即从 e_i(它有 360 个样本点)中找出与 e' 最相似(或最贴近)的那一个样本点,该样本点所对应的方位角,即是被测来波的方向。

相关算法有许多种。现列举三种叙述如下。

a. 海明(Hamming)距离法。

$$d_i = \sum_{K=1}^{8} |\Phi_{oki} - \Phi'_{ok}|, i = 1, 2, \cdots, 360$$

d_i(i = 1,2,$\cdots$,360)中,数值最小者所对应的方位角 α,即为来波方向。

b. 数量积法。

$$p_i = \sum_{K=1}^{8} \Phi_{o6ki} \varphi'_{ok}, i = 1, 2, \cdots, 360$$

p_i(i = 1,2,$\cdots$,360)中,数值最大者所对应的方位角 α,即为来波方向。

c. 夹角余弦法。

将 e_i 和 e' 看作 8 维矢量。两个矢量的夹角为零,则其重合一致。由矢量点积定义,有

$$\vec{e_i} \cdot \vec{e'} = |\vec{e_i}| \, |\vec{e'}| \cos\alpha$$

式中,α —— $\vec{e_i}$ 与 $\vec{e'}$ 这两个矢量的夹角。

由于 $\vec{e_i} \cdot \vec{e'} = \sum_{K=1}^{8} \Phi_{oki} \varphi'_{ok}$,并且 $|\vec{e_i}| = \sqrt{\sum_{K=1}^{8} (\Phi_{oki})^2}$ 和 $|\vec{e'}| = \sqrt{\sum_{K=1}^{8} (\varphi'_{ok})^2}$,

$$\cos\alpha_i = \frac{\sum_{K=1}^{8} \Phi_{oki} \varphi'_{ok}}{\sqrt{\sum_{K=1}^{8} (\Phi_{oki})^2} \sqrt{\sum_{K=1}^{8} (\varphi'_{ok})^2}}$$

令 $r_i = \cos\alpha_i$,于是,

$$r_i = \frac{\sum_{K=1}^{8} \Phi_{oki} \varphi'_{ok}}{\sqrt{\sum_{K=1}^{8} (\Phi_{oki})^2} \sqrt{\sum_{K=1}^{8} (\varphi'_{ok})^2}}, i = 1, 2, \cdots, 360$$

r_i（$i = 1, 2, \cdots, 360$）中,数值最大者所对应的方位角,即为来波方向。

根据上述测向原理,不难知道:为了避免测向误差,这种测向方法要求接收机的两个通道必须有良好的相位平衡。这给设备的制作(双通道接收机的制作)带来困难。

为了克服上述缺点,我们采取下述做法。

首先,求出除参考天线单元之外的其他各个天线单元($A_1 \sim A_8$)上的感应电压相互间的相位差:

$$\varphi_{12} = \varphi_{02} - \varphi_{01} = \varphi_2 - \varphi_1, \varphi_{13} = \varphi_{03} - \varphi_{01} = \varphi_3 - \varphi_1, \varphi_{14} = \varphi_{04} - \varphi_{01} = \varphi_4 - \varphi_1,$$

$$\varphi_{15} = \varphi_{05} - \varphi_{01} = \varphi_5 - \varphi_1, \varphi_{16} = \varphi_{06} - \varphi_{01} = \varphi_6 - \varphi_1, \varphi_{17} = \varphi_{07} - \varphi_{01} = \varphi_7 - \varphi_1,$$

$$\varphi_{18} = \varphi_{08} - \varphi_{01} = \varphi_8 - \varphi_1, \varphi_{23} = \varphi_{03} - \varphi_{02} = \varphi_3 - \varphi_2, \varphi_{24} = \varphi_{04} - \varphi_{02} = \varphi_4 - \varphi_2,$$

$$\varphi_{25} = \varphi_{05} - \varphi_{02} = \varphi_5 - \varphi_2, \varphi_{26} = \varphi_{06} - \varphi_{02} = \varphi_6 - \varphi_2, \varphi_{27} = \varphi_{07} - \varphi_{02} = \varphi_7 - \varphi_2,$$

$$\varphi_{28} = \varphi_{08} - \varphi_{02} = \varphi_8 - \varphi_2, \varphi_{34} = \varphi_{04} - \varphi_{03} = \varphi_4 - \varphi_3, \varphi_{35} = \varphi_{05} - \varphi_{03} = \varphi_5 - \varphi_3,$$

$$\varphi_{36} = \varphi_{06} - \varphi_{03} = \varphi_6 - \varphi_3, \varphi_{37} = \varphi_{07} - \varphi_{03} = \varphi_7 - \varphi_3, \varphi_{38} = \varphi_{08} - \varphi_{03} = \varphi_8 - \varphi_3,$$

$$\varphi_{45} = \varphi_{05} - \varphi_{04} = \varphi_5 - \varphi_4, \varphi_{46} = \varphi_{06} - \varphi_{04} = \varphi_6 - \varphi_4, \varphi_{47} = \varphi_{07} - \varphi_{04} = \varphi_7 - \varphi_4,$$

$$\varphi_{48} = \varphi_{08} - \varphi_{04} = \varphi_8 - \varphi_4, \varphi_{56} = \varphi_{06} - \varphi_{05} = \varphi_6 - \varphi_5, \varphi_{57} = \varphi_{07} - \varphi_{05} = \varphi_7 - \varphi_5,$$

$$\varphi_{58} = \varphi_{08} - \varphi_{05} = \varphi_8 - \varphi_5, \varphi_{67} = \varphi_{07} - \varphi_{06} = \varphi_7 - \varphi_6, \varphi_{68} = \varphi_{08} - \varphi_{06} = \varphi_8 - \varphi_6,$$

$$\varphi_{78} = \varphi_{08} - \varphi_{07} = \varphi_8 - \varphi_7$$

同样地,在 $\theta = 0$ 时,我们有:

$$\phi_{12}, \phi_{13}, \phi_{14}, \phi_{15}, \phi_{16}, \phi_{17}, \phi_{18}, \phi_{23}, \phi_{24}, \phi_{25}, \phi_{26}, \phi_{27}, \phi_{28}, \phi_{34}, \phi_{35}, \phi_{36}, \phi_{37}, \phi_{38},$$

$$\phi_{45}, \phi_{46}, \phi_{47}, \phi_{48}, \phi_{56}, \phi_{57}, \phi_{58}, \phi_{67}, \phi_{68}, \phi_{78}$$

然后,将这 28 个相位差看作是一个 28 维矢量的各个分量。这样就可运用前面讲述过的测向算法,求出来波方向。此前是把 $\phi_{01} \sim \phi_{08}$ 看作 8 维矢量的各个分量而通过上述算法求来波方向的。

这样就去掉了与参考天线单元 A_0 相连接的那个接收通道的相位特性,使之不影响测向准确度。

4. 三通道相关干涉仪测向机

三通道相关干涉仪测向机是双通道相关干涉仪测向机的变种,其原理如图 4-13 所示。

参考天线单元 A_0 与三通道接收机的 Z 通道相连。天线单元 $A_1 \sim A_4$ 通过一个单刀四掷的射频开关与接收机 X 通道相连。天线单元 $A_5 \sim A_8$ 通过另一个单刀四掷的射频开关与接收机 Y 通道相连,两射频开关同步地工作。于是,在 $A_1 \sim A_4$ 依次轮流地与 X 通道相连的同时,$A_5 \sim A_8$ 也依次地与 Y 通道相连。这样,三通道相关干涉仪测向机获取 $A_1 \sim A_8$ 上感应电压相对于 A_0 上感应电压的相位差的时间,只有双通道相关干涉仪测向机的一半。

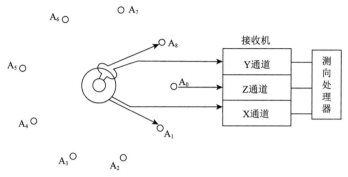

图 4-13 三通道相关干涉仪测向机原理图

5.单通道相关干涉仪测向机

我们以 9 天线单元测向天线为例来说明单通道相关干涉仪测向机的工作原理。图 4-14 示出了这种的测向机的原理图。

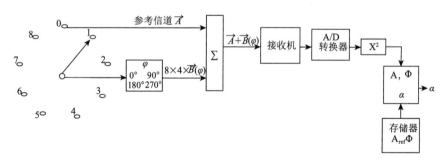

图 4-14 单通道相关干涉仪测向原理

0 号天线单元(参考天线单元)上的感应电压同其他八个天线单元中的每一个的感应电压均按下述方式合成。现以 1 号天线单元为例来说明这种合成方式。1 号天线单元上的感应电压 $\vec{B}(\varphi)$ 与参考天线单元上的感应电压 $\vec{A}$ 的合成分 4 个时隙进行。在第 1 个时隙,$\vec{B}(\varphi)$ 直接(即移相 0°)与 $\vec{A}$ 合成再送至接收机。在第 2 个时隙,$\vec{B}(\varphi)$ 移相 90° 与 $\vec{A}$ 合成再送至接收机。在第 3 个时隙,$\vec{B}(\varphi)$ 移相 180° 与 $\vec{A}$ 合成再送至接收机。在第 4 个时隙,$\vec{B}(\varphi)$ 移相 270° 与 $\vec{A}$ 合成再送至接收机。接收机依次将这四次合成的信号变频,得到四个时隙的中频信号。中频信号被线性幅度检波。将检波器输出端上的电压数字化(抽样、量化和编码)得到了表征这个电压幅度的数值。这一数值的平方值同参考天线单元

81

的感应电压和 1 号天线单元的感应电压以及这两电压的相位差有如下的关系式：

移相 0°时,检波器输出端上电压幅度值的平方值

$$P = K^2(A^2 + B^2 + 2AB\cos\phi) \tag{4-2-1}$$

式中,A——参考天线单元上感应电压的幅度；

B——1 号天线单元上感应电压的幅度；

ϕ——1 号天线单元上感应电压相对于参考天线单元上感应电压的相位差；

K——接收通道的放大系数。

移相 90°时,检波器输出端上电压幅度值的平方值

$$q = K^2(A^2 + B^2 + 2AB\sin\phi) \tag{4-2-2}$$

移相 180°时,检波器输出端上电压幅度值的平方值

$$m = K^2(A^2 + B^2 - 2AB\cos\phi) \tag{4-2-3}$$

移相 270°时,检波器输出端上电压幅度值的平方值

$$n = K^2(A^2 + B^2 - 2AB\sin\phi) \tag{4-2-4}$$

由(4-2-1)－(4-2-3)得：

$$4K^2AB\cos\phi = P - m（注意:该数可为正数也可为负数） \tag{4-2-5}$$

由(4-2-2)－(4-2-4)得：

$$4K^2AB\sin\phi = q - n（注意:该数可为正数也可为负数） \tag{4-2-6}$$

由(4-2-5)÷(4-2-6)得：

$$\text{ctg}\phi = \frac{p-m}{q-n} \tag{4-2-7}$$

由(4-2-7)可得：

$$\phi = \text{arcctg}\frac{p-m}{q-n}\left[注意:根据(4\text{-}2\text{-}5)与(4\text{-}2\text{-}6)数值前的符号（正号或负号），\right.$$

ϕ 的取值范围为 0～2π $\tag{4-2-8}$

这就是说,通过上述的信号合成方式和数字计算,我们得到了 1 号天线单元上的感应电压相对于参考天线单元上的感应电压的相位差 ϕ 的值。

同样地,2～8 号天线单元上感应电压分别与参考天线单元上感应电压按上述方式合成,我们就得到 2～8 号天线单元上感应电压相对于参考天线单元上感应电压的相位差的值。1～8 号天线单元上的感应电压与参考天线单元上的感应电压,按上述方式的合成是由测向机的射频预处理单元在计算机的控制下实现的。将得到的这 8 个相位差的值,与 360 个样本点作相关运算,即可判断来波方向。

工程上,这样做测向准确度很差,原因是移相合成器难以做到相位平衡和幅度平衡。因此,实际做法是按下面的叙述进行的。

由于测向机的射频预处理单元按上述方式工作,因此在接收机的输入端上射频信号的包络是一个有 32 个阶梯的周期波。在接收机里,射频信号被线性放大,变频后,中频信号的包络仍是这个有 32 个阶梯的周期波。在线性幅度检波器的输出端上得到有 32 个阶梯的周期信号电压。将该电压按每个阶梯抽样、量化和编码,于是得到表征这 32 个电压值的数字量。我们将这一组数字量看作是 32 维矢量的各个分量。

在调试测向机时,按 5°的方位间隔和 5 MHz 的频率间隔,接收信号源发射的信号而获取这样的 32 个数值,作为"样本"存储在计算机中。测向机工作时,将接收被测信号而获得的 32 个数字量与其频率最相近的 72 个方位的样本作相关运算和差值运算而确定来波方向。

6. 数字式相位计测向法

数字式相位计测向法是在模拟式相位计测向法的基础上,利用数字技术和计算技术的成就而实现的。因此,我们先简要地回顾一下模拟式相位计测向法,然后再介绍数字式相位计测向法。

(1) 模拟式相位计测向法。

在这种体制的无线电测向机中,测向天线的方向图不停地旋转,接收的信号因该天线的方向特性而被幅度调制,来波的方位由这个调幅波的包络的相位确定。

设被测电台发射频率为 f 的信号在测向天线处的场强为 $e = E_m \sin 2\pi f t$,测向天线的有效高度为 h_e,测向天线在方位面的归一化方向特性用函数 $F(\theta)$ 表示,测向天线方向图按顺时针方向旋转且其旋转周期为 T,则在接收机输入端上的信号电压是

$$u = E_m h_e F\left(\theta + \frac{2\pi t}{T}\right) \sin 2\pi f t \ .$$

当测向天线在方位面的归一化方向特性 $F(\theta) = \dfrac{1 + \sin\theta}{2}$ 时,

接收机输入端上的电压是

$$u = \frac{1}{2} E_m h_e \left[1 + \sin\left(\theta + \frac{2\pi t}{T}\right)\right] \sin 2\pi f t \ .$$

这是一个调幅振荡电压,其调制频率 $\Omega = \dfrac{2\pi}{T}$,调制系数 $m = 1$(即 100％的调制),并且包络的起始相位($t = 0$)等于来波的角度 θ。

在接收机线性检波器输出端的电压是

$$u_d = U_{md} + U_{md} \sin\left(\theta + \frac{2\pi t}{T}\right) \ .$$

上式等号右端的第一项为检波器输出端上的直流分量,第二项为交流分量。用相位计测量这一交流分量的起始相位 θ 的值,就可获得单值的来波角度 θ。

众所周知,无线电测向设备给出的示向度,是指从观测点的地球子午线的指北方向沿顺时针方向旋转至观测点与被测辐射源连线所转过的角度,其取值范围是 $0°\sim360°$。来波的角度 θ 并不是来波的示向度。如果上述无线电测向机的具有心脏形方向图的测向天线的起始方向($\theta=0$)与地球子午线的指北方向重合,那么它给出的示向度 $\alpha=360°-\theta$。

(2)数字式相位计测向法。

在这种体制的无线电测向机中,接收的信号也因测向天线方向图不停地旋转而被幅度调制,来波的方位由这个调幅波的包络的基波的相位确定。与模拟式的不同,在这种数字式的无线电测向机中,接收机线性检波器输出端上的模拟电压被采样、量化和编码,并通过对编码的数字的运算来确定这个模拟电压的基波的起始相位的值。

在工程实践上,数字式相位计测向法又分为两大类:一类是机械旋转方向图;另一类是电子旋转方向图。下面我们分别予以介绍。

① 机械旋转方向图的数字式相位计测向法。

这种体制的无线电测向机,方向图的旋转是由电机驱动这样的一个天线绕轴旋转而实现的,该天线在方位面的归一化方向性函数 $F(\theta)$ 具有以 2π 为周期的特性。

设在该测向天线处被测电台所发射信号的场强幅度为 E_m,测向天线的有效高度为 h_e,它按顺时针方向旋转一周所用时间为 T,接收通道(从接收机射频输入端至其检波器输入端)的增益为 K,则在接收机线性检波器输出端的电压是

$$u_d = Kh_eE_mF\left(\theta+\frac{2\pi t}{T}\right)。$$

$F(\theta)$ 是以 2π 为周期的函数,因此,u_d 是周期为 T 的周期信号。根据傅氏(Fourier)理论,接收机线性检波器输出端上的电压 u_d 的基波分量是

$$u_{d_1} = \sqrt{A_1^2+B_1^2}\sin\left(\frac{2\pi t}{T}+\varphi_1\right)。$$

式中,$A_1 = \dfrac{2}{T}\displaystyle\int_0^T u_d\cos\left(\frac{2\pi t}{T}\right)\mathrm{d}t = \dfrac{2}{T}\displaystyle\int_0^T Kh_eE_mF\left(\theta+\frac{2\pi t}{T}\right)\cos\left(\frac{2\pi t}{T}\right)\mathrm{d}t,$

$B_1 = \dfrac{2}{T}\displaystyle\int_0^T u_d\sin\left(\frac{2\pi t}{T}\right)\mathrm{d}t = \dfrac{2}{T}\displaystyle\int_0^T Kh_eE_mF\left(\theta+\frac{2\pi t}{T}\right)\sin\left(\frac{2\pi t}{T}\right)\mathrm{d}t,$

$\sin\varphi_1 = \dfrac{A_1}{\sqrt{A_1^2+B_1^2}},$

$\cos\varphi_1 = \dfrac{B_1}{\sqrt{A_1^2+B_1^2}}。$

在测向天线旋转一周期间,按等间隔时间,对接收机线性检波器输出端上的电压 u_d 采样 n 次,并对每一次的采样加以量化和编码,于是得到的 u_d 的 n 个数字量,然后用近似积分法(梯形法或抛物线法)计算得出 A_1 和 B_1,即可确定 φ_1。因为 u_{d_1} 的起始相位 φ_1 是由来波的角度 θ 单值地确定的,所以 φ_1 确定后就可得出来波的角度 θ。

② 电子旋转方向图的数字式相位计测向法。

在这种体制的测向机中,n 个同样的天线单元均匀地(等角度间隔地)分布在一个圆周上构成测向天线。用以组成测向天线的天线单元在方位面的归一化方向性函数 $F(\theta)$ 应是以 2π 为周期的函数。利用由 PIN 二极管做成的单刀 n 掷的射频电子开关,将这 n 个天线单元顺序地轮流与接收机连接,以此形成天线方向图的旋转(在机械旋转方向图时,方向图是匀速地旋转;而在电子旋转方向图时,方向图是跳跃地旋转)。

设频率为 f 的来波在由 n 个天线单元构成的测向天线中心点的场强为 $e = E_m \sin 2\pi f t$,天线单元的有效高度为 h_e,则 $1 \sim n$ 个天线单元上所感生的电压分别为

$$u_1 = E_m h_e F(\theta) \sin(2\pi f t + \varphi_1),$$

$$u_2 = E_m h_e F\left(\theta + \frac{2\pi}{n}\right) \sin(2\pi f t + \varphi_2),$$

$$u_i = E_m h_e F\left[\theta + \frac{2(i-1)\pi}{n}\right] \sin(2\pi f t + \varphi_i),$$

$$u_n = E_m h_e F\left[\theta + \frac{2(n-1)\pi}{n}\right] \sin(2\pi f t + \varphi_n)。$$

在单刀 n 掷射频电子开关的作用下,各天线单元的感生电压依次加至接收机输入端。如果射频电子开关依次接通 n 个天线单元各一次总计花费的时间为 T,且在此期间各天线单元同接收机连接的时间相等$\left(\text{即均为} \dfrac{T}{n}\right)$,那么,在接收机线性检波器输出端上的电压是

$$
\begin{cases}
KE_m h_e F(\theta) & 0 + mT \leqslant t < \dfrac{T}{n} + mT \\[2mm]
KE_m h_e F\left(\theta + \dfrac{2\pi}{n}\right) & \dfrac{T}{n} + mT \leqslant t < \dfrac{2T}{n} + mT \\[2mm]
\quad \vdots & \quad \vdots \\[2mm]
KE_m h_e F\left[\theta + \dfrac{2(i-1)\pi}{n}\right] & \dfrac{(i-1)T}{n} + mT \leqslant t < \dfrac{iT}{n} + mT \\[2mm]
\quad \vdots & \quad \vdots \\[2mm]
KE_m h_e F\left[\theta + \dfrac{2(n-1)\pi}{n}\right] & \dfrac{(n-1)T}{n} + mT \leqslant t < (m+1)T
\end{cases}
$$

式中, K —— 接收通道的增益；

　　m —— 0 或正整数。

　　电压 u_d 是有 n 个阶梯的周期信号,其周期为 T。按照傅氏理论, u_d 的以正弦函数描述的基波分量的起始相位 φ_1 由以下关系式确定：

$$\sin\varphi_1 = \frac{A_1}{\sqrt{A_1^2 + B_1^2}} ;$$

$$\cos\varphi_1 = \frac{B_1}{\sqrt{A_1^2 + B_1^2}} 。$$

式中, $A_1 = \frac{2}{T}\int_0^T u_d \cos\left(\frac{2\pi t}{T}\right)dt = \frac{2}{T}\sum_{i=1}^n \int_{\frac{(i-1)T}{n}}^{\frac{iT}{n}} KE_m h_e F\left[\theta + \frac{2(i-1)\pi}{n}\cos\left(\frac{2\pi t}{T}\right)\right]dt$,

$$B_1 = \frac{2}{T}\int_0^T u_d \sin\left(\frac{2\pi t}{T}\right)dt = \frac{2}{T}\sum_{i=1}^n \int_{\frac{(i-1)T}{n}}^{\frac{iT}{n}} KE_m h_e F\left[\theta + \frac{2(i-1)\pi}{n}\right]\sin\left(\frac{2\pi t}{T}\right)dt 。$$

　　将这线性检波器输出端上一个周期内有 n 个阶梯的信号电压 u_d 按每个阶梯采样一次并量化与编码,就可得到 n 个数字量；然后,即可按上式计算得出 A_1 和 B_1,并根据所得到的 A_1 和 B_1 求得该周期性阶梯波形信号电压的基波分量的起始相位 φ_1 。

　　φ_1 与来波的方向 θ 有单值的对应关系,因此,求得 φ_1 便可确定来波的方向 θ 。

7.沃森-瓦特测向机

　　1926 年,Watson-watt 首次实现了这种测向机。他的这项发明的目的是为了能对"闪电"也能测向。早期这种测向机是一种视觉测向设备。现代的这种测向机采用数字信号处理而"焕发青春",性能比早期的更好。

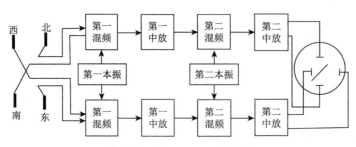

图 4-15　Wotson-watt 测向机

　　我们以四天线单元构成的测向天线为例来说明这种测向机的工作原理。图 4-15 示出了这种测向机的一种组成。

　　它的测向天线由南北放置和东西放置的阿德考克(Adcok)天线构成,测向天线的直径为 D。设角频率为 ω 而波长为 λ 的来波的方位角为 α 而仰角为 θ，则天线单元 A_N、A_S、A_E 和 A_W 上的感应电压分别为

$$e_N = Eh_e\sin\left(\omega t - \frac{\pi d}{\lambda}\cos\theta\cos\alpha\right)$$

$$e_S = Eh_e\sin\left(\omega t + \frac{\pi d}{\lambda}\cos\theta\cos\alpha\right)$$

$$e_E = Eh_e\sin\left(\omega t - \frac{\pi d}{\lambda}\cos\theta\sin\alpha\right)$$

$$e_W = Eh_e\sin\left(\omega t + \frac{\pi d}{\lambda}\cos\theta\sin\alpha\right)$$

式中，E ——在测向天线处来波的场强。

　　h_e ——天线单元的有效高度。

　　测向天线的输出为

$$e_{NS} = e_N - e_S = 2Eh_e\sin\left(\frac{\pi d}{\lambda}\cos\theta\cos\alpha\right)\cos\omega t$$

$$e_{EW} = e_E - e_W = 2Eh_e\sin\left(\frac{\pi d}{\lambda}\cos\theta\sin\alpha\right)\cos\omega t$$

e_{NS} 和 e_{EW} 经增益和相位都平衡的双通道接收机变频和放大后，在接收机的中频输出端得到

$$e_y = Ke_{NS} = 2KEh_e\sin\left(\frac{\pi d}{\lambda}\cos\theta\cos\alpha\right)\cos(\omega_1 t + \varphi)$$

$$e_x = Ke_{EW} = 2KEh_e\sin\left(\frac{\pi d}{\lambda}\cos\theta\sin\alpha\right)\cos(\omega_1 t + \varphi)$$

式中，K ——接收通道的放大倍数。

　　ω_1 ——接收机的中频频率。

　　φ ——接收通道中电压的相位移。

　　当 $d \ll \lambda$ 的时，

$$\sin\left(\frac{\pi d}{\lambda}\cos\theta\cos\alpha\right) \approx \frac{\pi d}{\lambda}\cos\theta\cos\alpha \text{ 。}$$

$$\sin\left(\frac{\pi d}{\lambda}\cos\theta\sin\alpha\right) \approx \frac{\pi d}{\lambda}\cos\theta\sin\alpha$$

　　于是，

$$e_y \approx \frac{2\pi dKEh_e}{\lambda}\cos\theta\cos\alpha\cos(\omega_1 t + \varphi)$$

$$e_x \approx \frac{2\pi dKEh_e}{\lambda}\cos\theta\sin\alpha\cos(\omega_1 t + \varphi)$$

e_y 和 e_x 是频率相同且初相相等的两个电压。将这两电压分别加于阴极射线

管的垂直偏转板和水平偏转板,在荧光屏上就会出现一条与垂直方向的夹角为 α 的直线,这就是早期的沃森-瓦特测向机。现代的这种测向机,采用数字技术测量出 e_y 和 e_x 的幅值,并取这两个幅值之比的反正切来逼近来波方位:

$$\operatorname{arctg} \frac{e_x}{e_y} = \operatorname{arctg} \frac{\sin\left(\frac{\pi d}{\lambda}\cos\theta\sin\alpha\right)}{\sin\left(\frac{\pi d}{\lambda}\cos\theta\cos\alpha\right)} \approx \operatorname{arctg} \frac{\sin\alpha}{\cos\alpha} = \alpha \ 。$$

双通道的沃森-瓦特测向机具有 $180°$ 的示向模糊(即不能定单向)。为了消除 $180°$ 的不确定性,在天线阵的中心增加了一个天线单元,并采用三通道接收机,且将增加的这个天线单元上的感应电压移相 $90°$ 后送至接收机的第三个通道(Z 通道)。

早期的沃森-瓦特测向机是将 Z 通道的中频信号加至阴极射频管的亮度调制栅上而使荧光屏显示的示向线有单值的方向。

现代的沃森—瓦特测向机是测量 e_x 和 e_y 相对于 e_Z 的相位来确定来波所在象限。

8. 多普勒测向机

(1) 多普勒效应。

多普勒测向机,它所应用的物理效应是奥地利科学家多普勒(Doppler)于 1842 年首先提出的。

设 f_0 是在参考系统 K_0 测得的由一个在 K_0 系统静止不动的电磁辐射源发出的电波频率。当该辐射源相对于观测者的参考系统 K 以速度 V 运动时,则在系统 K 观测的频率为

$$f = f_0 \frac{\sqrt{1 - \left(\frac{V}{C}\right)^2}}{1 - \frac{V}{C}\cos\alpha} \ 。$$

式中,α——在系统 K 测得的辐射方向与辐射源运动的方向之间的夹角;

C——光速

对于非相对论计算($V \ll C$ 时)

$$f = f_0\left(1 + \frac{V}{C}\cos\alpha\right), \Delta f = f_0\left(\frac{V}{C}\right)\cos\alpha$$

这个 Δf 就是多普勒频率。

(2) 多普勒测向机工作原理。

如果测向天线沿着一个直径为 D 的圆形轨道运动,其旋转角频率为 ω_R,其上的瞬时感应电压为

$$u(t) = A\cos[\omega_T t + \varphi_T + \eta\cos(\omega_R t - \alpha)]$$

式中,A 为测向天线上感应电压幅度;

ω_T 为来波的角频率；

φ_T 为来波的初相位；

ω_R 为测向天线旋转的角频率；

η 为相位偏移。

相位偏移

$$\eta = \pi \frac{D}{\lambda}\cos\theta$$

式中，D 为测向天线圆形运动轨道的直径，

λ 为来波的波长；

θ 为来波的仰角。

由相位 $\varphi(t)$ 的时间导数得出瞬时频率 $\omega(t)$

$$\varphi(t) = \omega_T t + \varphi_T + \eta\cos(\omega_R t - \alpha)$$

$$\omega(t) = \frac{d\varphi(t)}{dt} = \omega_T - \eta\omega_R\sin(\omega_R t - \alpha)$$

调频接收机频率解调器(鉴频器)的输出端的电压为

$$u_d = K\left[\omega_T - \eta\omega_R\sin(\omega_R t - \alpha)\right]$$

式中，K ——鉴频器的传输系数。

滤除直流分量 ω_T 后得到的解调信号为

$$S_{Dem} = - K\eta\omega_R\sin(\omega_R t - \alpha)$$

将此信号的负过零点与相同频率的参考信号 $S_D = - \sin\omega_R t$ 相比较，则可得到来波的方位角 α 。

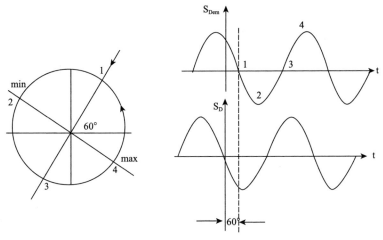

图 4-16　由鉴频器的输出信号的相位求取来波方向

第三节　接收机

无线电接收机简称接收机,是能将天线接收到的无线电信号加以选择、变换、放大,以获得所需信息的电子设备。其组成部分是高频、中频、低频放大器、变频器和解调器。按接收信号的调制方式,它可分为调幅接收机、调频接收机和脉冲调制接收机等。按接收信号的波长,它可分为长波、中波、短波、超短波和微波等接收机。

无线电接收机是用于接收无线电信号的通信设备。由于来自空间的电磁波已经很微弱,且夹杂着大量的干扰与噪声,因此无线电接收机必须具有放大信号、选择信号、排除干扰以及对信号进行解调的能力。无线电接收机的类型大致有三种,分别是直放式、超外差式和超再生式,其中超外差式接收机的接收性能最好,工作也最稳定,因而在通信、广播和电视接收机中被大量采用。

无线电接收机用天线接收无线电信号、从中选出需要的信号再转换为声音、图像、电码等,主要元件有滤波器、电振荡放大器、检波器、扬声器、电子显像管等。无线电接收机有多种类型,如电报收信机、广播收音机、电视接收机等。

1. 直放式接收机

早期的无线电接收机多采用此方案,这种接收机称为直放式无线电接收机,其特点是接收机解调器之前的各级电路都工作在信号的发射频率(射频)上,接收机的放大能力和选择能力全部由射频放大器和射频选择回路提供。这种方案现在很少采用,其原因有三点:

(1)接收机的增益不能做得很高,因为晶体管的放大能力随工作频率的升高而降低,并且电路的稳定性较差。

(2)接收机的选择性能差,接收机对干扰的抑制能力主要是由接收机中的滤波器决定的,由于滤波器的通频带与中心频率成正比,当回路中心频率(等于信号频率)太高时,由于回路通带太宽,远大于信号频带宽度,对信号频率附近的干扰就无法滤除。

(3)电路结构复杂,调整困难。因为当接收机改变工作频率时,各级电路都必须重新调谐。在接收机工作频率高、接收信号微弱以及外界干扰众多的情况下,这些缺点显得更为突出。因此现代的无线电接收机几乎都采用超外差接收方案。

2. 超外差接收机

超外差接收机是利用本地产生的振荡波与输入信号混频,将输入信号频率变换为某个预先确定的频率的方法。

超外差接收机原理最早是由 E. H. 阿姆斯特朗于 1918 年提出的。这种方法是为了适应远程通信对高频率、弱信号接收的需要,在外差原理的基础上发展而来的。外差方法是将输入信号频率变换为音频,而阿姆斯特朗提出的方法是将输入信号变换为超音频,所以称之为超外差。1919 年利用超外差原理制成超外差接收机。这种接收方式的性能优于高频(直接)放大式接收,所以至今仍广泛应用于远程信号的接收,并且已推广应用到测量技术等方面。

(1) 工作原理。

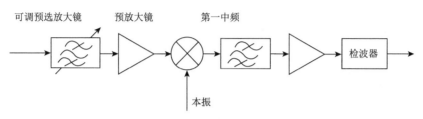

图 4-17　超外差接收机工作框图

本地振荡器产生频率为 f_1 的等幅正弦信号,输入信号是一中心频率为 f_c 的已调制频带有限信号,通常 $f_1 > f_c$。这两个信号在混频器中变频,输出为差频分量,称为中频信号,$f_i = f_1 - f_c$ 为中频频率。

输出的中频信号除中心频率由 $-f_c$ 变换到 f_i 外,其频谱结构与输入信号相同。因此,中频信号保留了输入信号的全部有用信息。超外差原理的典型应用是超外差接收机。从天线接收的信号经高频放大器放大,与本地振荡器产生的信号一起加入混频器变频,得到中频信号,再经中频放大、检波和低频放大,然后送给用户。接收机的工作频率范围往往很宽,在接收不同频率的输入信号时,可以用改变本地振荡频率 f_1 的方法使混频后的中频 f_i 保持为固定的数值。

振荡器的谐振回路统一调谐之外,中频放大器的负载回路或滤波器是固定的,在接收不同频率的输入信号时不需再调整。

通过采用本地产生的振荡波与输入信号混频,将输入信号频率变换为某个预先确定的频率的方法,超外差接收机具有一些突出的优点:

① 容易得到足够大而且比较稳定的放大量。

② 具有较高的选择性和较好的频率特性。这是因为中频频率 f_i 是固定的,所以中频放大器的负载可以采用比较复杂、但性能较好的有源或无源网络,也可以采用固体滤波器,如陶瓷滤波器、声表面波滤波器等。

③ 容易调整。除了混频器之前的天线回路和高频放大器的调谐回路需要与本地振荡器的谐振回路统一调谐之外,中频放大器的负载回路或滤波器是固定的,在接收不同频率的输入信号时不需要再调整。

（2）电路组成。

① 输入回路：输入回路最主要的作用就是选频，把不同频率的电磁波信号中特定频率的电台信号选择并接收下来，送入下一级电路。输入回路一般通过 LC 串联谐振对双联可变电容的调节，实现选频及频率同步跟踪。

② 变频电路：变频电路是超外差接收机中最重要的组成部分，主要作用是将输入电路选出的各个电台信号的载波都变成固定中频 465 kHz，同时保持中频信号与原高频信号包络完全一致。变频电路由本机振荡器和混频器组成。因为 465 kHz 中频信号的频率是固定的，所以本机振荡信号的频率始终比接收到的外来信号频率高出 65 kHz，这也是"超外差"得名的原因。

③ 中频放大电路：又叫中频放大器，其作用是将变频级送来的中频信号进行放大，一般采用变压器耦合的多级放大器。中频放大器是超外差式收音机的重要组成部分，直接影响着收音机的主要性能指标。

④ 检波和自动增益控制电路：检波的作用是从中频调幅信号中取出音频信号，常利用二极管来实现。音频信号通过音量控制电位器送往音频放大器，而直流分量与信号强弱成正比，可将其反馈至中放级实现自动增益控制（简称 AGC），从而使检波前的放大增益随输入信号的强弱变化而自动增减，以保持输出的相对稳定。

（3）结构优点。

超外差式接收机的中频放大电路采用了固定调谐的电路，这一特点与直放式接收机比较起来有如下优点：

① 用作放大的中频，可以选择易于控制的、有利于工作的领率（我国采用的中频频率为 465 kHz），以便适合于管子和电路的性质，能够得到较为稳定和最大限度的放大量。

② 各个波段的输入信号都变成了固定的中频，电路将不因外来频率的差异而影响工作，这样各个频带就能够得到均匀的放大，这对于频率相差很大的高频信号（短波）来说，是特别有利的。

③ 如果外来信号和本机振荡相差不是预定的中频，就不可能进入放大电路。因此在接收一个需要的信号时，混进来的干扰电波首先就在变频电路被剔除掉，加之中频放大电路是一个调谐好了的带有滤波性质的电路，所以收音机的灵敏度、选择性、音量和音质等方面，都远优于简易型收音机。

超外差式接收机的缺点是线路比较复杂，晶体管和元件用得较多，因而成本较贵，同时也存在着一些特殊的干扰，如像频干扰、组合频率干扰和中频干扰等。

3. 宽带数字接收机

宽带数字监测接收机是应用软件无线电的理论并结合虚拟仪器的实现方法

设计而成的一款高速宽带的数字监测接收机。

　　接收机为超外差式结构。它采用了三级变频将 9 kHz～3 GHz 的宽带无线电射频信号转变为 5～25 MHz 的宽带中频信号,然后通过 14 位高速 ADC 进行宽带带通采样,将模拟中频转变为数字中频信号。高速的数字中频数据流再通过 DDC 数字下变频器抽样、滤波以及各种数字信号处理算法,最后得到所需测量的信号特征。

　　射频信号通过预放以及预选器进行信号预调理,处理后的信号进入下变频单元进行混频和下变频。混频后第一中频频率为 3.2 GHz,第二中频频率为 320 MHz,第三中频频率为 15 MHz,中频带宽 20 MHz。变频后的宽带中频信号经抗混叠滤波器后进行数字化 AD 转换,转换采用 14 位 64 MHz/s 的高速 ADC 采样,在保证足够的信号增益和带宽的同时也提供了更大的动态范围。数字化后的数字中频信号通过 DDC 进行数字下变频和数字滤波等运算处理,即可得到信号的数字 IQ 信号。将数字 IQ 信号送入嵌入式计算机中,通过数字信号处理软件即可得到用户所需要的各种测量信息。

　　(1)射频预选器。

　　预选器是由多个带通滤波器组成。通过总线或计算机的串口控制,根据接收机工作的不同频率,选择不同的滤波通路。其原理图 4-18 如下:

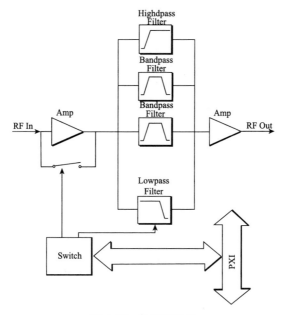

图 4-18　射频预选器

（2）下变频模块。

下变频模块是由锁相环控制的三级变频,放大,滤波,超限电平衰减器等组成。输出为第三中频。其电路如图 4-19 所示:

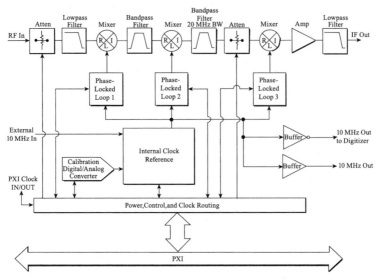

图 4-19　下变频模块

（3）数字化模块:

数字下变频输出的固定中频信号经抗混叠滤波后用 14 位 64 MHz/s 的高速 ADC 采样,转换为数字信号,然后进行数字下变频,存入计算机。其电路原理如图 4-20 所示:

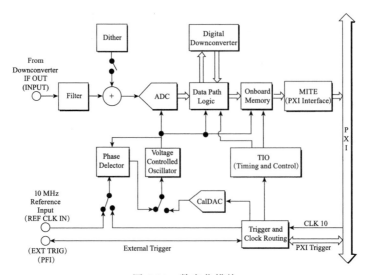

图 4-20　数字化模块

第四节　无线电测向技术新发展

1.空间谱定位技术

谱估计测向技术,即高分辨测向技术,是国外 70 年代末,80 年代初发展起来的阵列信号处理技术。当入射电波由于多径等原因形成多波入射时,一般测向机会引起误差,当用锐方向图测向时,可以有效分辨并同时测出主、干波示向,随着数字处理器功能的完善及计算机技术的应用,定向波束形成不必借助模拟方式,完全可以在计算机中对各天线元收到的信号、噪声,以及天线元的几何位置关系,运用现代谱估计方法进行不同加权、延迟来完成,其实质是对有信号的方向充分放大,而对其他方向不放大,从而实现对空间信号能量的估计。

空间谱估计测向是建立在严格的信号模型和复杂的谱估计理论上的一种测向体制,具有高精度、高分辨率和抗多径干扰等优异性能,在无线电监测、测向中有着广阔的应用前景。下面将从空间谱估计测向的系统组成、原理、常用算法及在实际应用中遇到的技术难题等方面介绍空间谱估计测向技术,以便对这一技术有更全面的了解。

目前常用的比幅法测向、相位干涉仪测向技术和线性相位多模圆阵测向技术,都存在共同的不足,即不能对同时多信号进行测向和分辨,因此在高密度信号环境下应用受到一定的限制。

空间谱估计测向技术是一种不同于传统的振幅测向法和相位测向法的全新测向方法,它是近三十年在经典谱估计理论基础上发展起来的,是一种以多元天线阵结合现代数字信号处理技术为基础的新型测向技术。对空间信号方位的判定和对信号的频谱分析相似,频域谱估计是对信号在频域上的能量分布的估计,而测向则可以看成是对空间各方向上信号能量分布的估计,这样空间角度与频域点的对应就产生了空间谱的概念。得到信号的"空间谱"就能得到信号的到达方向。

因为采用了先进的数字信号处理方法,空间谱估计测向技术具有传统测向体制无可比拟的技术优势,可实现同时对多目标测向包括相干信号与非相干信号对天线阵元及阵的排列,没有特别的约束条件,并且在低信噪比条件下的测向精度很高,理论上完全可以用于复杂电磁环境下辐射源测向。

因此,空间谱估计测向技术迅速走进视野,成为现代无线电测向技术和无源测向领域的研究热点。

（1）基本原理。

对电磁信号方向的测量,也就是要测量辐射源入射电磁波的同相位波前,因此与传统测向系统类似,整个空间谱估计设备系统由三部分组成,即空间辐射源、空间接收阵列及算法处理器。空间谱估计测向,并不是从各天线阵元所接收到信号幅度或相位的简明的数学公式上直接求出 DOA,而是根据各阵元的输出信号来估计空间频率进而求出 DOA 等参数,充分利用了各阵元信号所含综合信息,通过统计处理方法来估计 DOA。

单元的输出同时进行采样其样本,既是时域样本,也是对信号进行空间采样的样本,即对各天线单元的输出同时进行的一次采样具有空间域特性。对位于不同位置的各天线单元输出同时采样的样本进行处理,利用信号的时域函数和功率谱密度函数的特性,就能得到它的空间谱。采用空间谱估计方法计算信号的空间频率,进而确定空间入射波相对于接收天线的传播方向。空间谱估计的一般方法是,构造一个以信号方向为参数的"谱函数"并使得在信号的到达方向上具有尖锐的峰值,这样在进行谱分析时其峰值就指示了信号的 DOA。

谱估计测向对天线元分布形状限制较小,理论上对 M 个天线元,可分辨 M—1 个多波,这种方法需多波道接收机,对系统误差(天线元间,各波道间一致性)要求严格,尚有理论和实用方面的问题值得探讨。

众所周知,一个在时域内表示的信号可以经过某些计算,变换成在频域内表示的信号,我们称之为信号的频谱。当信号经过变换被表示成频谱时,就可能测量信号的频率。当信号仅仅具有一个载频时,信号频谱将表现出有一个峰值,这个峰值的位置与信号的载频对应。用这样的概念测量信号频率的优点是,当信号具有多个载频时,它的频谱将出现多个峰值,一般情况下,每一个载频对应一个峰值。对信号方向的测量是不是存在类似的方法呢?回答是肯定的。对于来自多个天线的时变信号,可以经过计算并对它们作一变换,生成所谓方向谱的表示,并且使变换具有下列性质,即在信号的方向上,方向谱出现峰值。于是,就可能通过寻找谱的峰值求取信号的方向。同样的理由,当信号可能来自几个方向时,可以期待信号的方向谱有几个峰值,每一个峰值对应一个方向,这便能同时测量多个信号的方向。这样的概念便是空间谱估计。

(2)空间谱估计算法。

对于空间谱估计测向系统来说,最重要的部分是算法处理器,负责空间谱估计的最终实现,其核心就是具有超分辨特性的空间谱估计算法。因此,对空间谱估计算法的研究也在不断推进中。经历了长期的发展,频域谱估计理论已日臻完善,一些成熟的频域谱估计技术已被引入到空间域形成了空间谱估计理论。实际上各种谱估计方法都可以用于测向中,只要把参数如频率变成空间频率就可以了。

从 20 世纪 70 年代末开始,在空间谱估计方面涌现出了大量的研究成果和参考文献。1979 年美国的 Schmidt. R. O 等人提出著名的多信号分类算法,标志着空间谱估计测向进入了繁荣发展的阶段。MUSIC 算法及其改进算法以高精度、高分辨率等优点得到广泛应用,成为目前最经典的空间谱估计算法。

MUSIC 算法的核心就是对天线阵所接收信号的协方差矩阵进行特征分空间,然后利用这两个子空间的正交性构造出"针状"的空间谱峰,找出最大值点对应的角度,即信号入射方向,并显示出多个信号的入射方向。从几何角度讲,信号处理的观测空间可以分解为信号子空间和噪声子空间,显然这两个空间是正交的。信号子空间由噪声和信号共同作用,由阵列接收到的数据协方差矩阵中与信号对应的特征向量组成,而噪声子空间仅由噪声贡献,由协方差矩阵中所有最小特征值(噪声方差)对应的特征向量组成。噪声子空间的所有向量被用来构造谱,所有空间方位谱中的峰值位置对应信号的 DOA。MUSIC 算法得到空间谱并不是功率谱,只是信号方向向量与噪声子空间之间的"距离"。尽管如此,空间谱却能够在真实波达方向的附近出现"谱峰"超分辨率地准确表达各信号的来波方向。

MUSIC 算法的提出也促进了特征子空间类(或称子空间分解类)算法的兴起。子空间分解类算法从处理方式上又可以分为两类:一类是以 MUSIC 为代表的噪声子空间类算法,另一类是以旋转不变子空间(ESPRIT)算法为代表的信号子空间类算法。

ESPRIT 算法同 MUSIC 算法一样也需要对阵列接收数据的协方差矩阵进行特征分解。MUSIC 算法利用的是接收数据协方差矩阵的噪声子空间的正交特性,而 ESPRIT 算法是利用了数据协方差矩阵信号子空间的旋转不变特性,所以 ESPRIT 算法与 MUSIC 算法可以看作互补关系。与 MUSIC 算法相比 ESPRIT 算法的优点是计算量小,不需要进行谱峰搜索。最常用的两种实现方法为最小二乘法和总体最小二乘法。

MUSIC 算法大大提高了测向分辨率,同时适用于任意形状的天线阵列,但是原型 MUSIC 算法要求来波信号是不相干的。在实际环境中,由于多径传播等因素的影响,存在大量相干辐射源,当相干辐射源信号子空间与噪声子空间相互渗透时,原型 MUSIC 算法就不能对相干辐射源进行有效的分辨或测向。

对相干辐射源的测向能力本来是空间谱估计测向的亮点,既可以对不相干或部分相干的多个同频来波信号进行同时测向,也可以通过预处理对几个相干信号同时测向,即通过解相干处理使空间谱估计测向具备多信号测向能力、抗多径测向能力;但是真正要发挥出这一优势是有代价的,目前大部分解相干的预处理算法在对相干源测向时会损失阵列孔径,还会限制阵列天线布局和形式。针对这一缺陷,人们积极寻求和改进了更多新的算法。例如,直接利用阵列输出数据进行处理,而不必构造阵列协方差矩阵,这种算法可以不受源相干性的影响,只是对噪声的处理较为繁琐。

20 世纪 80 年代后期,又出现了一类子空间拟合类算法,其中比较有代表性的算法有极大似然(ML)算法、加权子空间拟合(WSF)算法及多维 MUSIC(MD-MUSIC)算法等。ML 算法是一种典型和实用的估计方法,它将辐射源的方位作为阵列模型参数,并据此建立信号模型,再利用信号参数估计的极大似然准则来确定来波的 DOA。这种方法具有极为优越的性能,分辨力突破了天线波束宽度,实现了角度超分辨,这些优越性在低信噪比条件下表现尤为突出,比子空间分解类算法性能要好得多,因此它在空间谱估计领域占有重要地位。在相干辐射源的情况下极大似然法仍能有效估计信号的来向。但该算法求解过程中涉及一个多维的非线性优化问题,运算量相当大,实现过程比较复杂。目前对它的研究重点是改进算法,提高处理时效。实际操作中常采用交替投影法对 ML 算法进行优化,即 AP-ML 算法。

除此之外,还有最大熵算法、最小内积法、投影矩阵法、最小范数法、最小方差法等等,虽然各种空间谱算法呈现出百花齐放的局面,但基本上可以归为两大类,即基于经典估计理论的极大似然估计和归结于信号参量估计的参数谱方法,后者以 MUSIC 法最为著名。

(3) 实际应用中的技术难题。

空间谱估计经历了数十年的形成和发展,在理论上也日趋完善,但到目前为止在实用的空间谱估计测向系统并不多,尤其是近年来,随着软件无线电技术不断发展,无线电测向有了长足进步,但仍然很少见到空间谱估计测向设备的身影,多数都还在实验和技术攻关阶段。这一局面反映了该技术在实际应用中还存在着许多问题,这一领域目前仍有诸多亟待解决的难题:

① 所有空间谱估计算法都有一个前提,就是要确知辐射源的数目,在实际测向时这是不可能的,只能根据观测数据对源数进行估计。关于辐射源数目的估计,现已提出了许多算法,不过总的来说这些算法都还不成熟,存在不少问题,难以应用到实际环境中。

② 算法对模型失真、噪声扰动敏感。实际中,阵列输出的信号受天线、低噪声放大器、射频开关矩阵、接收机等综合影响,而这些影响都很难准确地在算法阵列输出模型的方向矩阵中得到量化的反映。实践也表明,阵列天线间的互耦、天线阵元的位置误差、多通道接收机幅度和相位的不一致等因素都会造成空间谱估计测向性能的下降甚至失效。

③ 对相干源的识别和处理问题,虽然已有了一些解决的途径,但总的来说离实际应用尚有一定距离。

④ 对硬件要求高,设备组成复杂,限制了机动和便携测向中的应用。

综上所述,空间谱估计测向是建立在严格的信号模型和复杂的谱估计理论上的一种测向体制,具有较高的测向精度和角度分辨力,另外这类基于信号特征模型的方法由于正确认识了信号和噪声在特征上的差异,对噪声的处理也是传统测向方法不能比拟的。空间谱估计的卓越性能早已成为测向领域的共识并且代表了该领域理论和技术的发展方向。虽然空间谱估计测向技术拥有技术优势,其技术的迅速发展也为无源测向开拓了诱人的前景,但要真正在实际应用中发挥出来,还需要在多个方面下功夫,还有一段路要走。

2.时差定位技术

时差定位法是确定点的位置的一种方法,即利用声波或电磁波到达两点的时间差来确定点的位置的方法,其基本原理是:到两定点的时间差与声速(或光速)之积为定值的点在双曲线的一支上,船舶在一望无际的海洋上航行,需要测定自己在海洋上的位置,可以在沿海或岛屿上选择三个适当的地点,建立一个主导航台 F 和两个副导航台 F_1,F_2。航行的船舶上装有定位仪,能接受从主导航台发出的无线电信号和从两个副导航台转发出的相同无线电信号,从定位仪上读出三个信号间的两个信号时差,查阅预制好的双曲线时差定位海图,便知船舶在哪两条双曲线的交点处,双耳听力健全的人能判断声源的方位也是根据这个道理。

(1)基本介绍。

时差定位法根据同一声发射源或电磁波发射源所发出的声发射信号或电磁波发射信号到达不同传感器的时间差异以及传感器布置的空间位置,通过它们的几何关系列出方程并求解,可得到声发射或源电磁波发射源的精确位置。可以同时布置多个传感器阵列,保证至少一个阵列可以接收到声发射信号。时差定位法假定材料声传播各向同性,声速为常数。

(2)一维线定位法。

一维线定位就是在一维空间确定声发射源的位置,也称为直线定位。一维线定位至少采用两个传感器和单时差,是最简单的定位方式。

图 4-21 一维线定位示意图

取两个探头连线的中点为坐标原点,取从 1 到 2 为正方向,如图 4-21 所示。声发射源的位置坐标可由下式确定

$$x = \text{sign}(\Delta t) \frac{\Delta t}{2} C \qquad (4\text{-}4\text{-}1)$$

式中,Δt 为到达两探头的时差(取绝对值);C 为声速。

sign$(\Delta t) = 1$,信号先到探头 2;

sign$(\Delta t) = -1$,信号先到探头 1。

为了保证线定位的准确性,波速是关键因素。它与声发射波的模式、激励方式、材料、被检物体表面形状甚至天气情况都有关,因此要计算波速是非常困难的,最好的方法就是提前通过实验测定波速。一维线定位可用于焊缝缺陷的定位,输送管道缺陷的定位。

一维线定位法传感器布置的一般形式如图 4-22 所示。设声发射信号从声发射源 Q 到达传感器 S_1、S_2 的时差为 Δt,声速为 C,则

$$|Q_{S_1} - Q_{S_2}| = C\Delta t_1 \qquad (4\text{-}4\text{-}2)$$

离两个传感器距离差相等的轨迹为一条双曲线(如图 4-22 所示),声发射源位于双曲线上的某一点。这种线定位仅提供波源的双曲线坐标。

(3)二维平面定位法。

二维定位至少需要三个传感器和两组时差,但为了得到单一解,一般需要四个传感器、三组时差。传感器阵列可以任意选择,但为了运算简便,常采用简单阵列形式,如三角形、正方形等。

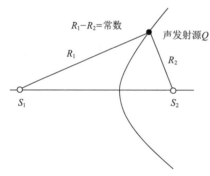

图 4-22　一维线定位的一般形式

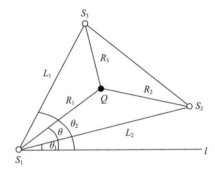

图4-23　三传感器的声发射源平面定位

① 三个传感器定位法。

由三个传感器构成的三角形阵列定位原理如图 4-23 所示。S_1、S_2、S_3 为所布置的传感器,可获得的数据为声发射信号到达次序和到达时间 t_1、t_2、t_3。假设声发射传播速度为 C,声发射源距 S_1 最远,l 为角度参考线。根据其中的几何关系,可以得到以下方程式

$$
\begin{cases}
R_1 - R_2 = (t_1 - t_2)C, \\
R_1 - R_S = (t_1 - t_3)C, \\
cos(\theta - \theta_1) = \dfrac{R_1^2 + L_1^2 - R_2^2}{2R_1L_1}, \\
cos(\theta_2 - \theta) = \dfrac{R_1^2 + L_2^2 - R_2^2}{2R_1L_2},
\end{cases} \tag{3}
$$

通过求解方程组(3)便可以确定声发射源的位置。

② 四个传感器成菱形布置定位。

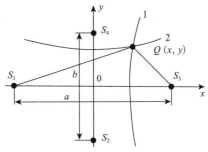

如图 4-24 所示,S_1、S_2、S_3、S_4 四个传感器成菱形布置,构成平面直角坐标系。其实,这是两组线定位传感器的结合。S_1 和 S_3 组成一组传感器,设声发射源发出的信号到达传感器的时差为 Δt_x,可确定双曲线 1。S_2 和 $S4$ 组成另外一组传感器,设信

图 4-24 四传感器菱形布置平面定位

号到达的时差为 Δt_y,得到双曲线 2。声发射源 Q 与传感器 S_1 和 S_2,S_3 和 S_4 的距离差分别为 ΔL_x 和 ΔL_y,波速为 C,两组传感器间距分别为 a 和 b。声发射源坐标为 (x, y)。可得到以下方程式

$$
\begin{cases}
\Delta L_x = \Delta t_x C, \\
\Delta L_y = \Delta t_y C, \\
QS_1 - QS_3 = \sqrt{\left(x + \dfrac{a}{2}\right)^2 + y^2} - \sqrt{\left(x - \dfrac{a}{2}\right)^2 + y^2} = \Delta L_x, \\
QS_2 - QS_4 = \sqrt{\left(x + \dfrac{b}{2}\right)^2 + y^2} - \sqrt{\left(x - \dfrac{b}{2}\right)^2 + y^2} = \Delta L_y.
\end{cases} \tag{4}
$$

方程组(4)中的后两式就是双曲线 1 和 2 的方程式,声发射源位于它们的交点上,结合声发射信号到达各传感器的先后次序,解以上方程组便可确定出唯一的声发射源所在位置。信号接收次序 $S_1 \rightarrow S_3$ 时,x 取负值,反之,x 取正值。y 轴上 $S_2 \rightarrow S_4$ 时,y 取负值,反之,y 取正值。

③ 归一化正方阵定位。

归一化正方阵定位是一种将声源位置坐标按传感器位置坐标归一化的定位方法,如图 4-25 所示。将四个传感器分别置于直角坐标系中的位置 $(1,1)$,$(-1,1)$,$(-1,-1)$,$(-1,1)$。声源 $Q(x, y)$ 的声波到达传感器 1 的传播时间 t_1,而传播到传感器 2、3、4 相对于传感器 1 的时差为 Δt_2,Δt_3,Δt_4,那么 $Q(x, y)$ 应该位于分别以传感器 1、2、3、4 的位置为圆心,以 Ct_1、$C(t_1 + \Delta t_2)$、$C(t_1 + \Delta t_3)$、

$C(t_1+\Delta t_4)$ 为半径的四个圆的交点上。四个圆只有一个交点，所以方程组只能有唯一一解。

④ 平面正三角形定位法。

把四个探头分别置于正三角形的三个顶点 $S_1(-1,-B)$，$S_2(1,-B)$，$S_3(0,A)$ 及内心 $S_0(0,0)$，且以内心为直角坐标系原点，如图 4-26 所示。$Q(x,y)$ 为声发射源，到 $S_0(0,0)$ 的距离为 r，则 $Q(x,y)$ 点到 S_1、S_2、S_3 的距离与 r 的差分别为

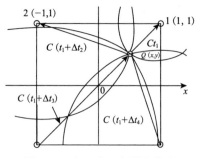

图 4-25　归一化正方形定位法

$$\delta_1 = QS_1 - QS_0 = C\Delta t_{10},$$
$$\delta_2 = QS_2 - QS_0 = C\Delta t_{20},$$
$$\delta_3 = QS_3 - QS_0 = C\Delta t_{30},$$

式中，

Δt_{10}，Δt_{20}，Δt_{30} 分别为信号到达 S_1、S_2、S_3 相对于 S_0 的时差；C 为循轨波的视在声速。则声发射源 $Q(z,y)$ 为四个圆的交点。

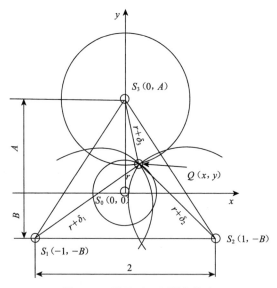

图 4-26　平面正三角形定位法

（4）原理及应用。

电波从发射源发出到达间隔放置的两天线时产生时间差，对于某时间差值，就确定了一条穿过发射源的定位线（双曲线），那么，如果再设一个天线，形成第二条定位双曲线，两条双曲线交点即为发射源位置。

时差定位的特点是天线设备简单,对天线方向图要求不高(相等比幅而言),由于孔径大小与频率无关,所以覆盖频率范围大,或者说,可以采用很大孔径天线阵,从而获得高的准确度,也能适应复杂调制信号。

时差测向定位技术常用于对雷达信号,因为雷达信号脉冲前沿的时间差比较容易测定,对于连续调制信号,道理上可以利用连续可变延时一路信号,并测量相关性来测出时差,但对于未调制连续波信号,难以进行时差定位。

时差测量精度是该技术关键,由于传播媒介的延时误差,多径叠加使信号时间特性发生变化,时间基准同步误差,信道迟延误差等众多因素影响时差测量精度,因此时差定位技术也有许多问题值得探讨。

电波信号到达两个或多个分离的天线的时间可以用来估计电磁辐射源的地理位置。测量电波信号到达两个分离天线的时间差,得到的是二次型的定位线(双曲线)。

设三个接收站的坐标分别为(x_1 , y_1)、(x_2 , y_2)和(x_3 , y_3),待定的目标坐标为(x , y)。

则接收站 1 至目标的距离 $r_1 = \sqrt{(x-x_1)^2 + (y-y_1)^2}$,接收站 2 至目标的距离 $r_2 = \sqrt{(x-x_2)^2 + (y-y_2)^2}$,接收站 3 至目标的距离 $r_3 = \sqrt{(x-x_3)^2 + (y-y_3)^2}$ 。于是有:

$$\Delta r_{12} = r_1 - r_2 = \sqrt{(x-x_1)^2 + (y-y_1)^2} - \sqrt{(x-x_2)^2 + (y-y_2)^2} = (\Delta T_{12})C$$

$$\Delta r_{13} = r_1 - r_3 = \sqrt{(x-x_1)^2 + (y-y_1)^2} - \sqrt{(x-x_3)^2 + (y-y_3)^2} = (\Delta T_{12})C$$

$$\Delta r_{23} = r_2 - r_3 = \sqrt{(x-x_2)^2 + (y-y_2)^2} - \sqrt{(x-x_3)^2 + (y-y_3)^2} = (\Delta T_{12})C$$

式中, ΔT_{12} ——目标信号到达接收站 1 的时间与到达接收站 2 的时间之差;

ΔT_{13} ——目标信号到达接收站 1 的时间与到达接收站 3 的时间之差;

ΔT_{23} ——目标信号到达接收站 2 的时间与到达接收站 3 的时间之差;

C ——电波传播速度。

时间差测向,测量多个接收站到达信号的时间差,求所收到信号的时间编码的相关函数峰值。这需要在各个站设置精密时钟,并对数字化的接收信号作时间标记。作有时间标记的接收信号经过高速数据电路传输到中央计算机,任选两站的信号进行最佳相关,计算其到达时间差。到达时间差为某一值时,辐射源位于以这两接收站为焦点的一双曲线上。另两个站测得的到达时间差形成以这两站为焦点的另一双曲线。两双曲线的交点便是辐射源位置。

时间差测向能给出比上述测量示向度的测向方法更高的定位精度。但它一般需要更长的积分时间。时间差测向主要用于军事领域对雷达信号测向。此外,对干扰卫星信号的地面上的发射机定位,这种方法很有效。

3. 单站定位技术

在短波天波传播时,电波是通过电离层反射传播的。如果测出来波的仰角 Δ,以及预测出反射点电离层高度,就可以计算出发射点到接收点距离,结合所测电波的方位,就可以确定发射源位置。这里的技术难点是电离层不稳定,受季节、昼夜、太阳黑子数影响很大,所确定电离层高度并非易事,再就是并不是所有短波测向机都可以测出来波仰角,上面介绍过的干涉仪测向是可以在测出方位的同时测出仰角的测向机。

在现代短波通信监测中,定位远距离通信信号时通常采用双站定位的"三角法"。但在实际监测中,如果要保证交会定位的精度,需要两个无线电测向站的间距足够大,并且所测电台与两个测向站不在同一直线上。此外,两个测向站间距较大时,测向结果可能分属两个不同的信号。基于这些因素,将单站定位技术运用到短波监测定位工作中是非常有必要的。

(1)短波单站定位。

短波单站定位功能是指在短波波段内可以只用一台测向机来实现对被测电台的定位。当短波通过天波传播时,信号是通过电离层的反射进行传播的。若反射信号的电离层高度已知,可由同时具有示向度及仰角测量能力的测向站完成对被测信号的单站定位,和交叉定位相比,在具有相同的方位测量精度,并且电离层反射高度误差相对具有保证的条件下,单站定位在远距离定位时具有优势,而交叉定位在近距离定位中有相对较高的定位精度。由于通信距离的原因,无线电监测站之间的距离不可能太远,这将限制交叉定位的有效定位区域。

(2)影响短波单站定位的重要因素。

① 电离层。

电离层等效高度是短波单站定位的基础。电离层被人为地分为几层,即 D、E、F_1 和 F_2 层。D 层白天高度为 $60 \sim 90$ km,但夜间消失,不再对短波通信产生影响。D 层的电子浓度不足以反射短波,所以短波以天波传播时将穿过 D 层,不过在穿过 D 层时将会严重衰减。频率越低,衰减越大。而且在 D 层中的衰减量远远大于 E、F 层,所以称 D 层为吸收层。E 层全天都存在,高度为 $90 \sim 150$ km.其性能比较稳定,受季节.太阳等因素的影响较小。E 层最大电子密度发生在 110 km 处。F 层是短波通信中最重要的一层,在一般情况下,远距离短波通信都选用 F 层作反射层。这是由于和其他导电层相比,它具有最高的浓度,因而可以允许传播最远的距离,所以称 F 层为反射层。F 层在白天分裂成 F_1 和 F_2 层。F_1 层高度为 $150 \sim 200$ km,F_2 层的高度为 $200 \sim 1\,000$ km,F 层的电子浓度最大但不稳定。由于太阳位置的变化,在同一时间,电离层的高度和电子浓度都会发生很大的变化,由于 F,层的不稳定造成电波一次或二次反射轨道长度发生变化。而电离层的不均匀性,会造成扩散反射,加上磁离子分裂现象的存在,能够把一条入射线分裂成两条反射线而生成"正常波"和"非正常波"。这些均可在接收点产生"多径接收",造成电磁场强度剧烈变化的干扰衰落。

电离层在短波通信中呈现出如下特点:

短波信号以表面方式传播时,衰耗很快,其传输距离仅为数十公里,且频率越高,传输距离越近。

短波信号以空间波方式传播时,利用了 F_2 层作反射层,通信距离一般可达 $2\,000 \sim 4\,000$ km。由于 F_2 层的参数受太阳活动的影响较大,因而传播特性不稳定,在接收端会出现周期性的衰落。

由于电离层反射与反射区域的电子浓度使用频率及电波进入电离层的入射角有关,因而在短波通信中存在接收静区。在静区内既收不到表面波,也收不到反射波。

日出和日落时电离层的参数变化最为剧烈,是短波空间传播最不稳定的时段。

在短波的传播过程中,电离层有如下变化规律:

日夜变化。电离层中的大气电离能量主要来自更高的电离层区域。电离层的密度和层高有较明显的日夜变化。

季节变化。日出之后,各层电子浓度开始增加,到正午时达到最大值,之后又开始减小。由于不同季节太阳的照射不同,夏季的电子浓度大于冬季。

11 年周期变化。太阳活动性一般用太阳一年的平均黑子数来代表,太阳黑子的变化周期大约是 11 年,因此电离层的电子浓度也与这 11 年变化周期有关。

随地理位置变化。电离层的特性随地理位置不同也是有变化的。赤道附近太阳照射强,南北极弱,故赤道附近电子浓度大,南北极最小。

突发 E 层。它是发生在 E 区高度上一种常见的较为稳定的不均匀结构。该层的出现是偶然的,但形成后一段时间内很稳定。我国上空突发 E 层较多,特别是夏季很频繁。有时入射波受到突发 E 层的全反射而到达不了更高的区域,形成"遮蔽"现象。

② 电离层高度的精确定位。

获得电离层高度的方法有两种。其一是通过电离层模型来进行估计。选择一种能较好地描述电波传播路径中点的电离层变化情况的电离层模型,并确定相应的参数。只有不断修正电离层模型,单站定位才会获得足够的精度,重要的参数—太阳黑子数,可以通过电离层探测站测试得到。

在一般情况下,电离层状态的修正是由测向机本身来完成的,为此,可以调整电离层的某一标准剖面,直到已知电台的位置尽可能准地从测得的入射角推算出来。修正后的剖面可以比较好地表示电离层实际存在的状态,并可实现对未知电台较准确的定位。

③ 被测信号的准确认定。

为了充分利用短波通信的优点,短波通信实际使用的频率范围是 1.5～30 MHz。按照规定,每个短波电台占用 3.7 kHz 的频率宽度,而整个短波频段可利用的频率范围只有 28.5 MHz,全球只能容纳 7700 多个可通信道。由于短波信号密度大,同时具有实时性、频率使用随机性、同信道干扰性等特点,如何准确认定被测定的信号是短波单站定位的关键。

(3) 被测信号的准确认定。

① 利用监听分析系统识别信号特征。

监听系统由全向天线、定向天线、天线共用器、天线矩阵交换开关,短波接收机,短波信号处理与监听分析系统、短波数据库等组成,通过操控短波监听系统各环节设施来准确分辨和确定被测信号的频率。调制形式等信号特征,为引导测向系统工作提供先决条件。

短波监测主要是对信号特性进行识别,可以利用监听天线灵敏度高的特点,在短波频段内搜索分辨出需要查找的被测信号的准确频率,信号调制特征等,然后将该信号的准确频率送入测向系统进行测向,当监测信号是摩尔斯电报时,可以用信号分析系统解调出其呼号,与对应信号比对。当监测的信号是多路数字信号时,可以利用信号监听分析设备,分析出信号的音频频谱波形和信号语图。因为常见的多路数字信号有多种调制方式,如多路 OPSK 信号、FSK 信号等,还需进一步考虑这个多路是 8 路,16 路,还是 24 路等。

② 利用测向系统 FFT 宽带测向功能分离同频干扰信号。

由于短波频段具有全球传播特性,同频但不同发射地点的短波信号相互影响是短波监听,测向的主要矛盾。测向系统具有实时处理 FFT 测向功能(中频 FFT 宽带测向),是分辨同频信号的有效手段。

FFT 测向可将中频带宽(20 kHz 或 300 kHz)内的信号通过 DSP 测向处理后,将其测向的结果显示出来,测向人员再根据自己的判断,排除非干扰信号,确定所测信号的示向度。

其优点是,根据该测向设备对信号频谱取大不取小的工作原理,再根据信号场强的大小将接收机门限自行调整,将同一个信道上的多个信号的示向度均显示出来。如在同一信道(3 kHz 带宽)内有几个信号通信时,借助于 FFT 测向可以测定各信号的示向度;在同一频率上有几个信号分时通信时,借助于 FFT 测向也可以测定各信号的示向度。

4.宽带时短信号

（1）宽带时短信号特点。

宽带时短信号的传输基本上采用两种方法，直接序列扩频（DS）和跳频（FH）。DS可理解为由一个比特速率比信号带宽高得多的数字码序列对信号进行移相键控调制，通过扩频以后，信号的功率谱密度很小，淹没在噪声之中，很难检测。对于FH信号，可理解为频率键控信号。

据统计，一般跳频电台通信时间为2秒到几十秒，跳速为低、中、高三档，分别为200跳/秒以下，200～1 000跳/秒，1 000跳/秒以上。对应在一个信道上驻留时间1～5 ms。

（2）宽带时短信号测向。

对于DS信号，若知道码字，可通过将接收信号与码字相关确定两不同天线上时间偏移，原则上可以计算出来波方向。若不知道码字，可通过对两天线上接收信号相互相关，通过计算最大相关值计算相互时间迟延，此时理论上可求出来波方向，但往往由于缺乏先验知识，误差较大。

对于FH信号，由于在一个信道上驻留时间很短，因此，必须采用瞬间测向体制，任何天线阵的机械或电子模拟旋转都是不可取的，并且测向接收机及处理器应具有快速频率搜索及快速信号检测能力，对此比较合适的测向体制是沃森-瓦特和干涉仪体制。实际上，对于跳频信号测向更有效的方法是宽带方式，即具有宽带接收及宽带信号处理能力。

第五章　无线电监测设施

第一节　固定监测系统

固定站监测系统是由测向天线阵、监测天线、接收机、计算机、控制驱动设备、网络设备组成的移动式无线电监测测向成套设备,具有无线电测向和信号的频率搜索扫描监听、录音重放、场强测量、频谱分析、信号参数测量、信号频率时间占用度测量、全景显示、频率管理数据库、打印数据图表、电子地图交汇存储、互调干扰分析、环境监控、联网通信及遥控站等多种功能。系统可应用于频率管理部门、民航系统、战场频谱管理系统、电子对抗、情报侦察等部门。

1.系统组成

(1)监测部分。

① 能够提供全面符合 ITU 建议的测量方法,包括对频率、频偏、场强、调制、频带占用度和带宽的测量。

② 在 20 MHz 到 3.6 GHz 的频率范围内,可进行扫描频率高达 100 GHz/s 的高速频谱监测。

③ 信号的显示和解调带宽可达 20 MHz。

④ 对重要通信系统的分类、解调和解码的信号分析。

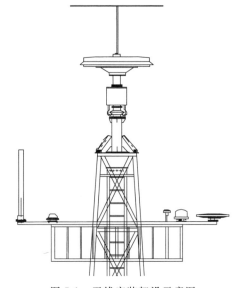

图 5-1　天线安装架设示意图

（2）测向部分。

① 采用大孔径测向天线以及大量的天线振子单元，有效地减小干扰电波对测向效果的影响。

② 采用相关干涉仪测向体制，能够以极高的性价比提供高度的准确性和出色的抗反射能力，即使在恶劣的环境中依然能够提供可靠的测向结果。

③ 在 20 MHz 到 6 GHz 的频率范围内，符合 ITU 建议的高精度测向。

④ 可测量 WLAN、WiMAX 以及微波系统的信号方向。

⑤ 实时带宽达 20 MHz 的宽带测向，并具有可选择的频道分辨率。

系统组成框图如下：

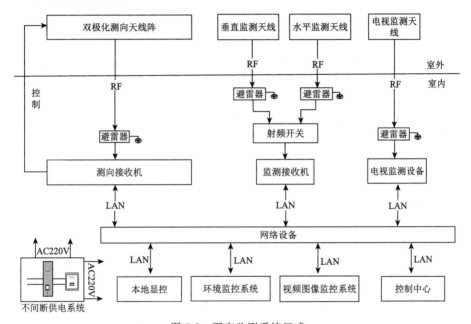

图 5-2　固定监测系统组成

2.功能要求

（1）监测功能。

① 单频测量。

支持对指定频点进行单频测量，中频频谱分析，瀑布图分析。

支持对指定信号的带宽、调制、脉冲、覆盖范围进行测量。

支持无用发射测量。

支持信号的 ITU 分析，包括信号带宽、频偏指数、正向频偏、负向频偏、调制度、正向调制度、负向调制度分析等。

支持音频播放。

支持指定频点的频率测量、电平测量、场强和功率通量密度测量、占用带宽测量、调制测量、脉冲测量。

支持 IQ 数据分析,IQ 时域图、星座图等。

支持时域电平图、时域场强图,测量信号的电平随时间变化的趋势。

所有数据可以存储和回放。

支持测量时的报表输出(Word、Excel、PDF 格式)。

② 频段扫描。

支持单或多频段扫描功能。

支持电磁环境测量功能。

支持 PSCAN 和 FSCAN 两种扫描方式选择。

支持扫描频谱图分析和瀑布图显示。

支持实时占用度统计。

支持占用度(日月报)分析数据统计和存储。

支持触发测量,触发到测向、中频分析或 ITU 测量等功能。

支持直线门限、模板门限、自动门限信号提取方式。

支持信号自动提取功能。

支持提取信号与台站库比对功能,能用饼图显示提取信号类型。

所有数据可以存储和回放。

支持频率使用率测量。

支持测量时的报表输出(Excel 格式)。

③ 离散扫描。

支持单个或多个离散频点电平或场强测量。

支持实时占用度统计。

所有数据可以存储和回放。

支持测量时的报表输出(Word、Excel、PDF 格式)。

④ 信号监听。

支持对单个或多个频点进行录音、中频频谱分析,瀑布图分析。

支持音频播放。

支持时域电平图或时域场强图,测量信号的电平随时间变化的趋势。

支持录音门限设置,电平超过门限进行录音。

所有数据可以存储和回放。

支持测量时的报表输出(Word、Excel、PDF 格式)。

⑤ 频谱评估。

支持频谱评估功能。

⑥ 广播电视信号监测分析。

模拟和数字电视监视、显示和数据存储功能。通过与监测网联动,对广播电视信号进行解调、监视记录并传回监测中心,实现对发射标识的识别鉴定,快速发现干扰或非法信号以及其他违规节目,并对各种干扰或非法信号进行测向定位,及时予以清查和排除。

系统支持对广播信号解调、语音识别和转换文字功能。系统支持对 PAL－D/SECAM/DTMB/DVB－T 等多种制式地面电视信号的解调分析能力,能够还原其连续图像和语音,实现对播出地面电视信号的图像监视及声音监听。

所有数据可以存储和回放。

支持测量时的报表输出(Word、Excel、PDF 格式)。

⑦ 占用度分析。

支持频段占用度、年时间占用度分析功能。

⑧ 对讲机通信监测。

系统具备模拟对讲机、数字对讲机的监测能力,不仅能够自动识别对讲机调制方式、亚音频等参数,还能对语音进行还原,具备对 DMR/DPMR 主流数字对讲通信的测试和协议解析,包括色码、主叫号、被叫号、短信内容、语音等,并在频谱分析的同时输出短信内容和语音。

(2) 测向定位功能。

① 频点测向。

对单个或多个频点进行测向,显示实时示向度、示向度概率统计、示向质量、实时电平、电平曲线、实时频谱(需要设备支持)、瀑布图。

多个频点信号,会对每个信号强制驻守对应时间。

支持对每个频点的示向度进行统计。

能够对过去不少于 24 小时内出现过的干扰信号测向定位。

支持在电子地图上显示示向线。

支持用户设定门限对测向结果进行过滤。

支持对信号进行解调,实时播放解调后的声音。

所有数据可以存储和回放。

支持测量时的报表输出(Word、Excel、PDF 格式)。

支持 TDOA 定位扩展。

② 宽带测向。

对一定带宽范围内的信号进行扫描,可以选择对应频点测向,显示实时示向度、示向度最优值、实时频谱(需要设备支持)、瀑布图。

支持在电子地图上显示示向线。

支持用户设定门限对测向结果进行过滤。

所有数据可以存储和回放。

支持测量时的报表输出(Word、Excel、PDF 格式)。

(3) 交汇定位功能。

能够控制多个具有单频测向能力的设备进行交汇,支持对每个设备单独设置参数。

能够在地图上显示每个监测站的示向线。

支持添加虚拟监测站参与定位。

能够在地图上显示定位点、概率椭圆、定位轨迹。

所有数据可以存储和回放。

支持测量时的报表输出(Word、Excel、PDF 格式)。

(4) 信号分析功能。

从时域、频域、调制域等多维分析,支持自动分析和精确的人工分析两种模式。支持信号的调制方式自动识别、传输系统自动识别、亚音频自动识别;支持多种图形化的分析过程数据,结合分析测量工具,实现精确的人工分析;支持多种信号解调。

支持自动或手动选择通道进行精确分析。

支持调制方式自动识别,包含了 AM、FM、BPSK、QPSK、4QPSK、8PSK、16QAM、32QAM、64QAM、MSK、2ASK、2FSK、4FSK、CW 等。

支持传输系统识别,包含了 GSM、模拟电视、数字电视、TETRA、警用集群、调频广播、CDMA、WCDMA、TD-SCDMA、cdma2000、TD-LTE、FDD-LTE、扩频信号、对讲等。

支持信号的高质量解调,包括了 AM、FM、CW、TV 等。

支持多种分析手段:包括信号制式识别、信号传输系统识别、信号 ITU 参数计算、信号特征参数计算、信号亚音频特征识别、频谱图、瀑布图、瞬时幅度图、瞬时频率图、瞬时相位图、IQ 时域图、瞬时幅度相关曲线、瞬时幅度频谱图、星座图、载波同步后的瞬时相位统计图 、载波同步图。

支持多种分析组合方式,支持自定义组合方式。

支持进行信号的发射机识别功能。

(5) 电子地图功能。

在地图上展示全网站点布局信息,并通过不同图标展示不同的站点类型。对全网站点在线(在线、不在线)、工作状态(工作、故障)进行监控,并通过不同颜色展示。

可与频率、台站数据库互联,按照信号或电台类别通过不同图标分类显示。

可进行地图缩放、漫游,提供图层控制、距离、面积、角度测量功能。

可在地图选择多个直接对站点进行控制、任务下达,在地图上显示交绘定位结果。

(6) 台站库关联。

支持导入本地台站库。

在电子地图上显示台站基本信息,支持按照电子地图的比例进行聚合显示。

支持按照不同类型的台站显示不同的图标。

(7) 数据分析。

① 用户操作日志。

支持用户操作日志的记录和管理。

② 设备故障日志。

显示用户、监测站、设备、故障类型、故障时间等。

③ 监测数据分析。

支持对保存的监测数据进行查询、回放、查看等操作。

④ 定位数据分析。

支持对保存的定位数据进行查询、回放、查看等操作。

⑤ 音频数据分析。

支持对保存的音频数据进行查询、回放、查看等操作。

⑥ 日报分析。

能完成国家监测日报的要求。支持自动门限和手动门限选择设置,能完成监测日报的数据统计、分析、报表输出等。

支持用户回放扫描数据进行门限设置时的参考。

支持三维图。

⑦ 时域分析。

支持查看指定信号的时域图,进行时域分析。

⑧ 月报分析。

能完成国家监测月报的要求。支持自动门限和手动门限选择设置,能完成监测月报的数据统计、分析、报表输出等。

支持用户回放扫描数据进行门限设置时的参考。

⑨ 自动日月报。

支持每天、每月自动统计日月报。

⑩ 基础监测数据库。

支持建立本地基础监测数据库。

⑪ 台站数据分析。

支持导入台站数据,并和实际监测数据一同进行数据分析。

⑫ 信道区域分析。

支持进行信道区域分析。分析结果可直接显示在地图上。

(8) 监测数据存储和处理。

对监测数据可实时进行录音、记录和保存,数据可以进行语音同步回访,还可以采取类似播放器的功能,以进度条、加速、减速方式控制数据回放时的进度和速度的调整。保存过的数据可以通过站点、频段、测量类型、测量时间等多种条件进行检索,并可以方便地进行调用、回放和查看。

(9) 计划任务。

支持用户设定定时任务,系统按照设定时间和规律进行自动执行,将测量的数据和结果进行存储,然后可以回放。

(10) 数据库管理。

支持《超短波频段监测管理数据库结构技术规范》。

监测和测向数据均可通过数据库进行存储和处理。

数据备份。

数据还原。

(11) 监测网列表。

监测站管理。

增加、删除、修改监测站信息以及控制中心信息。

(12) 辅助工具。

① 互调分析。

提供互调分析工具实现互调分析计算。

② 方位距离计算。

计算两个经纬度点之间的距离。

③ 单位换算。

提供 dBμV、dBm、dBW 等之间的单位换算。

(13) 权限管理。

支持用户管理、角色管理、部门管理等功能。

(14) 遥控和联网。

遵循国家统一的技术标准和规范要求,联网协议符合《超短波监测管理服务接口规范》(原子服务)和《无线电监测网数据传输协议》(RMTP)的要求,须联入现有无线电监测控制中心和一体化平台中,实现远程遥控操作。

支持远程遥控设备开关机(设备具备电力支持的情况下)。

支持远程遥控设备进行监测分析功能。

(15) 系统自检。

支持进行系统自检,并报告故障情况与估计故障原因。

3. 性能要求

(1) 接收机主要技术指标如下:

监测频率范围:20 MHz～26 GHz(支持内部扩展至 8 kHz)。

测向频率范围:

垂直极化:30 MHz～8 GHz(支持内部扩展至 300 kHz)。

水平极化:40 MHz～1 300 MHz。

测向天线模式(20 MHz～1.3 GHz):有源无源可切换。

频率稳定度:≤0.02 ppm。

时间戳精度:≤10ns。

相位噪声:≤−120 dBc/Hz@10 kHz。

实时中频带宽:≥80 MHz。

噪声系数(实时带宽 20 MHz):≤15 dB(20～3 000 MHz);
≤20 dB(3～26 GHz)。

监测灵敏度:≤10dBμV/m(20～3 000 MHz);
≤15 dBμV/m(3～26 GHz)。

测向灵敏度:≤20 dBμV/m(30～3 000 MHz);
≤25 dBμV/m(3～8 GHz)。

测向准确度:≤1.5°(30～3 000 MHz,R.M.S,无反射环境);
≤2°(3～8 GHz,R.M.S,无反射环境)。

测向时效:≤1ms(单次突发信号)。

扫描速度:≥50 GHz/s。

同频信号分离个数(D/λ＞1):3 个。

最小同频信号分辨角度(D/λ＞1):≤20°。

宽带测向的实时带宽:20 MHz。

二阶截断点(低失真模式;中频带宽 20 MHz):≥50 dBm。

三阶截断点(低失真模式;中频带宽 20 MHz):≥10 dBm。

中频/镜像抑制:≥90 dB。

解调方式:AM、FM、PM、PULSE、USB、LSB、ISB、CW、IQ、TV。

解调带宽:最大值 20 MHz,多档可选(不少于 30 个滤波器)。

多信道扩展:支持在 80 MHz 实时中频带宽内扩展多路信道,各信道可同步进行独立电平测量和信号解调,信道数不少于 4 个。

同频信号分析:可通过多彩频谱模式对同频分布的多个信号进行区分显示和分析。

(2) 广播电视监测模块主要技术指标:

解调解码模拟电视、数字电视,实现图像和音频的可视(听)化显示。

第二节　移动监测系统

移动无线电监测测向系统是我国无线电监测网中不可或缺的重要组成部分。作为移动无线电监测技术手段,其用途主要体现在三个方面:一是辐射源搜寻定位。通过与固定监测系统协同、配合,以移动、逼近监测作业方式对未知、不明无线电信号及辐射干扰源进行搜寻、定位;二是监测网的拾遗补阙。根据任务需要,在固定监测系统监测能力不能覆盖区域,临时设点或组网监测,弥补监测网的覆盖盲区;三是应急机动监测,在各类考试、军演、大型体育赛事以及抢险救灾、反恐维稳等重要任务保障中,应急机动到指定服务区域提供无线电监测服务。

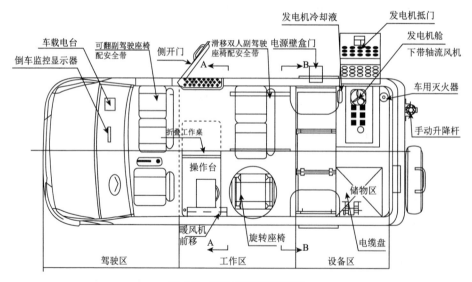

图 5-3　移动监测车俯视图

1.总体要求

(1) 移动车作为无线电移动监测站的承载体,各类监测测向设备、监测测向天线、控制设备、通信设备等将集成安装在移动车上,移动车的选型应满足各类监测设备、附属设备和驾乘人员等的载重要求,具有合理、舒适的工作空间,并具有良好的安全性、通过性和减震性。

(2)车辆改装后车厢内的布置应简洁、实用、安全、舒适,易于维护。外置部分应统一、合理、美观,应保证车辆各类机械性能、电气性能等符合国家标准,保障车辆与各类监测测向设备的电磁兼容性、移动车配重的平衡性和安全性。

(3)为保障移动无线电监测测向系统在行进过程和静止状态的工作,在移动车改装中应根据监测测向系统设备集成安装和操作人员工作需求,应对车内空间进行合理规划,并装配系统供电、温湿度调节等设备并进行科学合理的安装集成,满足监测系统技术和功能需要。应对移动车选型、集成改造编制相应的设计方案。

(4)移动监测测向站的总体功能和技术指标是在移动车完成改造和系统集成后的总体功能和指标。

(5)按照国家《无线电监测网传输协议(RMTP)规范》《超短波监测管理服务接口规范》,监测系统应满足 RMTP 协议、原子化服务接口规范,能够支持与区域无线电监测网的连接和协同工作。系统要求具备完备的监测统计分析功能,监测数据格式符合国家要求。

(6)系统应按照工信部无线电管理局和国家无线电监测中心无线电管理一体化平台的相关规范进行开发;无线电管理一体化平台建设时,车载系统需进行一体化服务升级改造。

(7)系统安全性能强,数据共享,监测台站数据库与频率台站管理数据库兼容;软件系统使用模块结构;全中文、图形化的用户界面,符合监测工作习惯;远程控制方便;便捷的台站查询功能;智能监测分析能力;完善的日志功能。

2.功能要求

(1)监测功能。监测范围可覆盖 20 MHz～18 GHz,支持 L 频段、S 频段、C 频段、X 频段、Ku 频段的卫星和雷达信号的监测。具备单频测量、信号分析(包括调制方式识别、ITU 参数计算、频段和信道占用度测量等)、频段扫描、离散扫描、信号监听等监测功能。支持模拟和数字信号的调制方式自动识别,包括AM、FM、LSB、USB、CW、2ASK、2FSK、4FSK、BPSK、QPSK、8PSK、$\pi/4$QPSK、16QAM 等。

(2)测向定位。能够同时实现单个或多个频点($\geqslant$3 个频点)测向和宽带测向;测向结果可以在地图上实时显示,并支持保存、拷贝和打印。

(3)交汇定位。支持移动监测车轨迹显示;支持单车交汇(单站多地点分时交汇),支持与固定站的联合交汇;能够控制多个具有单频测向能力的设备进行交汇;其结果可以在地图上实时显示,并支持保存、拷贝和打印。

(4)黑广播监测识别。能够自动识别"黑广播"信号。

(5)水上业务频段的精细化监测。实现对水上移动业务 VHF 频段内所有频道的精细化管理,对异常使用频率能够主动预警。能够在电子地图上实现水上移动业务 VHF 频段的可视化监控,掌握不同区域、频道、时间内的频道使用情况。

(6)频谱监测统计月报功能。可以实现频段和频道占用度的自动统计;具备无线电监测统计报告(月报)自动统计功能;可自动生成符合国家要求的频谱监测统计月报。

(7)频谱评估。支持国家要求的频谱评估数据的采集、存储和导出。

(8)电子地图。支持国家地图格式及互联网免费图源,具备电子地图的基础功能,可在电子地图上实现监测站状态显示、移动站位置显示等。

(9)台站库关联。支持导入本地台站库并在电子地图上显示台站基本信息等。

(10)数据分析。支持用户操作日志、设备故障日志、监测数据分析、定位数据分析、音频数据分析、自动日月报等功能。

(11)数据库管理。支持《超短波频段监测管理数据库结构技术规范》;支持数据备份和数据还原。

(12)自动任务监测功能。能自动执行用户设置的各种预定任务,支持单频点、频率列表、频段的任意组合,能自动生成测试工作任务报告(报告格式和内容需采购方认可)。

(13)联网方式。支持 RMTP 协议、原子化服务接口,能够接入区域无线电监测网;开放协议接口,便于第三方系统集成。

(14)帮助功能。系统应用软件具有完整的帮助功能,方便用户学习、操作与使用。

(15)其他功能。支持任务管理、监测站管理、权限管理等。

3. 性能要求

(1)数字宽带测向机主要技术指标不低于以下要求:

频率范围:20 MHz～6 GHz

测向体制:相关干涉仪

系统测向精确度:(无反射测试场)

0.5°RMS(20 MHz～1.3 GHz,典型值)

1°RMS(1.3 GHz～6 GHz,典型值)

测向灵敏度:3 μV/m～20 μV/m,典型值

最小信号驻留时间:≤1 ms

最小突发驻留时间:≤20 μs

测向扫描速度:≥40 GHz/s

测向带宽:最大值 80 MH,多档可选

镜频抑制:≥90 dB(80 MHz 实时带宽)

　　　　　≥85 dB(20 MHz 实时带宽)

中频抑制:≥90 dB(80 MHz 实时带宽)

　　　　　≥80 dB(20 MHz 实时带宽)

(2) VHF/UHF 测向天线。

频率范围:20 MHz～1.3 GHz

天线类型:九阵子多通道测向天线阵

极化方式:垂直、水平

(3) UHF/SHF 测向天线。

频率范围:1.3 GHz～6 GHz

天线类型:2×8 阵子圆阵

极化方式:垂直

(4) 宽频段监测接收机指标。

频率范围:20 MHz～18 000 MHz

频率稳定度:≤0.2 ppm

频率分辨率:1Hz

解调方式:AM、FM、CW、USB、LSB

最大中频带宽:40 MHz

分析带宽:100Hz 至 40 MHz 带宽信号采集,20 种带宽模式

监测灵敏度:

－110 dBm(25 KHz,低噪声模式,信噪比＝10 dB)

相位噪声:≤－105 dBc/Hz@10 kHz

　　　　　≤－100 dBc/Hz@10 kHz

　　　　　≤－80 dBc/Hz@10 kHz

中频抑制:≥90 dB(≤8 GHz,典型值);

　　　　　≥75 dB(>8 GHz,典型值)

镜频抑制:≥90 dB(≤8 GHz,典型值);

　　　　　≥75 dB(>8 GHz,典型值)

输入带外二阶截点:≥55 dBm(≤8 GHz,典型值 低失真模式)

　　　　　　　　　≥50 dBm(>8 GHz,典型值 低失真模式)

输入带内三阶截点:≥12 dBm(≤3.6 GHz,典型值 低失真模式);

≥12 dBm(3.6~8 GHz,典型值 低失真模式);

≥10 dBm(>8 GHz,典型值 低失真模式)

噪声指数:≤12 dB(≤3.6 GHz,典型值,低噪声模式)

≤18 dB(3.6 GHz~8 GHz,典型值,低噪声模式)

≤20 dB(>8 GHz,典型值,低噪声模式)

扫描速度:≥140 GHz/s(25 kHz 步进)

(5) 监测天线。

频率范围:20 MHz~18 GHz;

天线类型:分段配置,技术指标满足国家Ⅱ类移动站相关指标要求。

(6) 监测系统指标。

频率范围:20 MHz~18 000 MHz

频率稳定度:≤0.2 ppm

频率分辨率:≤1 Hz

最大中频带宽:≥40 MHz

分析带宽:100 Hz 至 40 MHz 带宽信号采集,20 种带宽模式

系统监测灵敏度:

≤15 dBμV/m(典型值,20 MHz~30 MHz)

分辨率带宽 600 Hz,信噪比 10 dB

≤20 dBμV/m(典型值,30 MHz~3 GHz)

≤35 dBμV/m(典型值,3 GHz~18 GHz)

分辨率带宽 25 kHz,信噪比 10 dB

相位噪声:≤−105 dBc/Hz@10 kHz

≤−100 dBc/Hz@10 kHz

≤−75 dBc/Hz@10 kHz

中频抑制:≥90 dB(≤8 GHz,典型值)

≥75 dB(>8 GHz,典型值)

镜频抑制:≥90 dB(≤8 GHz,典型值)

≥75 dB(>8 GHz,典型值)

输入带外二阶截点:≥55 dBm(≤8 GHz,典型值 低失真模式)

≥50 dBm(>8 GHz,典型值 低失真模式)

输入带内三阶截点:≥12 dBm(≤3.6 GHz,典型值 低失真模式)

≥12 dBm(3.6 GHz~8 GHz,典型值 低失真模式)

≥10 dBm(>8 GHz,典型值 低失真模式)

噪声系数:≤12 dB(≤3.6 GHz,典型值,低噪声模式)

　　　　　≤18 dB(3.6 GHz～8 GHz,典型值,低噪声模式)

　　　　　≤20 dB(>8 GHz,典型值,低噪声模式)

扫描速度:≥140 GHz/s(25 kHz 步进)。

(7) 测向系统指标。

配置相应的监测天线,集成双通道相关干涉仪测向,监测测向可独立工作。测向系统指标不低于:

测向频率范围:至少包括 30 MHz～6 GHz 频率范围。

系统测向精度:

≤ 1°(20 MHz ～1.3 GHz ,R.M.S,无反射环境)

≤ 2°(1.3 GHz～ 3 GHz, R.M.S,无反射环境)

≤5°(3～18 GHz ,R.M.S,无反射环境)

测向灵敏度:

≤20 dBμV/m(30～3 000 MHz)

≤25 dBμV/m(3～6 GHz)

≤30 dBμV/m(6～18 GHz)

实时测向带宽 80 MHz(最大);

最小信号驻留时间(单脉冲):1 ms

最小信号驻留时间(多脉冲):20 μs

显示分辨率:0.1°或 1°

4. 车辆改装

针对选定的移动监测车承载车型,设计改装方案并由具有国家规定资质的车辆改造厂进行车辆改造。车辆改造应在保障不降低原有车辆机械、电气和安全性能的前提下,结合移动监测站功能实现和技术性能要求进行。改造方案时至少应满足以下要求,并配备相应的设备。

(1) 功能区划分要求。改造后的移动监测车内部应合理区分为驾驶区、工作区和设备区,工作区与设备区隔离。工作区设侧开门、设备区设后开门。

(2) 车内改装集成和配置要求。合理设计监测测向系统设备、空调系统、供电等系统设备安装位置,对主要设备应进行机架式安装并有固定和防震措施,各类设备安装、配线布局合理,满足监测测向系统、通信系统和各类设备的电磁兼容性,方便维护。

同时,驾驶区应配置倒车监视器及必要的附属装备,如时间、温度显示器等;车内工作区、设备区应铺设防静电复合地板;工作区设木质工作台,增置阅读灯、工作灯和可变式座椅;设备区与工作区、设备机柜进行屏蔽处理;对车窗、车内顶等进行相应改装,以适合移动监测车的工作特点。

(3)车顶部改造要求。车顶应配置加固工作平台,合理布局安装各类监测测向、通信天线,保障监测测向系统的性能指标。监测天线为可升降式,监测天线可升高4米(距车顶)。

(4)满载时总载重量应有至少10%的余量,车体改造部位应做相应的防锈蚀处理。汽车制动性能、噪声、排放性能应满足国家相关标准,具有较好的稳定性、舒适性。

(5)车体设计及车内设备布局应考虑电磁兼容;车厢内设备布局以及系统操作区布置合理、美观大方,便于操作使用,便于设备的安装、检修和维护,符合人体工程学要求,并不得影响驾驶员正常驾驶;操作台设计应便于操作人员操作使用;车厢内应有隔音、保温、防水、防尘措施,并达到相应的国家标准。

(6)车顶设备布局合理、美观;放置天线的位置必须进行特殊加固,并具有减震措施;所有车厢外接口均需进行防水处理,车顶应保持排水系统流畅,无任何积水;所有车体外设备均固定安装于车体上,使用设备时无须另行连接。

(7)车体改造完成后应进行整车性能测试,包括但不限于:测向效果测试、电子罗盘效果测试、供电系统测试、车辆承载测试、车辆行驶测试、车辆重心平衡测试、车辆淋雨测试、车辆震动测试等,并提交相应测试报告。

(8)车辆改装需向国家相关部门办理相应手续,申请并取得国家工业和信息化部车辆改装公告号及机动车目录,车辆在交付使用时应提供按照国家关于车辆方面相关规定的完整手续,以保证整车可以在当地公安车辆管理部门办理车辆牌照及其他相关手续。

5.其他配置

移动车车体动力性能、道路通过性能、操作稳定性、燃油经济性等基本性能应符合国家相关标准。车辆与箱体结合牢固、线条流畅、外形美观。整车的刚度和强度要符合国家质量标准,整车配重合理,驾驶平稳,公路行驶速度90~100公里/小时,辅助设备操作简便。不能改变原车的机械性能。移动监测车辆改装时,应考虑以下各系统的配置和集成。

(1)通信系统。每个移动站通信调度配备400 MHz频段超短波通信车载台1个,手持式终端2部。具体工作频率待工程实施时统一确定。

(2)供电系统。不少于三相交流市电、UPS辅助供电和发电机应急供电三种方式,分别作为主供电、辅助供电和应急供电。至少满足以下配置和技术要求。

(3)机架式UPS机头和电池包,满足移动站设备不少于4小时供电要求。

（4）车载式发电机。应为小型轻便超静音柴油发电机,容量应满足移动站监测测向设备、联网设备、车内空调系统、控制系统的交流供电,并集成在移动车上,具有电源控制管理系统。

技术要求为:具备双水冷系统;模块化设计、安装灵活(可车顶、车侧、车底);超静音(距离 1 米时,噪声≤70 分贝);采用异步电机、无旋转线圈、无二极管、噪音小、无刷结构;电压稳定,采用 VCS 技术保证输出电压稳定性(波动±3V);可获得三种不同性能的输出形式(单相、三相、双相－DVS－1＋3 相)。

（5）供电系统控制集成。配备综合供电系统控制盘,并通过集成可实现各类供电方式的系统控制。包括可进行 DC12V 增容,实现控制、切换逆变,AC220V两路切换,具备电压指示、低压声光报警、自动切换、安全保护、直流交流集中控制、自动温控报警及外电输入指示控制系统等功能。

（6）车载空调。配置具有节能、环保、高效和舒适特性的空调系统(冷、暖),选择超薄玻璃钢顶置机组以节省车内空间。容量应满足在车内设备同时工作(工作区和设备区),以及 6 人乘坐时,温度调节满足 26±3 ℃范围(－15 ℃～45℃温度环境下)的要求。

（7）天线升降杆。监测天线手动可升高 4 米(距车顶),并配置云台方便各类监测天线安装;材料选择及改装应满足:

升降杆的总高、闭合高度、抗风能力、垂直承载、偏载、偏摆要求,安装方式等应根据设备和车体统一考虑。

升降杆的材质应采用高强度铝镁合金型材,具有强耐腐蚀性,具备高强度、高刚度、抗扭能力和抗弯能力,具有防转动功能。

第三节　航空监测系统

航空业务专用无线电监测系统是针对航空的通信、导航、监视频率,以及航空干扰源头,进行自动化监测、智能化分析的专用监测系统。该系统能够切实有效地对航空频率实时干扰源进行自动分析、告警,对航空频率可能发生的干扰进行预警,并且能够对原来的电磁环境状况、信号发射规律、信号特征参数、信号内容进行溯源,能大大地降低航空干扰查处的难度,提高查找的效率,大大降低航空干扰发生的概率。同时,对于"黑广播",该系统能够进行有效管控,"黑广播"一旦出现,系统就能自动发现并报告用户,以便在第一时间对其进行查处。

1. 工作原理

控守型监测原理:对调频广播频段和民航地空通信频段内的所有信号进行

自动提取和全实时监测,长时间累积得到每个信号的特征、发射规律以及信号语音,做到所有信息都被存储,都可溯源;利用台站库、信号模板库以及监测策略库实现信号的对比分析,对这两个频段内的所有非法信号、合法信号的异常情况的快速预警,从而实现民航干扰源最多的频段的完全控守、实时报警。支持对频段内任意信号的分析和回溯,从而实现干扰源的分析和确定。

保护型监测原理:对民航导航、监视频段进行监测,利用信号提取、对比分析等保护该频段不被其他系统占用,当这些频段有异动时及时报警。

飞机上甚高频电台信号接收距离远远大于地面上的接收机,在 3 300 米高度以下约 150 km(区别物障因素),6 000 米以上一般为 300 km。因此,经常出现飞机上收到干扰信号而地面难以监测到的问题,也是最常见航空干扰情况。

除了地空通信频段外,民航在塔台管制区、进近管制区以及航路上所用到的无线电信号还有:下滑台 GP(328～336 MHz),指点标 MK75 MHz(74～76 MHz),全向信标 VOR(108～118 MHz),测距仪 DME(960～1 215 MHz),二次雷达(1 030 MHz 和 1 090 MHz)等。这些信号都是方向性发射,有一定的俯仰角和方向性,除了特定的位置,在地面的监测站基本都接收不到这类信号,因此对这些频段实行保护型监测。

航空主要干扰源集中在调频广播频段和地空通信频段,对于这两个频段建议采用控守型监测。在航路和机场附近的制高点架设专用频段监测站,选择制高点的目的是增大监测范围。

综上所述,在机场和航路上建设民航专用监测站,应实现掌握民航干扰源最多的频段,实现任何异动情况的预警,并通过对异常信号的分析实现民航干扰源的分析和确定,以及对民航导航、监视频段的保护等功能。

2.功能要求

(1) 具有多信号实时监测能力:能够同时对多个信号进行实时监测。

(2) 具备多通道并行处理能力:同时对多个通道的数据进行分析、计算。

(3) 能长时间记录多通道的音频数据,并可进行查询、回放。能长时间同时记录多个通道的音频数据,能根据需要查询某个频率某段时间的音频数据进行回放。

(4) 能够解调多种信号(AM、FM、USB、LSB、CW 等),能够对 AM、FM、USB、LSB、CW 调制的信号进行解调,进行监听。

(5) 自动信号识别,能对多种信号传输方式识别。能够自动对信号的调制方式,如 FM、AM、CW、2ASK、2FSK、4FSK、8FSK、MSK、QPSK 等进行识别。

(6) 能对多路信号同时进行 ITU 参数测量。能同时对多个信号的电平、场强、频偏、调制度、带宽等参数进行实时监测。

（7）航空业务干扰自动上报。对航空业务存在的干扰能够自动上报。

（8）具备信号自动提取功能。

能够实现信号的自动提取,给出信号的中心频率、带宽等提取结果。

（9）具备数据缓存能力。

当网络故障时,能够缓存一定的数据在监测站,当网络恢复后能够重新传输到控制中心。

（10）具备异常信号识别能力。

出现未知信号或者异常信号时能够即时报警。

（11）具备自动任务功能。

系统上电自启动,能够自动运行航空业务监测功能。

3. 性能要求

（1）航空业务保护性监测接收机。

频率范围:20～1 500 MHz。

相位噪声:≤－90 dBc/Hz@10 KHz。

中频抑制:≥90 dB。

镜频抑制:≥90 dB。

解调灵敏度:≤－105 dBm。

监测灵敏度:≤－110 dBm。

中频带宽:≥20 MHz。

扫描速度:≥20 GHz/s。

（2）多通道语音记录单元。

频率范围:至少覆盖87～108 MHz。

独立解调通道数:不少于30个。

解调带宽:40 kHz、80 kHz、110 kHz。

音频记录最大时长:不低于1个月。

（3）航空通信监测接收机。

频率范围:至少覆盖118～137 MHz。

噪声系数:≤5 dB(低噪声模式)。

镜频抑制:≥75 dB。

中频抑制:≥75 dB。

中频带宽:25 kHz。

（4）航空业务频段多通道控守单元。

频率范围:62－144 MHz。

独立射频通道数:不少于 3 个。

独立 DDC 通道数:不少于 40 个。

最小频率分辨率:≤1Hz。

频率准确度:≤0.1 ppm。

射频通道噪声系数:≤6 dB。

灵敏度:≤−110 dBm。

二阶截点:≥40 dBm。

三阶截点:≥20 dBm。

实时单通道窄带中频带宽:1/2/5/10/15/30/50/120/150/250/300/500 kHz;

支持解调信号:AM、FM、USB、LSB、CW 等。

第四节　铁路监测系统

GSM-R 高铁频率专用无线电监测系统是针对高铁通信(上行频率 885~889 MHz,下行频率 930~934 MHz)的专用监测系统。能够对高铁沿线区域的 GSM-R 频率自动监测,对 GSM-R 频段的信号进行智能化分析,自动、及时发现 GSM-R 频段的潜在干扰和事实干扰,并能够实时告警,通知用户。通过系统对干扰类型的自动分析,实现干扰源的快速判断,有助于及时消除干扰,有效减少 GSM-R 通信受干扰的现象。同时,建立高铁 GSM-R 频率保护带,全面掌握保护带内无线电频率台站基本情况及频谱变化态势。

系统支持对 GSM-R 上行频率 885~889 MHz,下行频率 930~934 MHz 并行分析,同时还支持对 GSM、GSM-R 以及 CDMA 信号解码。能够主动发现干扰信号并自动识别干扰信号类型,支持对 GSM-R 同频干扰、GSM-R 邻频干扰、GSM 互调干扰、CDMA 带外干扰、模拟/数字电视干扰、集群干扰、跳频干扰、突发干扰、噪声干扰等干扰类型的识别。

1.建设意义

GSM-R 网络受到干扰后会出现信号差、掉话等,直接影响到高速铁路运行和调度,严重的话直接影响到旅客的生命财产安全。而 GSM-R 网络频谱占用测试分析系统是为了区分干扰频段上的频谱占用问题,是解决和排查 GSM-R 网络干扰的手段之一,也是目前无线电管理部门在进行 GSM-R 网络干扰排查时对现有设备的补充。通过监测分析,可以取得可靠的 GSM-R 网络的频谱占用数据,准确的区分 GSM-R 网络和其他运营商之间的干扰情况,同时提供用户定义的分析报告,为无线电管理工作带来便利,为铁路安全运输提供有力的保障。本期项目建设的铁路 GSM-R 专用监测站,应具备自动采集数据、信号处理、铁路全频段监测和干扰监测预警、对目标铁路沿线监测站点选取,重点频点、频段联合监测以及数据挖掘与分析功能等功能,实现建设铁路沿线的 GSM-R 网络的干扰信号进行快速识别,对报警数据和监测数据进行融合,全面了解电磁环境及信号情况,有效保障铁路专用频段的无线电用频安全。

2. 功能要求

(1) GSM-R 实时监测。

主动、实时对高铁 GSM-R 信号进行监测,根据信号特征形成 GSM-R 频段背景噪声模板和 GSM-R 信号模板,通过实时监测信息与已存储模板间的模式识别,快速发现干扰信号。

(2) 信号分析识别。

系统支持信号分类识别,支持对 GSM、GSM-R、CDMA、LTE 系统的解调解码,能够识别出干扰类型,如果是 GSM 系统或者 CDMA 系统干扰,能够给出产生干扰的基站 ID 等信息,协助快速定位干扰源。

(3) 干扰信号定位。

对发现的干扰信号进行定位,支持调用周边已建设的测向站进行测向定位。

(4) 数据处理功能。

支持对 GSM-R 监测数据的存储,分发等功能,能够实时存储 GSM-R 监测数据。

(5) 数据分析与挖掘。

利用一体化平台实现对高铁沿线的台站分布情况的掌握,利用监测数据的分析实现覆盖范围内的电磁环境变化,主动发现潜在干扰。

(6) 实时告警。

预设告警级别,根据数据分析结果进行告警。

(7) 系统监控功能。

系统支持对所有监测设备及通信网络的实时监控,能够远程控制设备开关机,实时观测设备状态,故障时能够及时告警,保障系统的安全、高效运行。

(8) 联网功能。

高铁专用频段监测管理平台可接入已建设的一体化平台,实现基于一体化平台的高铁专用监测业务应用;

扩展现有原子服务标准,接入高铁专用频段监测管理平台,实现基于一体化平台的高铁专用监测业务应用。

(9) 常规监测功能。

常规监测应用,包括单频测量、频段扫描、全景扫描、离散扫描、GSM-R 监测解码等基础功能。

3. 性能要求

（1）GSM-R 监测系统。

监测频率范围：885～889/930～934 MHz

频率稳定度：≤0.1 ppm

扫描速度：≥5 GHz/s

监测灵敏度：≥－105 dBm

接收机相位噪声：≤－110 dBc/Hz@10 KHz

中频/镜频抑制：≥100 dB

IP2：≥45 dBm

IP3：≥10 dBm

无杂散动态范围：70 dB

解调、解码分析能力：可解码 GSM-R、GSM、CDMA 基站信号

接口协议：TCP/IP；提供符合国家无线电监测服务接口要求的原子服务接口和 RMTP 联网协议

正常工作温度：－20 ℃～＋55 ℃

相对湿度：室外：5%～98%

（2）常规监测系统。

监测频率范围：20～8 000 MHz

频率稳定度：≤0.3 ppm

实时中频带宽：≥20 MHz

扫描速度：≥20 GHz/s(25 kHz 分辨率)

监测灵敏度：≤15 dBμV/m(20～3 000 MHz)，

　　　　　　≤20 dBμV/m(3～6 GHz)，

　　　　　　≤25 dBμV/m(6～8 GHz)

接收机相位噪声：≤－100 dBc/Hz@10 kHz

噪声系数：≤20 dB

中频/镜频抑制：≥90 dB

IP2(低失真模式)：≥40 dBm

IP3(低失真模式)：≥0 dBm

信号最短驻留时间：≤5 ms(单次突发信号)

解调、解码分析能力：具有 CW、AM、FM、2ASK、BPSK、QPSK、8PSK、16QAM、2FSK、4FSK、MSK 等信号调制模式识别能力

正常工作温度:室外,－20 ℃～＋55 ℃;室内,0 ℃～＋45 ℃

相对湿度:室外,5％～98％;室内,10％～85％

(3) 测向接收机。

频率范围:垂直极化:30～6 000 MHz,

水平极化:40～1 300 MHz

测向灵敏度:≤25 dBμV/m(30～3 000 MHz);

≤30 dBμV/m(3～6 GHz)

测向准确度:≤2°(30～3 000 MHz ,R. M. S,无反射环境)

≤3°(3～6 GHz,R. M. S,无反射环境)

测向时效:≤5ms(单次突发信号)

第五节　船舶监测系统

船舶监测系统可采用灵活的方式进行部署,除自购监测船外,还可通过协商或其他行政手段的方式部署到渔政、海警、海事等执法船、商船或渔船上。若部署至监测船或执法船,则主要需考虑电磁屏蔽、电磁兼容以及协调协商等问题;若部署至商船或渔船,除同样面临协商问题外,可能需要支付一定的服务费,还需考虑运维与保护问题;对于小吨位或条件简陋的船只,还有可能需考虑供电问题。

与车载式无线电监测设备一样,船载设备具有移动特征,对设备的便携性,对信号的灵敏度、准确度以及抗干扰都有相同的要求。同时它作为海上工作设备,又有别于常规的陆地工作的设备。船舶拥有大功率的动力设备,因此可以直接采用交流供电,而不会对船自身的动力供给产生太多影响。车载设备允许设备(包括主机、天线)永久的固定安装于承载车辆上,而船只通常是无线电管理部门租借使用,只能在执行监测任务时临时性的将监测设备固定于船只上,因此方便、灵活的安装拆卸是船载无线电设备安装需要考虑的重要因素。

船只本身搭载的通信设备大部分在无线电监测设备的工作频段,会对设备的信号扫描、监测造成干扰影响。监测设备在选择船上的安装固定时需要考虑合理的位置,避开通信设备发射天线等干扰因素。

1. 工作原理

船载搬移站系统组成包括监测测向接收机、配套天线和软件系统组网,船载搬移站系统实现工作原理包括以下几方面内容:

(1) 实现覆盖范围内的 20 MHz～6 000 MHz 信号的监测。

对监测覆盖区内无线电信号的监测,并以数据库格式进行存储、查询、统计分析;对监测覆盖区内的电磁环境的监测;对单个信号的监测分析,支持 ITU 推荐的参数测量,支持信号调制方式的识别分析;支持 AM/FM/CW/LSB/USB 等多种形式的解调处理,支持多通道并行硬件实时解调数据处理和采集;支持基于北斗(或者 GPS)时标;支持日月报分析。

(2) 实现覆盖范围内的 20～6 000 MHz 信号的测向。

能对固定频率信号进行测向,可以给出角度概率分布图,可以在地图上绘制示向线,并显示示向度、测向质量、信号电平和实时中频频谱等结果;同时也可对信号进行监听,数据可以保存回放。可对宽带、扩频信号等进行快速的测向处理;通过该功能可以观察信号的频谱情况,同时对测向方位角进行概率统计,给出选中频率的实时方位角和最大概率角度等信息;支持宽带测向功能,能够同时对中频带宽内的多个信道进行测向。支持测向结果的统计分析,支持在电子地图上显示测向结果;支持交汇定位功能。

(3) 实现对水上移动业务 VHF 频段的精细化监测测向。

对水上移动业务 VHF 频段的全时控守、记录分析,做到对该频段信号的完全掌控。

(4) 实现对对讲信号的匹配分析。

对于长时间占用的对讲频道能够进行报警,结合方位信息、AIS 信息等实现对异常频道利用的管控;对水上移动业务 VHF 频段长期利用率的监测、统计和分析,掌握不同区域、频道、时间内的频道使用情况。

(5) 实现公众移动通信基站解码。

支持对单频点信号的监测、解调、记录;能够实现公众基站解码;支持对 2G、3G、4G 基站的解码,实现对伪基站的识别以及公众基站的精细化监测。

(6) 充分利用 AIS 信息;在电子地图上实现对 AIS 信息的接收和显示。

利用 AIS 系统信息在电子地图上标绘出所关注船舶的航迹;显示出船舶所在的位置,以及船舶运行过的轨迹;充分利用 AIS 信息;设备具备防水、防风、防盐雾特性;船舶监测站;租借渔船或者渔政船实现船载式搬移监测站。

(7) 设备具备便携、易搬移的特点。

具备北斗(或 GPS)定位功能,所有数据都有时间戳和位置标记;设备需具备防水、防风、防盐雾、抗震动的特性;具备自适应的联网能力,在有公众网络的海域自动联网,在没有网络的海域则存储监测数据,当有网络时将数据自动传输到控制中心;具备自检功能,支持定时系统自检,故障信息回传;支持远程控制。

2. 安装要求

(1) 监测测向天线尽量安装在全舰较高位置,具有良好的视野,天线在 0°仰

130

角时不得有金属遮挡,同时天线置于舰船的中心位置以利于测向精度准确性。

（2）监测测向天线尽量远离舰船上的发射天线,要特别避免天线附近有雷达设备。

（3）天线应避免与邻近的金属杆、金属索具等细长金属构件的长度方向平行,宜彼此垂直。

（4）天线与各种电子、电气设备之间的安装距离应保证其他设备在接收天线处的辐射值不大于接收灵敏度的相应场强值。

（5）在天线安装中心,天线顶端以下 5 m 内,角度为 30°的圆锥体范围内,半径为 10 米的范围内无横截面积 0.52 m² 以上的金属体或 2 m 以上杆状金属物。

（6）舱内设备的机柜安装在预定舱室内。每套机柜底部通过减震器安装在舱室地板（基座）上,背部通过减震器安装在舱壁上。

（7）舰船将罗经信息通过网口或串口传输到显控终端,校正之后测向结果发送到指挥控制中心。

3. 功能要求

（1）测向系统。

① 通过一副天线实现从 10 MHz～8 GHz 的自动测向。考虑到测向精度,低频段采用沃森瓦特测向技术,高频段采用相关干涉测向技术。可以实现俯仰角度的测向,且在相关干涉列表里,有一组仰角的相关干涉数据。当船载测向天线的姿态发生变化的时候,或者在接近高处信号源的时候,还可以保证测向的精度。

测向频率范围:10 MHz～8 GHz。

测向精度:≤2°。

最短测向响应时间:1.2 ms。

天线类型:自动测向和定位,通过多组测向天线和参考阵子实现自动测向。

② 俯仰角度测向:大多数的相关干涉测向天线在做相关干涉校准的时候,只有天线水平 0°的数据。但是如果发射源的位置可能会在任意的高度位置,且存在各种反射环境,发射源和测向天线存在仰角差,相位会出现变化,如果只仅用 0°的校准数据测向精度是不精确的。

目前有俯仰测向技术的测向天线,测向天线进行了俯仰角度从 -20°到 +40°的校准,水平从 0°到 360°校准。当船载测向天线的俯仰姿态发生变化的时候,或者发射源和测向天线不在同一个水平角度的时候,测向结果里可以给出俯仰角度,还可以匹配到更加精准的两个维度的数据,辅助方位角度的测向。

③ 测向软件根据测向天线提供的数据对干扰信号进行热力图定位。包括实

时显示监测频谱、当前信号的示向线,当前位置相对于发射源的俯仰角度、测向信号质量、测向信号的电平值以及地图上的概率热图和精确位置。

④ 具备多任务功能,可定义多个任务分别完成不同的测量,并可快速切换,每一个任务可定义多达 5 个视图进行不同结果的显示。

⑤ 具备三维瀑布图显示功能,可对频谱进行长期监测。

⑥ 手动测向:配合配套的便携天线使用,结合地图和罗盘等功能,可以在地图上给出扇形区域的测向热力图结果。

⑦ 具备地图功能,具有音频啸叫提示功能,手动测向时可根据电磁场强度确定的啸叫声音强弱判断信号的方向。

⑧ 仪表能够自动识别配套的天线型号、匹配天线因子等参数。

⑨ 具备峰值列表功能,自动标记大于门限的 50 个峰值,以列表形式展示。

(2)软件系统。

软件可以是独立的软件,可接入无线电管理一体化平台。具体需求功能包括:

① 单频点监测:通过选择监测设备对某个或多个已知固定频率信号进行详细测量,对信号的频率、电平、场强等按照 ITU 规范进行测量,以图形方式显示测量结果,包括电平值和占用度统计。

② 频段扫描:频段扫描是对一段或多段按照一定步进/间隔划分的连续的频率点进行顺序扫描测量,在扫描测量过程中能够查看个频率点信号的强弱。通过门限设置、显示信道占用度、信道信号强度等信息。系统提供多种数据分析功能,包括频率扫描数据(最大、最小、均值)、频率扫描瀑布图分析等。

③ 音频解调:支持 AM 和 FM 两种解调模式。系统通过设置需要监测的信号中心频率、解调带宽、采样率,对需解调的信号进行解调。系统支持将解调后的音频数据进行实时监听和保存。实时监听时,可设置音频的音量。

④ 监测任务定制:通过时间触发监测任务的功能,用户可以预先设定时间,达到设置时间自动触发监测任务。

⑤ 频谱数据回放:对采集的监测数据按照日期和频率信息进行存储,用户需要时可对数据进行回放。回放过程中可以查看监测数据的 GPS 打点信息,路线轨迹,并播放监测数据的频谱图和瀑布图。

⑥ 信道分析:信道分析是利用某一时间段内的监测数据结果,根据不同业务频段对信道的划分。分别统计:统计频谱、信道占用度、空闲信道质量、信号稳定度,并以统计报表的形式展示。

⑦ 用频密度分析:利用采集的监测数据,通过占用度门限和占用度阈值进行二次分析,生成某一业务频段的用频密度图,通过舒适、普通、拥挤和非常拥挤展示频段的使用情况,在地理信息系统上展示。

⑧ 信号覆盖分析:通过采集的监测数据,并利用自定义门限进行二次分析,生成某一业务频段的覆盖率图,通过覆盖和未覆盖面积计算,展示频段的使用情况,通过此功能可描述频段的一段时间内的变化趋势,了解信号覆盖率变化情况,并反映一个地区的业务覆盖指标,在地理信息系统中展示出来。

⑨ 频谱态势分析:利用监测数据结合地理信息数据、GPS 数据、工作频率。根据用户选定的时间、区域、频率等不同维度,对分析区域内的电磁分布进行分析,快速生成电磁态势分布图,在地理信息系统上展示,按照不同的业务类型和不同时间进行单频或者频段态势展示。

⑩ 态势定位:对监测信号频率进行特征提取与特征分析处理,通过差值分析测试数据结果,得到时间、频率、场强、采集步长等方面的特征,并确定经纬度等关于地理位置方面的数据,提高识别效率,并通过对信号源进行实时频谱态势定位,生成未知射源分析图,在地理信息系统上体现。

(3) 船舶信息监测功能(AIS)。

具备船舶自动识别系统(AIS),可接收 AIS 无线信号,通过 IQ 数据实时进行解调、解码,能够显示、存储、查询、实时监控船舶属性及航向参数,在地图上的呈现船舶位置、轨迹。

(4) 水上专项业务监测功能。

多通道并行监测水上移动业务 VHF 频段(156~174 MHz)通信信号,能够同时对 48 个水上移动业务 VHF 频段(156~174 MHz)独立信号进行实时监测、解调、记录以及信号参数计算、调制方式的识别等。支持结合测向定位设备,对水上移动业务 VHF 频段(156~174 MHz)通信信号进行测向定位。

水域广播监测:结果通用监测设备,对船舶行驶海域内的调频广播信号进行精细化监测,包括电平时间变化、带宽测量、音频解调等。

水域伪基站解码:结合基站侦测设备,对船舶行驶海域内的公众通信基站的普查,解码 2G、3G、4G 基站信号。

实时预警:对水上移动业务 VHF 频段的重点频道(CH16、CH75、CH76、CH15、CH17、CH06、CH70、CH87、CH88)异常预警。

频域分析:水上移动业务 VHF 频段的频道使用状况,公众渔船对讲频道、AIS、海上救援频道的使用状况。

地域分析:监测区域(海域和岸基)内的水上移动业务 VHF 频段的覆盖情况,掌握该频段在陆地上、港口周围以及海域内的使用范围。

时域分析:统计分析每个时刻的频道使用情况;对当前数据进行过触发测量的数据进行查看,查看信号出现的时间信息,频谱信息。

4. 性能要求

船载搬移系统主要技术指标满足以下要求:

(1) 高性能接收机主要技术指标。

监测频率范围:500 kHz～8 000 MHz

测向频率范围:10 MHz～8 000 MHz

频率稳定度:≤0.3 ppm

相位噪声(1 GHz):≤－100 dBc/Hz@10 kHz

中频带宽:≥40 MHz

噪声系数:≤15 dB

监测灵敏度:≤15 dBμV/m

测向灵敏度:≤10 dBμV/m

测向准确度:≤2°

二阶截断点(低失真):≥50 dBm

三阶截断点(低失真):≥10 dBm

前置预选器:不少于 8 组亚倍频预选器

(2) 水上频段多通道监测接收机指标如下:

频率范围:156～164 MHz

控守通道:≥48 路

解调带宽:1 kHz～500 kHz 多档可选

解调方式:AM、FM

自动调制方式识别:AM、FM、BPSK、QPSK、4QPSK、8PSK、32QAM、MSK、2ASK、2FSK、4FSK、CW 等。

(3) AIS 设备技术指标标如下:

频率范围:156.025～162.025 MHz;

频道带宽:≥500 kHz

接收机构成:收发机、2 频道接收机、DSC 接收机、GNSS

调试方式:GMSK 9 600pts、FSK1200pts;

频率误差:≤1 000Hz

参考灵敏度:－107 dBm (误码率≤20%)

高输入误差:－77 dBm(误码率≤2%)

共频干扰:10 dB(误码率≤20%)

领道选择性:70 dB(误码率≤20%)

杂散响应干扰:70 dB(误码率≤20%)

互调响应干扰:65 dB(误码率≤20%)

数据接口:NEMA-0183/RS422

第六节　空中监测系统

空中监测测向系留系统是在现有固定站、移动站和小型站基础上建设的反应快速和可靠高效的空中无线电监测手段,可在复杂电磁环境中对干扰源大范围监测测向、快速查找定位,也可快速解决当前地空干扰这一无线电干扰查处难题。空中监测系统作为地面监测设施的有益补充,能够有效避让山丘、建筑、树木等遮挡,扩大监测范围,补充监测盲区。

主要用于辅助干扰查找,对复杂地形的电磁环境监测,重大活动期间的无线电安全保障等任务。在国家无线电基础设施建设规划中,就已经将空中无线电监测手段作为地面监测的合理补充,使得无线电管理具备了全方位监测能力,其重要性不言而喻。

目前在大范围不明信号源的定位方面,一直都没有一个简便的办法,比如大范围的民航频段干扰、卫星通信干扰。传统的方式是进行地面大范围搜索,存在耗时长、效率低的突出问题,而空中无线电监测测向系留系统则是查找定位此类干扰源的可行解决方案。

空中监测搭载平台有3种方案:

① 租用有人驾驶的飞机,但费用高,且实际操作难度大;② 使用飞艇或系留气球,虽安全系数高但体积庞大携带不便,且气体存储、飞行充气准备、放飞场地条件都有极为苛刻的要求;③ 系留式无人机搭载监测设备,这种方式不仅具有体积小、携带方便、操作简单等优势,还更经济实用。

1. 建设意义

(1)各类重大活动无线电保障的需要。

每年都有一些定期或者临时的重大社会活动及体育赛事,如各种博览会,运动会等等。这些活动和赛事使用了种类和数量较多的无线电通信设备,用于活动期间的通信联络、裁判计分和视频传输等。通常,无线电管理部门都承担了这些重要活动和赛事期间的无线电安全保障任务。

(2)卫星频段干扰查处的需要。

Ku、C波段主要用于卫星通信,特别是卫星广播电视,随着经济技术的不断发展,卫星电视设备的使用数量不断增加,特别是涉及公共服务和公共安全的广大部门,都有专门的卫星信号的接收设备。但由于一些不良分子的特别企图,非法设置卫星干扰设备的情况也屡见不鲜,直接对卫星接收信号造成干扰,扰乱合法台站的信号接收,影响了卫星通信业务的良好发展,违反《中华人民共和国无线电管理条例》,扰乱了空中电波秩序及和谐的社会环境。由于 Ku、C 波段干扰设备隐蔽性较强,一般安装在几十米高的铁塔上,很难被发现;干扰设备通常还会配备旋转云台,发射方向不固定,信号频段高、波束窄,更给干扰信号定位查找增加了难度。

(3) 查处黑广播和航空干扰等的需要。

"航空干扰"对于无线电管理部门一直以来都是一个难点科目,受限于地面设备的高度,使得很多情况下捕捉不到干扰信号,空中无线电监测可以有效解决这一难题。对于"黑广播"的范围广、机动流窜特点,空中监测查找系统便携灵活且侦测区域大,可大大提高监管部门工作效率。

2. 系统组成

空中监测测向系统包括:

(1) 空中监测测向端:监测天线、接收机、嵌入式计算机、DSP ＋ FPGA 数字信号处理板、GPS、电子罗盘、飞控、无线传输模块等。

(2) 地面监测控制系统:笔记本电脑、监测测向控制软件、无线传输模块、多轴飞行器控制软件等。

(3) 自动供电卷缆设备:卷缆装置、排线装置、自动控制电路、高压馈电电路、电源管理器、应急脱缆装置、缓冲装置、显示器等。

空中监测测向系统项目包括空中飞行平台、地面控制终端、监测接收设备、自动供电卷缆设备及软件等。

① 升空飞行平台。

升空飞行平台:电池、机臂、电机、螺旋桨、通信天线、定向天线、极化舵机、定向天线悬挂装置、飞控盒、指示灯、GPS。

升空平台采用市面常见性能可靠的多轴飞行器,在飞行主体的基础上进行结构和功能改进,以满足搭载接收机的需求。同时监测接收机的搭载应用,不影响原有飞行器的飞行性能。采用屏蔽、滤波等方式实现电磁兼容。

② 地面控制设备。

地面站由平板电脑(安装飞行控制及监测测向软件)、数传模块、天线、三脚架等组成。数传模块负责升空设备和地面设备间的数据传输,即地面控制终端和升空平台间的通信,主要包括两方面的数据,一种是上行的飞行控制数据,一种是下行的监测测向数据。飞行控制参数和监测测向数据结果都可以通过地面站软件进行呈现,地面站软件包含有系统安全自检模块、飞行参数记录模块、监测模块、测向模块、电子地图等。

③ 自动供电卷缆机设备。

自动供电卷缆机设备主要由卷缆装置、排线装置、自动控制电路、高压馈电电路、电源管理器、应急脱缆装置、缓冲装置、显示器组成。

自动控制电路通过地面站发送的启动/停止指令，开始打开/关闭高压馈电，并检测缓冲装置和电源管理器数据来控制收缆/放缆、排线。当缓冲装置过缓冲时，应急脱缆装置就会生效，导致高压线缆脱离飞行器保证飞行器安全，同时关闭高压电源和自动收放缆以保证地面人员安全。

3.功能要求

（1）使用方式。

需配置遥控接收机与遥控器，且模式切换在遥控器上进行，遥控器控制优先级别高于电脑自动控制，以便于地面人员可以随时切换到遥控模式。在自动飞行的功能下，可手动接管控制权，保证飞行安全。

① 自动控制。

在自动模式下，设置飞行高度，点击启动即可，无人机会根据自动驾驶程序达到指定位置开始测向监测。

系统起飞后，高度变化，点击目标高度标尺，无人机即可飞往目标高度。到达高度后，自动测向监测。当任务完成，一键返航，无人机将自动收起监测天线、降落在原起飞地点。

在自动模式下，可以根据监测信号的需要，控制天线的极化（水平或垂直极化），也可以控制喇叭天线的俯仰角度（0°～90°）。在降落时，监测天线自动回到初始状态，防止无人机落地翻到。为安全考虑，空中无线电监测测向系留系统的最大飞行高度限制不超过 500 米。

② 手动控制。

在发生意外需要灵活飞行的情况下，可以使用遥控器，手动控制端对飞行器有最高控制权。

在手动模式下，可通过遥控器控制无人机的起飞与降落，也能控制无人机的上、下、左、右与旋转等飞行动作，也可选择无人机的飞行姿态（GPS 模式或姿态模式）。

（2）飞行系统。

① 自动飞行。

实现全电脑控制自动飞行，尽可能避免人为因素的影响，提高飞行可靠性。

② 自动返航。

系统在起飞之后，实时自检，一旦不满足条件，立即启动自动返航。在自动模式下,系统自动检查以下的各项参数:系统部件状态自检是否正常、GPS 收星状态是否良好、当前电池电压、电量是否足以返航、自动状态下地面站链接中断超时(如发生地面站掉电、故障等情况)、遥控状态下遥控信号中断超时(比如遥控器掉电、飞出控制范围等),如果上述检查条件有不满足,系统将自动返航。

③ 飞行控制。

地面控制终端可以任意指定无人飞行器的高度,即可预先设定也可实时更改,无人飞行器所有空中驾驶动作(包含起飞、降落、悬停、旋转等)全部由计算机自动完成,无须人工干预。有助于简化对飞行器本身的操作,使用者可专注于信号测量。

无人飞行器具备自检功能,系统加电后飞行器的状态参数(包括飞行高度、角度、经纬度、电量等)实时传回地面站。如果起飞前检测到参数有任何异常或电量不足,会自动禁止飞行器起飞;在飞行过程中系统会统计飞行的高度和动作消耗,并不断自动计算返航所需电量,一旦电量接近返航底线,提前返航。

任务执行过程中,可以随时要求无人飞行器启动自动返航模式。无人飞行器在飞行期间也会智能感知地面站,在地面站出错或人为关闭的情况下,自动进入返航模式。自动返航模式,会将无人机平稳、精准的降落到起飞地点。

(3) 监测系统。

① 信号监测。

信号参数测量包括频率测量、频差测量、频偏测量、带宽测量等,测量结果均能够被记录。

中频频谱分析支持多种频谱显示宽度和解调带宽,支持 FM、AM、LSB、USB 解调。可以进行瞬时谱、平均谱和峰值谱的显示。在监测过程中,既能够实时监听,又能够完整记录,可按频段方式扫描和记录信号。支持频段扫描功能,使用接收机内置快速拼接功能扫描并显示更宽频带,频谱图自动记录并支持回放。

② 信号测向。

采用比幅测向体制,配合搭载的电子罗盘,无人机可以在空中旋转,从而对信号进行 360°扫描采样,显示算出信号在空中传播的矢量图。

单次测向,无人机在收到测向指令后,进行 360°旋转,取得信号强度的矢量数据,经过计算,得到信号的视向度,并在平板电脑上结合电子地图显示。对多个信号可设置到任务后逐个测向。

扫描,以往传统的信号测向方式,是在二维的平面上进行。升空平台无线电空中监测系统进行信号测向可以做到在三维的层面上展示信号强度、方向与高度的关系,为信号测向与电波传播研究提供了一种有别于传统的创新手段。

随着无人机的飞行高度变化,信号的传播条件也随之变化,信号的强度不仅与天线的指向有关,而且还跟天线所处的高度有关。无人机在下降改变高度的过程中,同时进行旋转,对信号进行连续高度变化、连续方向变化的信号强度采样,就如同对信号做"CT"。使得信号的强度、角度(相对于正北)、高度相关联。

③ 多点定位。

可以将无人机多地点升空测向的数据,在电子地图上进行交绘定位,提高大范围追踪信号的效率。同时,系统软件还可以基于运营商的 4G 联网多套升空平台无线电监测测向系统,同时升空联合定位干扰源。多套系统之间测向数据可以相互共享,并且在地面站和指挥控制中心地图上生成交汇结果。

④ 天线极化方式。

系统支持水平、垂直两种极化方式来对信号行进测量。飞行器自带天线驱动电机,可以在空中接收地面指令,遥控实时切换天线的极化方式或俯仰角。

⑤ 电子地图。

软件支持矢量地图,可以放大、缩小、漫游、轨迹,支持交绘信息等显示。

⑥ 数据处理和报告生成。

在系统启动后,自动对监测、测向以及全部飞行过程数据进行实时保存,支持事后对升空、测试及降落等完整工作过程的回放。日志文件支持再处理,可根据各种条件进行统计、生成报表,打印或导出成文档。

⑦ 设备自检。

自动供电卷缆机设备在开机初始化时,设备内部会对缓冲装置、卷缆装置、高压模块、各个传感器进行自检。若启动无人机时将会报警,并且无法启动无人机,以保证安全。

⑧ 超长时供电。

自动供电卷缆机设备能够在电源支持的条件下长时间给无人机供电,保证无人机长时间的飞行。

⑨ 自动收放缆。

自动供电卷缆设备会根据飞行器的姿态来控制收线和放线的状态,并且在设备内部会有自动排线装置。自动排线装置会更具收线、放线的状态来排线,保证线不会发生松动防止线与电机发生缠绕产生故障。

⑩ 自动开关高压。

自动供电卷缆设备会根据地面站的指令,在飞行器起飞前进行打开高压,同时地面站软件会检测高压开启状态,若开启成功则可以正常起飞,失败则不允许起飞并报告故障。在紧急时刻缆绳断开或自动供电卷缆设备故障,高压会自动关闭以保证人员和设备的安全。

⑪ 应急自动脱缆。

在紧急情况下若发生自动供电卷缆设备失控,或其他原因造成缆绳的绷紧程度过大,此时自动脱缆装置会根据达到的"力"来进行脱开缆节点的工作。

⑫ 手动收放缆。

在未启动无人机的情况下和设备故障并且导致自动状态失效的情况如应急脱缆、设备故障等情况下可手动放缆。

⑬ 故障与报警。

自动供电卷缆设备上应安装一红一绿两个指示灯和状态蜂鸣器,正常情况下未启动无人机只有绿灯常亮,启动无人机后绿色红色两个指示同时会亮起以告警此时高压开启小心靠近。若设备检查出故障则会蜂鸣器报警,指示灯闪烁。

⑭ 电源系统。

自动供电卷缆设备内部电源采用冗余设计,当外界 220V AC 意外断电时内部会有一个后备电池能够确保将线缆安全收入机箱内部。在天空端内部供电模块也是采用冗余电源设计,当地面高压意外断电时,内部电池能够确保无人机安全落地。

⑮ 系留与常规模式切换。

将系留的电池模块放入无人机端电池仓后,无人机飞控系统会主动识别安装为系留配件。无人机飞控会根据电池类型的不同区分自己内部程序的操作,无人机飞控会将数据传输给地面站,地面站端自动改变程序使用条件和控制方式。

⑯ 显示参数。

自动供电卷缆设备的显示器显示:高压电压、馈电电流、收放缆状态、缓冲区量程、故障代码、与地面站连接状态等。

4. 性能要求

(1) 接收机参数。

监测频率范围:20 MHz～8 GHz

测向频率范围:20 MHz～8 GHz

扫描速度:≥20 GHz/s

频率稳定度:≤0.5 ppm

解调模式:FM、AM、LSB、USB

解调带宽:5～625 kHz,共 8 组数字滤波器

FM 灵敏度:≤−110 dB

中频带宽:≥40 MHz

中频抑制:≥ 80 dB

镜频抑制：≥90 dB

频谱显示范围：10 kHz～40 MHz 不低于 12 种范围

噪声系数：≤12 dB(低噪声模式,典型值)

相位噪声：≤-98 dBc/Hz@10 kHz

三阶截点(IP3)：≥7 dBm

(2) 天线。

测向天线：20 MHz～8 000 MHz,

Ku 波段天线(含变频器)：11.7 GHz～12.2 GHz

(3) 平台参数。

飞行高度：极限飞行高度 500 米

续航时间：≥20 分钟

抗风等级：5 级

(4) 卷缆机。

控制状态：自动/手动

卷缆机额定：≤3 000W

馈电功率：≤1 300W

馈电电流：<3A

(5) 飞行器。

系留升限：≤120 米

滞空时间：≥8 h

紧急保护：自动脱缆/高压关闭/手动收揽切换/应急电池/返航保护

第七节　传感器监测系统

网格化智能传感器无线电监管系统是软硬件集成的无线电频谱感知系统,设备端为传感器,结构简单,便于或免于维护,支持无线或有线连接,适应各种安装环境,采用密集化布设,实现 20～6 000 MHz、7×24 小时不间断频谱数据采集,数据统一存储,适应不同业务应用,业务应用与下层解耦,实现不同的业务功能,传感器实现分时任务工作机制,多业务、多任务并行执行,将常规监测任务自动化,将专项业务功能日常化,具备常规的实时监测功能、统计分析、信号发现定位、台站核查等,也具备黑广播侦测、作弊信号预警、无人机信号预警等专项业务功能。

相较于传统的监测网,传感器监测网可更好的覆盖小微信号,更能适应城市建筑物密集环境,传感器的密集化布设使得监测数据更具空域特性,可实现信号的小区域定位,可对频谱使用同时进行时域、空域特性分析,既能保障日常监测任务、又可进行专项业务功能分析,同时还为频谱规划提供切实的数据依据。

1. 系统组成

网格化智能无线电监管系统可分为三大部分:传感器、服务中心、业务功能应用。传感器即设备层,实现频谱数据采集,采用无线或有线方式和服务中心相连,服务中心配置服务器、磁盘存储阵列等硬件设备,运行系统平台软件,实现数据管理、任务管理、系统管理、通信联网等系统平台功能,业务功能应用实现具体的业务逻辑并提供业务功能操作界面,和用户进行交互。

系统软件分为软件平台和业务功能应用两大部分,软件平台即服务中心软件,安装配置在中心服务器,主要包括设备驱动、数据管理、任务调度、系统管理等功能,保障软硬件连接和系统的正常运行。业务功能面向用户,实现常规监测功能及专项业务功能,包括实时监测、统计分析、台站核查、作弊信号预警、无人机信号预警、黑广播侦测等,后期可根据实际的业务需求继续扩展业务功能应用。

2. 系统特点

网格化智能无线电监管系统具备以下特点:

(1)重点业务频段的全域感知。

实现从频域(20~6 000 MHz)、时域(7×24 小时全天候不间断数据采集)、空域(布控区域无盲区覆盖)的无线电频谱全面感知。

(2)改变传统的监测模式,变被动监测为主动监测。

对上级单位下达的监测指令不再被动去完成,通过各业务功能模块对数据的处理,就可以导出任意时间段的任务数据和任务结果。如国家的频谱评估任务、指定重点频段监测任务。

(3)密集化布设,提高小微信号监测能力。

对 5G、物联网等小微信号有更强的捕获能力,采用 RSSI 和 TDOA 融合定位的方式进行信号定位,提高定位精度。

(4)提高监测数据的空域特性。

小区域密集化覆盖,使监测数据真正具备空域特性,体现微环境对无线电监测覆盖的影响,进行各业务频段合法或非法使用情况的区域对比。

(5)专项业务工作日常化。

通过对传感器采集的大量数据的处理和分析,完成不同业务频段合法或非法使用情况分析,并可根据需求生成报告,如常规的占用度统计、日报、月报统计等,专项业务方面的考试作弊情况分析报告、黑广播侦测分析报告等。

(6) 数据应用分离,易扩展业务应用。

自动感知时域、频域、空域全面的监测数据,使得监测数据的存储常态化,数据处理层和业务应用层分离,可根据不同的业务频段分析对监测数据进行不同时间、不同分布的分析。

(7) 一体化设计适用多种应用场景。

传感器设备采用一体化(接收机和天线一体化)设计,体积小、重量轻,可靠性高,便于架设。

(8) 灵活的联网方式。

传感器设备:支持有线或无线连接,适用多种固定安装和搭载方式。

传感器监测网:支持国家 RMTP 协议,支持原子服务。

3. 功能要求

(1) 常规功能。

① 频段扫描。

可设定起始频率、步进等参数信息,进行频段扫描,可根据需求查看瞬时谱、平均谱、最大谱、最小谱;可同时查看瀑布图、荧光谱;

可进行实时的信号统计,自动或手动设置门限电平,进行占有度计算;

可进行触发测量,查看单信号谱图信息。

② 单频测量。

设定频点、带宽等参数进行单频分析,显示中频测量频谱、进行 ITU 参数测量,调制模式识别;可同时进行音频监听,存储音频文件。

可查看 IQ 幅度图、星座图等辅助信号分析;也可进行单信号能力图显示,分析信号随时间变化规律。

③ 离散扫描。

设置频率表,进行多信号离散监测,并可同时进行信号的占有度统计,以图或表格形式展示。

④ 信号定位。

信号定位采用 RSSI 和 TDOA 融合定位算法,先利用监测设备网格化优势,在传感器监测网内进行多传感器信号强度比对,对信号进行小区域定位,同时根据信号强度的不同,优选几个站进行 IQ 数据采集,进行 TDOA 算法定位,再根据实测数据进行两种算法的融合迭代,最终确定信号的区域位置。

(2) 统计分析。

① 占用度统计。

频谱数据 7×24 小时采集,可以对任意时段的信号进行占有度统计,包括频段占用度和信道占有度;还可进行不同参数占用度的统计,包括相同频段相同时间段不同站点间的信号占有度比对、相同频段不同时间段的信号占有度比对、不同时段相同频段的信号占有度比对等等,也可自定义占有度比对参数,组合多频段、多时间段、多站点间的信号占有度比对信息。

② 空闲信道统计。

可以进行空闲信道统计,进行图表展示,并可根据频段、时间、区域等查询参数的不同,优选推荐空闲信道。

③ 月报统计。

可按工信部要求格式按日、月统计占用度,可选择多站统计。

按区域合并统计结果或进行不同站点的图表对比,自定义丰富统计月报。

④ 频谱全景分析。

采用瀑布图的形式显示整个时间段内的频谱监测数据,瀑布图支持横向和纵向放大,可根据不同的时间粒度显示(包括 5 分钟、半小时、一小时、一天等),以便详细查看信号出现的时间和规律。

⑤ 频谱时间概率统计。

频谱时间概率统计图,简称 SPD 图,即信号在不同电平幅度的分布概率。同时可进行不同参数下的 SPD 图的对比,包括同频段不同时间段的 SPD 图对比、同频段不同站点 SPD 图对比。

⑥ 信号历史强度分析。

可选择时间段、频点、站点进行单信号历史强度谱图显示,也可显示不同参数的信号强度比对,包括同时段、同频点多站点间的信号强度比对、同频点多时间段信号强度比对等。

⑦ 信号强度空间分布。

对于同一频点信号,不同的传感器站点收到信号强度不同,可根据信号强度的空间分布结合地图进行信号分析,用不同的颜色表示信号强度的不同,信号强弱能更直观展现。

⑧ 占用度分布图。

占有度统计图表可以和地图相结合进行信号分析,在传感器站点旁标注占有度信息,直观的展示同频信号不同区域站点接收效果不同。

⑨ 电磁态势图。

传感器监测网 20 MHz~6 GHz 全频段 7×24 小时频谱测量,可利用等效算法算出覆盖区域每个点的等效电磁强度,某业务频段或自定义频段的等效电磁强度,并画出电磁强度等效分布图。

（3）台站核查。

① 台站数据库管理。

对台站数据库进行管理,可进行台站数据的增加、删除、编辑等操作,同时提供台站数据库表的导入、导出工具,对台站数据进行批量操作。

② 台站核查。

根据台站发射频点,以台站位置为参考位置,查询相对位置较近的监测站点对此频点信号的接收情况,取此频点信号强度最大的传感器,统计各时间段的占有度,总结该站点的发射时间规律。

比对各监测站点此频点的接收信号强度,估算此台站的覆盖范围,同时利用台站数据库中的台站功率,对台站的覆盖范围进行理论计算,两者进行对比,分析台站的覆盖范围。

③ 信号统计。

可以进行信号统计图总览,展示监测传感器一段时间内发现的信号总数以及合法信号、违规信号、已知信号、未知信号的统计数量。可对信号进行列表展示,也可结合地图进行展示。

（4）作弊信号预警。

① 可疑作弊信号搜索。

根据考试时间,自动选取背景频谱形成环境样本库,自动启动考场周边传感器,根据设置的黑名单,进行可疑信号搜索,同时支持白名单设置,过滤需保护的频点或频段。

② 可疑信号分析。

对于各传感器发现的可疑信号进行自动判别,如为模拟信号,则解调出音频,如为数传信号,则解码出文字内容。可解调还原信号类别为:AM、FM 模拟语音,268、439、536、715 等 FSK 数传;169、490、506 等扩频数传;1150/1250 语音。同时在界面给出进行预警。

③ 语音作弊信号自动判别。

对于语音信号,可根据关键字进行自动判别是否为作弊信号,关键字库根据考试次数的累计能不断丰富加强。

④ 信号存储。

对于可疑信号和作弊信号全部进行存储,供用户随时查看、监听。

⑤ 分析报告。

对单次考试生成分析报告,也可对一段时间内考试作弊情况生成分析报告,包括作弊频段、发现时间、发现次数、发现地点等信息。用户可以对报告内容进行选择编辑。

（5）黑广播侦测。

① 疑似黑广播信号搜索。

以长期的监测数据为基础自动进行背景处理,自动进行监测网覆盖范围内的疑似黑广播信号搜索,对搜索到的信号进行分类存储,并标注正常信号、可疑信号。

② 黑广播信号自动判别。

扫描的所有信号和广播信号台站数据库进行自动比对,以此来发现疑似黑广播信号,并对疑似黑广播信号进行自动语音录制,将语音转换成文字,根据关键字判别出真正的黑广播信号,并在界面给出提示预警信息。

③ 黑广播信号源定位。

对于黑广播信号,可比对各传感器搜索到的此信号的强度,其进行区域定位。

④ 黑广播分析报告。

可对覆盖范围内的黑广播发现进行分析,包括黑广播频点、常播内容、发现时间、发现次数、发现地点、信号源区域预测等信息,并对这些信息进行统计,并生成分析报告,总结黑广播出现的规律,或完成专项业务工作汇报。

（6）无人机信号预警。

① 无人机信号搜索。

利用密集的传感器布设网,对无人机信号启动自动搜索,包括地面的飞手遥控信号和无人机端的遥控信号,主要针对 $2.4\,\mathrm{GHz}$、$5.8\,\mathrm{GHz}$ 频段,将疑似信号数据进行存储。

② 飞手信号自动预警。

将存储的疑似飞手信号数据进行加工处理,根据飞手信号的特征,进行飞手信号的自动判别,并对飞手信号进行界面预警。同时对发现时间、发现地点、发现次数等相关信息进行记录。

③ 无人机信号自动预警。

无人机信号的自动判别方式和飞手信号的自动判别方式一样,只是无人机端的遥控信号和飞手端的遥控信号特征不同。判定无人机信号后,进行界面预警,记录返现时间、发现地点、发现次数。

④ 无人机信号相关性分析。

比对飞手信号和无人机信号发现的规律,对这两种信号进行相关性分析。

⑤ 黑飞分析报告。

结合地图信息,用户也可在地图上圈定禁飞区域,比对飞手信号和无人机信号的发现规律,包括发现时间、发现次数、发现地点等,对这些数据进行统计比对,出具一段时间内或一年的黑飞分析报告。

（7）设备驱动。

负责对接收机参数进行设置控制，并对返回的频谱数据、IQ 数据和音频数据进行预处理。连接入网后，传感器主动进行数据上传，可保障全频段 20 MHz～6 000 MHz、7×24 时全天候不间断数据采集。

（8）数据管理。

提供数据存储及数据管理，采集的频谱数据、IQ 数据等数据进行压缩、存储、访问、检索、传输等管理。

（9）任务调度。

实施任务、自动任务、触发任务统一协调管理，各业务功能需求任务统一协调管理，各监测设备任务执行调度统一协调管理。各种业务逻辑算法及优先级管理，避免各任务间的冲突及互斥。多任务并行，可根据覆盖区域不同设置多种监测任务并行执行，根据不同的业务需求对不同数据进行不同的分析处理。任务分类：

① 实时任务：立即执行，要求数据实时回传，时效性强，不定时界面触发，指定传感器，比如常规监测功能，频谱查看、单频分析、信号测向等。

② 专项任务：按时间日历执行，按指定逻辑、指定参数要求回传数据，对设备具有独占性，比如作弊信号侦测。

③ 分时任务：规律周期性执行，按业务特性配置，默认所有传感器，按任务特性要求回传数据。

④ 闲时任务：传感器自动任务，开机即执行，直至关机结束，一直上传的数据，主要占有度统计、日报月报，也供日后的数据挖掘，电磁态势分析、频谱规划分析等。

（10）通信联网。

支持其他无线电监测设备通过 RMTP 协议及原子服务接入。

（11）系统管理。

系统管理包括监测设备管理、用户管理、日志管理、等多种系统管理功能，界面友好，方便操作。

4.性能要求

（1）设备指标。

接收机天线一体化设计。

频率范围：20 MHz～6 GHz。

监测灵敏度：≤10 dBuV/m(20～1 000 MHz)；

　　　　　　≤20 dBuV/m(1～3 GHz)；

　　　　　　≤35 dBuV/m(3～6 GHz)。

扫频速度：20 GHz/秒(25 KHz 步进)。

时间/定位：GPS/北斗双系统兼容。

秒脉冲误差：≤30Sns。

时间戳分辨率：毫秒级。

整机功耗：≤16W。

整机重量：≤2.5kg(含天线)。

工作温度：−20℃~+70 ℃。

防护等级：≥IP65。

外部接口：天线 SMA 座(GPS/北斗)。

天线 SMA 座(无线联网版本)。

网线 RJ45 座(有线联网版本)。

(2) 接收指标。

频率范围：20 MHz~6 GHz。

频率稳定度：≤0.5 ppm。

频率分辨率：≤1 Hz。

解调模式：FM、AM、LSB、USB。

解调带宽：5~625 kHz，共 8 组数字滤波器。

FM 灵敏度：≥−110 dBm(典型值 Sinad20 dB)。

中频带宽：≥20 MHz。

中频带内波动：≤1.5 dB(典型值)。

中频抑制：≥90 dB。

镜频抑制：≥90 dB(典型值)。

最大输入电平：≥15 dBm。

相位噪声：≤−100 dBc/Hz@10 KHz。

二阶截点(IP2)：≥45 dBm(低失真模式,典型值)。

三阶截点(IP3)：≥13 dBm(低失真模式,典型值)。

噪声系数：≤12 dB(20 MHz~3.6 GHz)；
　　　　　≤15 dB(3.6 GHz~6 GHz)。

(3) 天线指标。

频率范围：20 MHz~6 GHz。

极化方式：垂直极化。

方向图：水平全向。

驻波比：典型值≤2.5(最大不超过 3.5)。

阻抗：50 欧姆。

增益：$\geqslant-24$ dBi(20 MHz～80 MHz)；

　　　$\geqslant-11$ dBi(80 MHz～150 MHz)；

　　　$\geqslant-2$ dBi(150 MHz～1 GHz)；

　　　$\geqslant0$ dBi(1 GHz～6 GHz)。

第八节　众包监测系统

无论是城市建筑的发展还是用频设备小功率化,这些都会造成无线电监测盲区越来越多。尽管无线电监测也在逐年投入,但都主要集中在解决监测网的覆盖上面,对监测数据的深度分析和有用信息挖掘利用一直是无线电监测的薄弱环节。

探索"众包""搭载"工作模式可以整合现有监测设备,提升监测有效覆盖面积;大幅提升监测网监测精度;丰富无线电监测工作模式;有效对无线电监测网能力评估、网络规划起到辅助作用;提升对无线电管理支撑水平。

1.实现目标

(1)提升监测有效覆盖面积。

通过建设能够实现现有固定监测站、小型监测站、专用监测站和移动监测站联网,实现全部监测力量的整合。通过社会车辆搭载监测设备的数据采集,能有效减少监测盲区,提升全网监测有效覆盖面积。

(2)大幅提升监测网监测精度。

利用多个监测网内固定式监测设备时域上连续的监测数据及网内多个移动式监测设备定期定时执行全辖区路测任务(获得的地域上连续的监测数据)。利用移动式监测设备随车一路走、一路采集数据,获得更精细化的监测"粒度",有效提升整个监测网灵敏度。

(3)能够丰富无线电监测工作模式。

地域上密集采集的移动式监测设备将完全体现"感知"无线电频谱信息的作用。监测控制中心对回收的移动式设备所采集的数据进行"智能化"的分析、处理,从中提取出对无线电管理有用的信息。这样的系统工作模式与传统工作模式有很多不同之处,主要包含以下几点:

监测中心由目前以联网控制、远程操作、实时监测等为主的工作模式向监测数据全地域收集、加工处理、存储和有用信息提取的工作模式转变。

监测站/监测中心的工作人员由现在的以设备操控为主的工作模式,向以台情、信号分析(报警分析)为主的工作模式转变。

通过电磁频谱动态管理和分析应用系统,使整个无线电监测工作由现在片面的、临时的、零散的工作模式向长效的、系统的工作模式转变。

（4）能够有效对无线电监测网能力评估、网络规划起到辅助作用。

通过大数据分析结果掌握监测网内监测站点对于监测台站/基站数据库中台站/基站的覆盖能力、不同业务分布、频率/台站变化情况掌握（新增、消失及取缔等）、不同区域频率占用等情况，起到对于监测网后期监测网络规划、设备选型、选址的辅助决策能力。基于成本和移动式监测设备的优势，可以快速实现监测网临时/长效监测覆盖面积的扩张。

（5）能够提升对无线电管理支撑水平。

电磁频谱动态管理和分析应用系统可以为无线电管理业务提供有效的数据支持和科学的依据。通过移动式监测设备全面提升监测的有效覆盖能力，实现更精细的监测"粒度"，同时固定式监测设备的 24 小时数据采集，使得全天候全地域不间断的监测成为可能，这样的监测网其采集的海量的数据的信息丰富程度还是现有监测网工作模式下无法比拟的。海量数据的加工可以生成精准的电磁态势图，为无线电管理部门准确、动态的掌握频率资源的使用状况以及监测区域内实际台站的分布和使用情况提供及时、科学的依据。通过与频率、台站数据和历史监测数据比对，还可以有利于快速科学的拟定用频计划以及异常无线电辐射源的自动发现与报警，为查处非法台站、主动排查干扰提供有效支撑。

通过对海量监测数据的历史分析，可从时、空、频等各维度对电磁环境进行评估，对电磁环境的变化进行报警提示，进而研究预测电磁环境的动态趋势，并进行科学预测，通过向社会公众提供电磁环境状况的信息查询服务，可了解当地无线电环境。

利用掌握的电磁态势分布可以为运营商网络建设提供指导和参考意见。重大事件发生时，可根据高密度监测数据所形成的电磁环境态势，分析该区域的电磁辐射分布状况，排除可能产生干扰的频点，实现频率快速的动态指配。

（6）对于"众包"、"搭载"两种工作模式的探索。

移动式监测设备采用在当地出租车上搭载满足项目要求的监测设备，按出租车行驶路线及行驶时间进行路测和数据采集，数据通过 4G 网络实时回传控制中心。实现对于出租车公司合作方式、设备形态、设备性能、设备功能、设备安装、保养维护、数据回收等多方面的探索。

2.功能要求

平台软件功能主要分为站点管理、实时监测、频率管理、台站管理、干扰查处、地理信息、展示功能等，具体要求如下：

（1）站点管理功能。

能控制所有固定、移动监测设备并实现不同数据采集功能；能监控整个系统所有设备的工作状态、环境信息及视频信息；能监控通信线路工作状态、数据流向和数据流量；能记录操作席位工作人员工作内容和工作状态。

（2）实时监测功能。

能完成单个或多个设备执行频段扫描、信号测量、监听、测向定位等功能；能将实时监测的结果和台站数据库结合，对异常的信号和异常的状况进行报警；能完成对指定信号的定位操作和电子地图显示；具有一定的互调和交调干扰分析能力。数据分析结果可自动择优选择站点进行实时监测功能，印证分析结果准确性。

（3）数据基础处理功能。

数据融合：能将多种监测数据（固定站、移动站、频谱路测等数据）按照时、空规则进行融合，用于后续各类基础算法运算。

模本建立及自学习：根据区域内不断采集的监测数据迭代分析出监测区域信号基础模板库，系统自动对基础模板库不断更新。

信号自动提取：根据区域内监测数据提取信号、幅度等信息。

样本自动分析：系统自动完成信号采集样本，通过对样本数据进行中频分析纠正信号的 ITU 相关参数，如中心频率、带宽、场强及调制模式等。

时间占用统计：利用监测数据，统计监测区域内所有信号的时间占用情况。

信道占用统计：按照业务频段信道规则，统计不同业务频段各个信道的占用度。

地域覆盖统计：设置一定门限作为有效覆盖场强值，计算出信号台站地域覆盖率。

电磁态势统计：能够计算出信号台站电磁辐射地理位置分布情况支持单频点、多频点或频段。

辐射源定位：能够根据携带幅度和位置的监测数据计算出辐射源位置。

同频多源分析：能够分辨出同频多源信号，并给出同频不同辐射源的位置。

（4）频率动态管理。

① 频率资源普查。

在对现有无线电管理数据进行统计的基础上，系统对相关频段的频率使用情况进行频域、时域及地域分析，生成频谱使用情况分析报告，并在电子地图展现分析结果。可自动生成频谱监测日报、月报、占用度统计分析、不明信号统计等符合国家频率资源使用效率的评估报告。

② 重点区域频率占用分析。

在重大活动保障任务时，可对特定区域特定时间内的频谱使用情况分析。

其他操作同频率资源普查功能。

③ 不明信号发现。

依据采集到的测量数据,结合台站数据库、实时监测等手段对不明信号做出分析判断(如"黑广播"告警和定位等),自动生成频率台站使用情况分析报告。

④ 频率指配。

依据采集到的某一时间段的测量数据,对指定的频段进行信道占用分析,根据国家规定或指配要求筛选出可用信道。

⑤ 信号活动规律统计查询。

对选定区域内发现的指定频率台站,按工作日(周一至周五)和非工作日(周六日)分别统计其发射时间规律,统计出信号"忙"和"闲"的时间段活动规律。

⑥ 自动信号识别。

能对多种信号传输方式识别,如调频广播、模拟/数字电视信号、对讲机、微波视频传输等信号。能够自动对信号的调制方式,如 AM、FM、CW、QPSK、BPSK、ASK、2FSK、4FSK、8PSK、16QAM 等。可统计查询一定时间段内各类传输方式、调制模式信号的活动规律、使用比例、信号个数等。

(5) 台站动态管理。

① 台站普查功能。

通过数据分析、频率台站数据库比对形成监测台站数据库,监测台站数据库内台站类型包括合法、非法、违规、域外等。同时通过数据比对,可对未知台站、位置变化、功率变化、与注册信息不符、同频多源等情况的台站进行报警。可以地图形式或列表形式进行展现。

② 公众网移动基站使用情况分析。

将采集的基站信息在地图上按区域、运营商、通信制式进行显示,并可查询基站地理位置信息。将实际监测得到的基站数据和台站数据库中基站数据进行比对,区分出合法使用、未报使用、申报未用、制式不符等几类情况,在电子地图展示,并可导出相关信息报表。

③ 台站使用情况分析。

调用现有无线电管理数据库数据,分析评估无线电业务或系统用频设台等在一定频域、空域、时域的统计结果,包括已规划/已分配频率总量、台站/站址/终端用户数(密度)等内容。

④ 台站电磁态势。

根据用户选定的时间、地域、频段等等维度,对选定单个、多个或频段台站进行查询,自动生成电磁态势分布图,并在电子地图上展示。

（6）辅助干扰查处功能。

①　控守功能。

可对搭载式设备或移动监测站下达一个或多个频点信号的控守式任务,设备发现控守任务中的信号后,自动向中心报警,中心自动显示或保存该信号的幅度、轨迹图及音频等可获取的信息。支持实时报警、控守或事后回放功能。

②　重要台情。

利用监测数据分析,获取一段时间内疑似黑广播、疑似航空干扰、疑似伪基站三种常见干扰的新增和消失情况。信息可在报警台站中按业务属性进行查询。可选择一个或多个查看辐射源位置、场强分布、信号样本、频谱回放、幅度轨迹测量点,可利用网内最优设备进行单频测量、单频测向、交汇定位等功能。

（7）数据库。

按照国家无线电管理机构有关监测数据库标准规范要求建设本系统监测数据。数据格式满足《超短波频段监测管理数据库结构技术规范(试行)》《国家无线电办公室关于开展全国无线电频谱使用评估专项活动的通知》及其附件要求等监测一体化平台数据要求。

系统提供完整的数据库管理功能,包括系统所涉及数据库的单条件查询,组合条件查询、删除,数据库空间释放,单任务或多任务数据的导入和导出、备份、迁移等。

根据用户指定的时间和区域,系统可回放采集数据,在地图上可显示测试轨迹、台站分布、场强态势变化等相关数据。对选定的重点信号,在地图上显示发现信号的轨迹点,以颜色区分发现信号的强弱。可对行车路线和轨迹点频谱进行连续回放。

建立电磁态势数据库:建立近期、短期、中期、长期电磁态势数据库,对电磁态势数据应进行不同时间压缩比例压缩处理。

建立信号活动数据库。对监测数据进行存储和分析,掌握信号时域占用度。

建立信号样本数据库。通过调用固定监测站或搭载监测设备采集信号样本,重现信号并进行各类分析。

建立监测台站数据库。结合频率台站数据库和数据分析服务结果,对确认的非法和违规无线电用频台站进行存贮。

（8）地理信息系统。

支持国家无线电监测中心规定的电子地图格式,可以实现地图的放大、缩小、移动、全览、测距等功能,经纬度可以实时显示。

3.性能要求

工作频率范围:20 MHz～6 000 MHz。

监测系统灵敏度:≤35 μV/m(20～6 000 MHz)。

接收机模拟中频输出:带宽不小于 20 MHz。

全景扫描速度:≥10 GHz/s。

中频频谱带宽:0.15 kHz 到 20 MHz 多种带宽可选。

频率分辨率:≤1 Hz。

解调模式:AM、FM、PULSE、USB、LSB、ISB 等。

2G/3G/4G 及 GSM-R 基站识别、解码功能;

支持 4G 网络(支持中国移动、电信、联通 4G 网络)。

具有进行频段扫描、数据采集、时间标记、经纬度标记、数据压缩、数据缓存和数据传输的能力具有信号样本采集、缓存、传输的能力。

具有移动通信基站下行信号载波、基站 ID、运营商编号等测量及解码能力。

支持频谱实时回传。

设备具有自检和故障报警能力。

具有数据存储能力。

第六章 监测设施建设

第一节 站址选择

1.选址原则

固定无线电监测站站址选择一般原则如下：

(1) 布局合理,能够覆盖所要求监测的区域;

(2) 远离大功率发射源;

(3) 监测天线 500 米范围以内不受任何障碍物的遮挡;

(4) 远离高压电力线,防止可能的宽带噪声干扰(110 kV 以上的高压线,至少离开 1 km);

(5) 远离工业区和强射频辐射源(1 km 以上);

(6) 远离飞机场(机场专用无线电监测站除外),与飞机跑道方向上的距离应在 8 km 以上,其他方向上的距离应在 3 km 以上。

2.地理环境要求

(1) 根据监测频段和需要覆盖的区域选择站址。监测站站址选择应保证监测信号不受本地建筑物或地形的影响而失真;应保证不能受到附近强信号的干扰而产生测量误差或损坏设备。

(2) 30 MHz 以下频段监测站应该位于地面平坦、导电率较高、没有砾石和裸露岩石的地点。站址附近的架空导线、建筑物、大树、小山以及其他人造和天然地形地貌都可能扰动电磁场并造成波前失真。这一切都会影响监测测量工作的有效性。在接收天线的水平面上,保证来波方向没有遮挡物十分重要。另外,必须设法减少由于本地反射和二次辐射引起的多径接收的影响。

如果站址的地面状况并不符合上述原则,在 VHF/UHF 频段可以采取架设天线塔的方法,以避开周围障碍物的影响。

(3)站址应远离现有的或规划中的工业区或者密集的居住区。至少在 1 km 或者更大范围内不能有使用点焊、电力工业高压设备、电热器、吸尘器和带有极大射频能量设备的工厂。

(4)监测站建筑或天线附近的高压线可能成为宽带噪声干扰源。因此,当高压线超过 100 kV 时,与监测站及其天线的距离应该不小于 1 km;对于超高压线路或需要监测非常微弱的信号时,保护距离必须进一步增大,直至 10 km。

(5)由于低空飞行物会反射大量的导致被监测的信号的多径传播而产生相位失真,所以监测站不能靠近飞机场,尤其在监测频率较高时更要避免。经验证明,在飞机跑道的方向上,监测站与飞机场的距离应在 8 km 以上;在其他方向上,距离应为 3~4 km。

(6)为了避免火花干扰,监测设施(包括天线)应当与交通拥挤的道路(公路)保持足够远的距离(例如 1 km)。

(7)监测站应该有方便的全天候道路,并有电源、电话、民用水源等保证设施。

(8)监测站应选建在地质结构稳定的地方,应避开低洼、潮湿、落雷区域和地震频繁区域。

(9)监测站站址宜选择在有被监测区域的中心位置,其偏离范围应以不影响监测效果与测向精度为原则,由具体工程条件决定。

(10)站址宜选择在可靠电源和适当高度的建筑物或铁塔可资利用的地点。如果建筑物的高度不能满足天线高度要求时,应有屋顶设塔或地面立塔的条件,并征得相关部门的同意。

(11)不宜在大功率无线电发射台、大功率电视发射台、大功率雷达站和具有 X 光设备或生产强脉冲干扰的热合机、高频炉的企业附近设站。

(12)监测站应远离机场,正对机场跑到方向的监测站应与机场距离 8 km 以上,其他方向在 3 km 以上。

3.电磁环境要求

(1)除了与障碍物保持足够远的距离外,测向天线还应远离强的无线电辐射源,因为强的无线辐射源可能使测向设备出现互调和阻塞而不能正常工作。因此,监测站站址应该远离辐射源和其他干扰源。

(2)无线电辐射源在测向天线处产生的场强不得超过 30 mV/m。这大致相当于距监测站 5 km 处的一个 1 kW 的发射机产生的场强。

（3）如果必须在强信号区域设立监测站，至少应该避免使用有源天线。

（4）当监测站安装有专用的本地计算机系统时，要防止本地计算机系统的干扰。

选用干扰低的计算机系统。

不要将计算机的部件安装在接收和监测设备附近。

用双层屏蔽的同轴电缆连接天线和接收设备。

4.其他附加要求

（1）如果监测站安装有测向机（监测测向站），则除了前面提到的标准外，还应保证最好没有大小山峰、大型人造建筑物，以及与站址或测向机处地平面成3°以上仰角的障碍物。距离监测测向站1 000 m以内不应该有峡谷或其他大凹地。

（2）在监测测向站中心200 m以内，地形起伏高度应小于1 m，以避免架设测向机时因电波地面传播损耗过大带来的损失。

（3）选择监测测向站站址时，应避免局部性潮湿或土壤导电性过高。应该能发现地基底层土壤的间断层，尤其要避免土质明显不规则的情况。

（4）测向机附近的大型地下管道或金属管子（例如石油输送管道）如果埋藏深度不够，会会导致测向误差。因此，这些管道与测向机的距离应该不小于200 m。

（5）对于所有长度为半波长（λ/2）的导体，如果其谐振频率在测向机工作频率范围内就应该移动到距离测向机15个波长之外。

（6）对于所有长度为四分之一波长（λ/4）的导体，如果其谐振频率在测向机工作频率范围内，且位于相同的极化平面，就应该移动到距离测向机7个波长之外。

（8）在选择30 MHz以下的测向设备的站址时，下列要求和表6-1中的内容十分重要。总的来说，站址应该具有如下特点：土壤均匀、导电性高；地面平整；与金属障碍物，特别是高压线保持足够远的距离；远离金属管子和地下管道；远离铁路线、高速公路、密集建筑、大树等。为了保证测向准确度和测向灵敏度，测向机应与障碍物保持足够远的距离。表6-1给出了测向天线与障碍物之间的最小距离。

表6-1　测向天线与障碍物之间的最小距离

障碍物	最小距离/m
单个的非金属的平房	100（在HF频段，根据天线尺寸和形状的不同，距离应更大）
非金属的平房群	200
二到三层非金属房屋	250
三层以上的非金属房屋	300（随建筑物的高度而增大）
带金属屋顶的平房	250

续表

障碍物	最小距离/m
金属建筑物(如金属小棚等)	800
水库、大型金属建筑物、金属桥梁等	1 500 以上
架空电话线、低压线	250～300
20 m 铁塔的高压输电线	1 000
30 m 以上铁塔的高压输电线	2 000～10 000
铁路或有轨电车	1 000
单棵树木	100
灌木群	200
森林	800
金属围栏	200(在 HF 频段,根据天线尺寸和 形状的不同,距离应更大)
小型天线	200
大型天线	400
江河、湖泊、池塘	1 000

对于工作频率在 30 MHz 以上的测向设备,表 6-1 中的最小距离可以适当减小。

(9) 对于需要设立在人口密集的城区或附近地区(例如建筑物顶部)的小型监测测向站,为了使监测设备能够正常运行,需要做到以下几点:在站址周围的近距离内需限制使用固定和移动无线电设备;在更大的区域内(500 m),需对建造大型障碍物(比如高楼和工业厂房)进行限制;在更大的区域内(1 km),需对使用高压工频医疗设备和带有极大射频能量设备的工厂进行限制。天线所在的平面,应该保证至少 200 m 范围内无障碍物。测向天线与任何障碍物顶部的连线与水平面的角不应超过 2°或 3°。

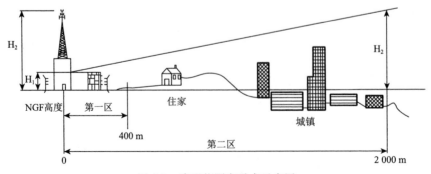

图 6-1 障碍物隔离需求示意图

第二节　机房建设

1. 选址要求

无线电监测机房选址一般要求如下：

（1）远离产生粉尘、油烟、有害气体以及生产或贮存具有腐蚀性、易燃、易爆物品的场所。

（2）远离强振源和强噪声源、强电磁场干扰（对于 100 kV 以上的高压线，至少离开 1 km）。

（3）远离现有或规划中的工业区或者密集居住区。

（4）远离大功率发射源。

（5）远离工业区和强射频辐射源（1 km 以上）。

（6）远离飞机场（在飞机场跑道的方向上，与飞机场的距离不小于 8 km；在其他方向上，距离不小于 3～4 km）。

（7）在 1 km 范围内，不能有使用电焊、高压电力设备、电热器、吸尘器和带有极大射频能量设备的工厂。

（8）当与交通拥挤的道路保持距离不小于 1 km。

2. 建设要求

（1）根据 YD5098－2005 通信局（站）防雷与接地工程设计规范和用户要求对机房进行防雷设计和施工。

（2）要求机房净高一般不小于 3.3 m，地面负荷不小于 600 kg/m²。机房门及走道的尺寸应保证设备运输方便。机房地基应高出当地洪涝最高水位 150 mm。室内地面比室外地面高 400 mm，室内地面有防水地漏。沿机房地面周围应设排水沟。

（3）机房建设地点应地质结构稳定，应避开低注、潮湿、落雷区域和地震频繁的地方。

（4）使用双层、外包边钢制防盗门，门板钢板厚度不小于 0.8 mm，门框钢板厚度不小于 2 mm，内部填充防火材料。原则上不设窗户，仅设置馈线窗。机房在一楼时要求窗户安装防盗网。电缆由室外进入机房时应经过馈线窗。一般采用多孔馈线窗；原则上要求安装于室外走线架上方，如有特殊情况（如房屋较低等）也可安装于室外走线架下方；安装于墙面上用膨胀螺丝固定，安装于窗户上应用铝合金或镀锌角钢边框进行固定。

（5）室内走线架应按设计要求尺寸（离地高度 2 400 mm）安装，走线架吊撑应采用可调整杆吊挂；两侧与实体墙加固，每 1 200 mm～2 000 mm（角钢型材建议 1 500 mm）增加一处吊挂撑，走线架应能满足 200 kg/m 的承载力。

（6）机柜在机房内的安装位置要求机架前面的净空不应小于 1 米，后面的净空不应小于 0.8 米。机房内在机柜旁应设置电池箱的金属支架；不能装入机柜的 UPS 电源应做放置 UPS 电源的金属支架；机房市电进线处的稳压电源应做放置稳压电源的金属支架，要求金属支架的高度不小于 100 mm。

（7）机房内不同电压的电源设备应采取分别供电的办法，电源插座应有明显的区别标志。市电零线（N）和保护地（PE）应分开。N（零线）必须同设备机架、机壳和建筑物的所有钢筋等绝缘；保护地（PE）做好重复接地，防止地线断线造成危险。监测测向设备使用单相市电，供电插座功率应不小于 2 000 W。电源插座极性的位置应符合国家电气安装规范的相关规定。机房市电进线处应安装电源避雷器。机房内强电和弱电应考虑分开布设。机房空调采用专用电源。机房配电箱应接保护地。

（8）机房应可靠接地，接地电阻应小于 5Ω。机柜外壳应接地。机房的金属墙体、房顶的金属板以及机房内的金属支架等接至地线上。

（9）使用活动机房时，机房的金属框架必须就近做接地处理。机房内各安装位置应有相应接地引出线和接地汇流排。

（10）机房馈线窗与铁塔之间设置室外走线架。室外走线架两端均应接地。室外走线架的制作要求：使用国标 50 号热镀锌角钢，每根 3m；走线架宽度 400 mm；接口采用短节连接，短节使用国标 40 号热镀锌角钢，用热镀锌螺栓固定；走线架横撑用 400 mm×40 mm 热镀锌扁铁，横撑采用焊接进行固定，横撑间距 350 mm；室外走线架应距离墙面 300～350 mm，间隔不超过 2 000 mm 制作走线架支撑，电缆拐弯处不加装横撑。

3. 环境要求

（1）无线电监测机房面积、净高、地面荷载、地面材料、墙面材料、照度及温湿度等要求详见表 6-2。

表 6-2　监测机房工艺要求表

项　目	要　求
机房面积	15～25 m²
最低净高/m	2.9 m
地面均匀载荷/kN/m²	6（未包括电池重量的负荷）或经过承重核算达到设备安装要求

项 目	要 求
温度、湿度要求	温度 18 ℃～28 ℃；湿度 30％～75％
防尘要求	良好防尘
地面材料	防静电水磨石地面、防静电半硬质塑料或优质地板砖
墙面，顶棚及装修	乳胶漆、防静电涂料
照度(Lx 离地面 0.8 米水平面上)	200～300 Lx
备注	1. 每个机房内均设烟雾告警及灭火装置，并配有安全门锁。 2. 配备空调(窗式或柜式)。 3. 核实地板荷重，按要求处理地面。 4. 各机房内均安装(单相带接地)电源插座 2～3 个，插座装在设备附近的墙上，距地 0.3 m。 5. 各机房对外的孔洞待设备安装完毕后均做密封处理。 6. 各机房抗震要求按现有通信楼同等级处理

（2）承重。

应根据工程安装设备的尺寸、重量及设备平面排列方式来确认荷载能力，如不能满足要求由土建结构设计人员对机房地面荷载进行核算（包括需壁挂设备的墙体），经加固仍不能满足要求的应另选机房。

（3）地面。

要求地面水平落差不大于 10 mm，不得影响机柜摆放。安装设备的区域地面要求平整，并能达到承重要求。有静电地板的机房设备底部要求用铁架固定在地坪上，不得将设备直接安装在静电地板上。地面要求铺防火防静电地板或刷防火防静电漆并做好防火、防漏处理。共用机房地坪应划区域线。不采用防静电地板的机房地面贴一级防滑耐磨砖，规格尺寸（60 cm×60 cm），颜色亚白色，贴深色踢脚线板，规格尺寸（60 cm×13 cm）。

（4）墙面。

要求平整无剥落。墙体应做防水、防漏处理。房内裸露电缆，水管要求拆除，无法拆除应包封。自建机房墙面材料应使用满足通信机房材料的要求：轻质、防水、防火阻燃、防漏、不起灰。馈线孔洞和其他需要密封的空洞需用防火、防水、阻燃 材料封堵。

（5）屋顶面。

机房屋顶上方不应有水箱等其他设备。露天屋顶应做防水、防漏处理。自建室外机房屋顶应有导水斜坡，并作防水、防漏处理。吊顶内避免有水管和消防水管，无法避免应采取隔断措施。有煤气管的机房一律不用。

（6）门窗要求。

① 机房要求安装门宽不宜小于 1.5 m，门洞高不宜小于 2.2 m 的防盗门，防盗门要求坚固不渗水。

② 机房内窗均应做双层窗并采取防盗措施。

③ 门窗关闭时保持密封良好，具有较好的防尘、防水、防火、防鼠、防虫、隔热和抗风性能，应具有防止阳光直接射入措施。

④ 机房门窗应在平时保持锁闭状态，出入门的钥匙要由主管部门规定的专人掌握。

（7）机房孔洞。

① 外接电源、外接地线、机房空调、引入光缆均需在合理位置开设孔洞，尽量避免交流电源线和网络线经过同一个孔洞。

② 孔洞大小按对应线缆需要确定或按设计要求在相应位置上开孔。

③ 馈线窗安装位置按图或工艺施工，要求安装牢固不渗水，馈线窗底距地高一般为 2.2～2.4 m。馈线窗位置应符合施工图设计要求，下沿应与室内走线架持平或高于室内走线架 100 mm，大小与封洞板适配。

④ 地板、墙面、吊顶如有孔洞，应采取防水、防火、防潮、防虫等措施。

所有孔洞安装完毕后须用密封防火材料封堵。

（8）机房照明。

① 照明电应与工作电（设备用电及空调用电）分开布放。照明电源开关应单独安装于出入门附近。

② 机房照明必须符合：直立面 50～60 lx（直立面 1.4 m 处）；水平面 100～150 lx（水平面 0.8 m 处）。应配置二个以上的双管照明灯，合用机房的照明应满足维护要求。

③ 机房电源插座按单相带地电源插座（220 V/10 A）2 只、三相接地空调电源插座（380 V/16 A）按实际安装空调数量配置，距地 0.3 m 合理安装。

④ 机房内照明灯安装位置应符合设计要求，充分考虑光照度对于设备维护的需要。

⑤ 电气线路布放宜采用明线槽，不走暗线。机房内电源线通过线槽和扣线板固定、布放整齐，墙上 2.5 m 高度处不宜做水平线槽，以免影响室内走线架的安装固定；机房外走线须用线卡对墙固定。机房至少安装两支 40W 的日光灯，日光灯不宜安装在设备的正上方。2 个"2×3"的插座和 2 个空调插座，插座地须与交流保护地可靠相连。照明开关应安装在进门的侧墙位置。

（9）机房温度湿度。

机房必须配置温湿度计，并悬挂于易观察的位置。机房温度、湿度要求为：温

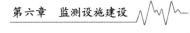

度 10 ℃～28 ℃,且每小时变化不大于 10 ℃;相对湿度 30%～75%,且不结露。

（10）空调要求。

① 机房根据具体情况设置空调。以保证长期工作条件下的温、湿度环境符合要求。独立机房必须安装空调,不能安装空调的机房原则上不用;共用机房已有空调的需确认空调容量,如不够并具备安装条件的需新增。空调规格为单相 220 V 交流空调,有自启动功能。

② 室内空调送回风应保持良好的气流循环,送风口不应对机架直吹,如难以满足应保证送风口距离设备留有一定距离,以避免设备直吹结露。

4. 安装要求

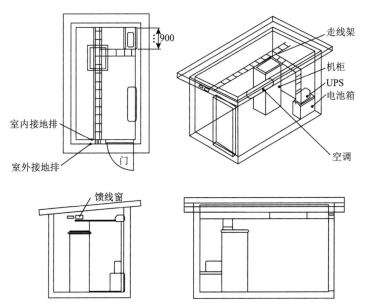

图 6-2　固定站机房布局示意图

（1）设备安装。

① 安装位置无强电、强磁和强腐蚀性设备的干扰。

② 机房内的通信辅助设备、配套设备等原则上应安装于机柜内,柜门开启应不影响维护操作。

③ 机架背面需要维护,不可靠墙安装,机架前后面至少需留出 600 mm 的维护距离。

④ 机柜安装必须符合相关通信工程规范要求或按照施工设计进行:安装设备机柜应垂直,允许垂直偏差≤1.0‰;同一列机柜的设备面板应成一直线,相邻

机柜的缝隙应≤10 mm。

⑤ 机柜须留出必要的维护和散热的空间,具体可参照厂商提供的设备参数。

⑥ 设备连接线缆端口及电源、接地等处应有标识,标明端口及线缆属性、用途等。

（2）走线架的安装。

① 室内走线架建议采用400 mm宽的加强型产品。走线架连接件间必须用多股铜线或铜片短接。

② 走线架高度定为2 300 mm（个别站由于房屋结构等特殊情况而有所不同）。

③ 走线架安装严格按照设计要求施工。安装好的走线架必须牢固平稳,固定件螺丝与螺母必须拧紧,固定后的膨胀螺丝不能松动。整条走线架应平直,无明显起伏或歪斜现象。

④ 走线架地面支柱安装应垂直稳固。同一方向的支柱应在同一条直线上,当支柱妨碍设备安装时,可适当移动位置。

⑤ 走线架的侧旁支撑、终端加固角钢的安装应牢固、端正。

⑥ 走线架的位置、高度应符合工程设计要求。

⑦ 走线架对墙固定安装应与建筑钢筋（彩钢板）绝缘,对顶、地面固定安装宜与建筑钢筋（彩钢板）绝缘。

⑧ 走线架需设计完整,并与馈线窗下沿持平或相适应。

⑨ 走线架至少有一端应与室内接地铜排可靠连接,接地线应采用不小于10 mm²黄绿色铜导线。

（3）布线要求。

室内设备电缆及电力电缆的布放均按照电缆布放计划表进行,布放距离尽量短而整齐,排列有序,设备电缆与电力电缆分别由不同路由敷设,如采用同一路由布放时,电缆距离保持至少100 mm以上。同时,交流电力电缆与直流电力电缆的布放保持一定的距离（100 mm以上）。电力电缆不得穿越或穿入空调通风管道。电力电缆及通信电缆的敷设符合有关规定。

话音、数据、图像信号均采用公众通信网络或专线接入。机房的综合布线、计算机网络、安防等系统应达到当前较先进水平,并预留一定的发展空间。

① 机房内线缆布放应符合相关通信规范或施工设计要求,所放线缆应顺直、整齐,下线按顺序,不允许在机房内盘圈（尾纤、跳线除外）。敷设电线、电缆、光缆（以下通称线缆）应绑扎在走线架或桥架上,线缆在电缆走道的每一根横铁上均应绑扎,绑扎线扣松紧适度,绑扣一致,打结在隐蔽处。

② 线缆拐弯应均匀、圆滑一致,其弯曲半径大于等于60 mm。

③ 线缆所用规格应符合设计要求。强弱电线缆分层布放,直流线、交流线、信号线应分开平行排放。机架、走线架必须接地。

④ 根据实际情况尽量利用设备自带的电源线。当设备电源引入线孔在机顶时,电源线可以沿机架顶上顺直成把布放。

⑤ 电源引入线两端线鼻子的焊接(或压接)应牢固、端正、可靠,电气接触良好,电源引入线两端极性标志明确。

⑥ 交流配电箱内引入电源线应按上进下出顺序布放,每个空气开关上应标明使用设备的名称。

⑦ 所有布放的线缆二端或设备连接处必须做好标识,标明所连接的设备或线缆的名称,所有标识字体必须采用规定的字体打印后标注。

(4)线缆连接。

① 线缆剖头不应伤及芯线,剖头长度一致,在剖头处采取适当的保护措施;如需在剖头处套合适的套管,其长度和颜色应一致。

② 当线缆芯线采用绕接时,绕接芯线应从端子根部开始,不接触端子的芯线部分不宜露铜。

③ 线缆插接位置正确,接触应紧密、牢靠,电气性能良好,插接端子应完好无损。

(5)接地线附设。

① 机房接地线的布放应符合工程设计要求,做到规范、工整。

② 机房接地母线宜用≥35 mm² 多股铜芯线引入至机房综合接地(IGB)。

③ 接地母线与设备机壳之间的保护地线宜用≥16 mm² 左右的多股铜芯线(或紫铜带)连接。

④ 当接线端子与线料为不同材料时其接触面应涂防氧化剂。

⑤ 电源地线和保护地线与交流中性线应分开敷设,不能相碰,更不能合用。

(6)天馈线的布放要求。

① 馈线布放应符合设计文件(方案)的要求,要求走线牢固、工艺美观,不得有交叉、扭曲、裂损情况。

② 当馈线或跳线需要弯曲布放时,要求弯曲角保持圆滑。其弯曲曲率半径符合以下规定:7/8 馈线大于 150 mm,1/2 馈线大于 120 mm,8D 馈线大于 80 mm。

③ 馈线所经过的线井应是电气管井(弱电井),不能使用风管或水管管井。馈线不应与强电高压管道和消防管道一起布放走线,确保无强电、强磁的干扰。禁止馈线沿建筑物避雷网带或避雷地线捆扎一起布放走线。

④ 室内馈线尽量在走线架上布放,并用扎带进行牢固固定,与设备相连的跳

165

线或馈线应用扎带或馈线夹进行牢固固定。一般情况下,要求馈线水平/垂直走线固定间距为 1 m。

⑤ 馈线在线井内或墙壁垂直走线时,每隔 2.5~3 m 必须用扎带把馈线固定于走线架或其他固定件上,以防止馈线因自身的重力而引起馈线下坠。

⑥ 必要的空中飞线若无法固定,则预先将馈线用扎带或电缆挂钩固定在钢丝绳上,钢丝绳两端用膨胀螺丝、地锚、紧绳卡和调节环拉紧。

⑦ 馈线盘要顺势放,不能强行拉直,以免扭曲内导体。

⑧ 对于不在机房、线井和天花吊顶内布放的馈线,尽量套用 PVC 管。要求所有走线管布放整齐、美观,其转弯处要使用转弯接头连接;走线管应尽量靠墙布放,并用扎带进行牢固固定,走线不能有交叉和空中飞线;若无法靠墙布放,馈线走线可以与其他线管一起走线,并用扎带与其他线管固定。

⑨ 标签要求:每根电缆的两端都要贴上标签,标明编号和电缆的走向。标签必须牢固不易脱落,并尽量采用扎带标签。如用纸质标签粘贴,必须用透明胶带将其全部包缠,固定于电缆上。要求各维修口的线缆端口做好标识。

⑩ 馈线的连接头都必须牢固安装,连接可靠,接头进丝顺畅,接口处应做防水密封处理。

⑪ 室外馈线进机房应接地、密封,并做回水弯。

⑫ 天线安装位置必须处于避雷针下顷 45°保护范围内,安装在制高点的天线,顶端必须安装避雷针,其防雷接地线的布放必须尽量不影响监测效果。

5. 供配电要求

机房用电负荷等级及供电要求根据机房的等级,应符合《供配电系统设计规范》(GB50052)的要求。供配电系统应为系统的可扩展性预留备用容量。户外供电线路不宜采用架空方式敷设。当户外供电线路采用具有金属外护套电缆时,在电缆进出建筑物处应将金属外护套接地。机房应由专用配电变压器或专用回路供电,变压器宜采用干式变压器。机房内的低压配电系统不应采用 TN-C 系统。设备的配电应按设备要求确定。

监测设备应由不间断电源系统供电。不间断电源系统应有自动和手动旁路装置。确定不间断电源系统的基本容量时应留有余量,不间断电源系统的基本容量可按下式计算:

$$E \geqslant 1.2P$$

式中,E——不间断电源系统的基本容量(不包含备份不间断电源系统设备)(kW/kVA);

P——设备的计算负荷(kW/kVA)。

用于机房内的动力设备与监测设备的不间断电源系统应由不同的回路配电。

系统设备专用配电箱(柜)宜配备浪涌保护器(SPD)电源监控和报警装置,并提供远程通信接口。当输出端中性线与 PE 线之间的电位差不能满足设备使用要求时,宜配备隔离变压器。

监测设备的电源连接点应与其他设备的电源连接点严格区别,并应有明显标识。

(1) 电气要求。

无线电监测机房用电负荷等级及供电要求根据机房的等级,符合《供配电系统设计规范》的要求。

① 机房宜由专用电力变压器供电,设置专用动力配电箱。有条件的采用双路供电。

② 监测测量设备采用交流不间断电源系统供电。

③ 机房配电系统采用频率 50 Hz、电压 220/380V TN-S 或 TN-C-S 系统。单相负荷均匀地分配在三相线路上,且三相负荷不平衡度小于 20%。

④ 机房的动力电和照明电分开。

⑤ 电源插座按左零右火连接。

⑥ 机房墙壁设置非业务用(如吸尘器等)电源插座。

⑦ 机房内活动地板下的低压线路宜采用屏蔽导线或电缆。电源线尽可能远离信号线,并避免并排敷设。

⑧ 机房内照明度在距地板 0.8 m 处照明度不低于 200 lx,可以使用日光灯。

⑨ 机房内设应急灯,其照明度在离地板 0.8 m 处不低于 5 lx。

⑩ 接地电阻在机房内设备端测量不大于 2 Ω。

⑪ 电源零线与安全保护地线之间的交流串扰不大于 2 V。

(2) 电源系统。

① 机房交流电源应从大楼供电系统交流屏引接,严禁与其他设备共用此电源开关或从墙壁电源插座引入。

② 各种设备电源应分别从具有熔丝的分电器引入,防止分路电源中断造成全部设备电源中断,确保设备运行可靠。

③ 机房直流设备用电应从组合电源架输出分路分别单独引接,防止一个设备故障断电后影响其他设备用电,确保设备运行可靠。

④ 交流电源在受电端子处额定电压允许范围:220 V±15%,额定频率 50 Hz±5 Hz,三相供电电压 380 V±15%,不平衡度≤4%。

⑤ 建议采用铠装电缆将市电引入机房,电缆两端钢带应就近接地。

第三节　铁塔建设

铁塔主要包括自立式钢塔(角钢塔、钢管塔)、独管塔、拉线塔等,一般应以技术成熟、安全经济的角钢塔为主。在地形狭窄或有景观要求的地方,可采用造价较高的独管塔。在地价较低、地势平坦处可采用拉线塔(高度 30 m 以下)。铁塔设计执行《移动通信工程钢塔桅结构设计规范》YD/T5131－2019。新建铁塔按移动通信基站综合通信塔进行设计,铁塔结构应满足无线电监测网系统的天线安装要求。铁塔高度根据周围地形和覆盖范围需要确定。

建筑物屋顶安装移动通信天线的方式包括屋顶铁塔、楼顶增高架、楼顶抱杆等。当天线安装高度较高(屋顶以上 15～30 m),原建筑结构经验算允许时,采用锚固在建筑结构上的屋顶铁塔。天线安装高度在屋顶以上 5～15 m 时,采用配重自立式、拉线式、配重加拉线式楼顶增高架。当建筑屋顶满足天线安装高度时,采用固定于女儿墙或自立于屋面的楼顶抱杆。

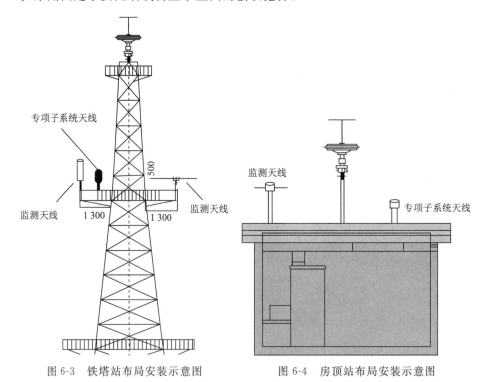

图 6-3　铁塔站布局安装示意图　　　　图 6-4　房顶站布局安装示意图

1. 设计要求

（1）铁塔主体。

① 根据 YD/T5131－2005 移动通信工程钢塔桅结构设计规范,针对设备架设和用户需要,由具有专业性的资质单位对固定式监测测向设备天线架设所需铁塔和地基进行设计计算,生产制造,施工安装。

② 铁塔应设置通向塔顶的爬梯,并应考虑安全防护。爬梯的步距应为200～400 mm,爬梯的宽度不宜小于 500 mm。爬梯旁应设置铁塔电缆（线缆）的金属走线架（与铁塔地线相连）,走线架宽度不小于 400 mm。

③ 铁塔护栏底部与铁塔顶部的距离一般应为 2.5～3 m。铁塔护栏高度宜为 1.2 m。

④ 铁塔顶部中央为透空结构,以便电缆穿过。铁塔顶部封口采用 L63×6 角钢,热镀锌防腐处理。

⑤ 在铁塔顶部封口下方 600 mm 处的塔体内,用 40 mm×40 mm 热镀锌角钢做室外控制箱（四方盒）支撑条,固定在塔体的横梁上。

⑥ 铁塔四角必须设置防雷地网,并与铁塔塔脚地基内的金属构件焊接连通。铁塔地网的网格尺寸不应大于 3m×3m。需采用焊接于塔体的 40 mm×4 mm 的热镀锌扁钢带作为雷电流引下线,焊接于铁塔走线架侧的金属构件上。要求在铁塔顶部封口下方 1 000 mm 处的接地热镀锌扁钢带上开一个孔（开孔尺寸为 φ10）,作为室外控制箱接地固定点。要求在铁塔顶部封口下方 1 500 mm 处的铁塔走线架的垂直与水平部分各开一个孔（开孔尺寸为 φ10）,满足射频电缆接地需求,当铁塔高度高于 60 m 时,还需在中间增开一个同样尺寸的孔。要求在室外走线架靠近机房侧开一个孔,横撑上开一个孔,开孔尺寸为 φ10,孔距为 500 mm,作为射频电缆及室外走线架的接地点。

当铁塔位于机房旁边时,应采用 40 mm×4 mm 的热镀锌扁钢在地下将铁塔地网与机房地网接地体焊接连通。

当铁塔位于机房屋顶时,铁塔四脚应利用建筑物柱内的钢筋做雷电引下线,或与楼（房）顶避雷带就近不少于两处焊接连通。建筑物无钢筋结构作雷电引下线时,铁塔四脚应专设雷电引下线,并与环形接地体焊接连通。

当利用办公楼或大型公用建筑作机房时,铁塔（或天线支架、抱杆）和避雷针的引下线应与楼顶避雷带、避雷网或楼顶预留的接地端多点连接。机房的接地引入线可以从机房楼柱钢筋、楼顶避雷带或邻近的预留接地端引接。

⑦ 铁塔安装位置的地质结构要求:铁塔安装地点应地质结构稳定,应避开低注、潮湿、落雷区域和地震频繁的地方;当选择山地斜坡地形设铁塔站点时,铁塔

基础距斜坡边缘应不小于 3 m。

（2）主体标注。

① 铁塔高度和桅杆的位置应符合施工图设计文件要求。

② 铁塔的抗震设防烈度和抗震设计应符合施工图设计要求，地震烈度按当地实际情况考虑，并符合国家及当地的相关标准。

③ 铁塔抗风设计不低于 35 m/s，由于各地情况的不同，以及监测测向天线的重要性，设计必须结合当地气象局提供的 50 年一遇的最大 10 分钟平均风速设计。

④ 铁塔基础位置正确，混凝土浇筑平直、无蜂窝、无裂缝、不露筋，外粉刷光洁。

⑤ 天线固定杆应垂直安装，并且稳固结实。

⑥ 天线固定杆安装要求焊接或螺栓连接，必须防锈抗腐蚀。

⑦ 主要焊缝质量、贴合率、螺栓质量符合工艺要求。

⑧ 塔柱法兰螺栓必须用双螺母锁紧。

⑨ 螺栓穿入方向应一致朝外且合理，螺栓拧紧后外露丝扣不小于 2～3 扣。

⑩ 铁塔的爬梯在明显位置悬挂或涂刷无线电监测站标志和"严禁攀登"的警告标志牌。

⑪ 桅杆、角钢、扁钢、爬梯、紧固件均应符合室外防锈防腐要求。

（3）室外走线架。

① 室外走线架材料选用热镀锌、不锈钢或铝材，需满足使用强度的要求。

② 室外走线架应牢固安装，有足够的支撑或拉线。

③ 室外走线架位置正确，应在馈线窗下沿。

④ 室外走线架宽度正确，应大于 400 mm。

⑤ 从铁塔和桅杆到馈线窗之间必须有连续的走线架。

⑥ 室外走线架路径合理，便于馈线安装并满足馈线转弯半径要求。

⑦ 室外走线架横档之间的最大距离是 800 mm。

⑧ 室外走线架每节之间应通过扁钢可靠焊接，并与接地系统可靠连接。

⑨ 室外走线架始末两端均应作接地连接，在机房馈线口处的接地应单独引接地线至地网，不能与馈线接地排相连，也不能与馈线接地排合用接地线。

⑩ 铁塔及走线架材料表面不应有焊渣、焊疤、灰尘、油污、水和毛刺等。

（4）强制要求。

① 天线铁塔的高度应符合航空部门的有关规定：飞机航线上的铁塔，在塔顶应设置航空标志灯；塔顶离地高度大于 60m 的必须安装警航灯。

② 所有焊接处必须做相应的防腐处理。

2.天线安装

（1）监测天线。

① 监测天线安装在悬臂上，悬臂固定在铁塔护栏上（或室外控制箱支撑条下方的铁塔横梁上）。天线安装应稳固可靠。其射频输出电缆应从悬臂中穿过后进入室外控制箱。有直流馈电线的监测天线，其馈电线也应从悬臂中穿过。

② 垂直极化监测天线应保持垂直，垂直误差应小于±2°。

③ 水平极化监测天线应保持水平，水平误差应小于±2°。

④ 用坡度仪测量监测天线垂直度和水平度。

⑤ 天线安装在铁塔护栏上时，要注意护栏的加固，以防护栏变形而导致天线垂直度和水平度发生变化。

⑥ 监测天线与室外控制箱连接后的电缆插头座处需做防水处理。

（2）测向天线。

① 将立柱（或升降杆）和铁塔适配器之间用高强度不锈钢螺栓固定，将弹簧垫圈压平，固定牢固。再将测向天线底座和立柱（或升降杆）之间用高强度不锈钢螺栓固定，将弹簧垫圈压平，固定牢固。

② 测向天线的 N 标记应指向正北或最靠近正北的位置。

③ 测向天线应保持垂直，垂直误差应小于±2°。

④ 对于由方向性天线组阵的大型测向天线，安装时，天线振子为垂直极化时，垂直误差应小于±2°；天线振子为水平极化时，水平误差应小于±2°。

⑤ 用罗盘测定测向天线的正北方位；用坡度仪测量垂直度和水平度。

3.布线要求

（1）电缆在铁塔上的布放方法和要求。

① 从室外控制箱引出的射频电缆、控制电缆和电源线等每隔约 1 500 mm
用相应规格的馈线固定夹牢固的固定在铁塔内部的走线架上（实际固定间距视铁塔走线架间距而定）。

② 馈线固定夹布放空间不足或护栏边上无走线梯的铁塔，建议装在爬梯护栏上，楼顶的建议装在走线架两边。

③ 电缆能用馈线固定夹的地方，必须都用馈线固定夹（包括抱杆环形卡），严禁用扎带绑扎固定。

④ 布放电缆前每一根电缆的两端都必须相应做上标记，以防电缆之间相混淆。

⑤ 电缆从上往下，边理顺边卡入馈线固定夹。电缆保持平直，切忌两馈线固

定夹间的电缆隆起,不得在电缆两头同时固定。

⑥ 布放路径上应尽量避免接触或挤靠尖锐等的物体,必要时应加垫衬物(如电缆皮)。

⑦ 馈线固定夹应间距均匀,且成一直线、方向一致,卡子的固定,必须按顺序锁紧螺母,最后再加以检查,保证固定牢固而不松动。

⑧ 走线架内安排多路馈线固定夹时,应保持各路间馈线固定夹平行、整齐。

⑨ 馈线固定夹紧固时不能伤及电缆。

⑩ 电缆布放不得交叉,要求方向一致,整齐、平直。

(2)测向天线和室外控制箱的连接。

① 室外控制箱固定在铁塔顶部封口下方的室外控制箱支撑条上,用高强度不锈钢螺钉上紧。测向天线与室外控制箱之间的电缆,一般宜通过立柱内腔与室外控制箱连接。要求接线规整美观,线缆长短适中。对于不能从立柱内腔走线的电缆和地线,应拉直后用扎带固定在立柱上,并剪掉扎带捆扎后多余的部分。

② 室外控制箱接地采用黄绿颜色 16 mm² 聚氯乙烯电线电缆接至铁塔接地热镀锌扁钢带上。

③ 测向天线与室外控制箱连接的电缆插头座处需做防水处理。

(3)电缆从铁塔或楼顶引出至机房馈线窗时的安装要求。

① 射频电缆、控制电缆等从铁塔引出经折弯后进入室外走线架时,要求电缆的最小弯曲半径应不小于其直径的 20 倍。

② 射频电缆、控制电缆等在室外走线架上用馈线固定夹固定。电源电缆应同射频电缆、控制电缆保持不小于 100 mm 的距离。要求电缆线平直、线间平行、无明显弯曲。

③ 射频电缆、控制电缆等通过室外走线架进入机房馈线窗(进线孔)或从楼顶引下进入机房馈线窗(进线孔)时,需作避水弯(回水)。避水弯半径不小于其电缆直径的 20 倍。

④ 射频电缆、控制电缆、电源线等从楼顶引下时,应做电缆爬线架,用馈线固定夹将电缆固定在电缆爬线架上(电缆爬线架应与楼顶的避雷地线连接)。电缆爬线架的圆弧半径应不小于其最粗电缆直径的 20 倍。

⑤ 射频电缆从铁塔引下或从天线支架(或抱杆)引下后,在楼顶(或走线架上)布放一段距离后再入室,当这段距离超过 20 米时,此时应在楼顶(或室外走线架上)加一个馈线接地夹。

⑥ 射频电缆短于 10 米时,可在电缆入室前只做一处接地,但必须可靠接地。

⑦ 在安装施工过程中,要求电缆无明显的折、拧现象,电缆无破损露铜。

⑧ 电缆经馈线窗进入机房后应拧紧馈线窗上的紧固喉箍,封堵馈线窗上不

用的电缆孔。

（4）射频电缆从铁塔引下时的接地要求。

当铁塔位于机房旁边时,射频电缆自塔顶至机房至少应有三处接地。接地点位置为:

① 离开铁塔顶部的铁塔封口后 1 500 mm 范围内。

② 离开塔体引至室外走线架前 1 000 mm 范围内。

③ 离馈线窗(或进线孔)外 1 000 mm 范围内。

④ 当天线架在楼顶铁塔上时,接地点位置为:离开铁塔顶部的铁塔封口后 1 500 mm 范围内;离开塔体引至楼顶前 1 000 mm 范围内。

⑤ 当机房被包围在铁塔四脚内时,接地点位置为:离开铁塔顶部的铁塔封口后 1 500 mm 范围内;离开塔体引至机房进线孔前 1 000 mm 范围内。

⑥ 当铁塔高于 60 m 时,在铁塔的中部的馈线上再增加一处接地。

⑦ 当天线架在楼顶天线支架上时,接地点位置为:天线支架的下部距楼顶 600 mm 处。

⑧ 接地点应尽量保证在垂直部位,严禁在附近有垂直段的水平处接地,接地点不能位于电缆拐弯段。

⑨ 馈线接地夹的接地线要求顺着电缆下行的方向,不允许向上走线。

⑩ 馈线接地夹的地线应接到走线架或铁塔上。

⑪ 馈线接地夹接地操作要求射频电缆破皮后接地层铜皮的长度不能太长,应与接地夹的长度相适应。

4.传感器要求

（1）红外传感器的安装:人体红外传感器安装于墙体 1.8 m 高的位置,探头镜面向下倾斜,镜面与门相对应。

（2）温湿度传感器安装:温度、湿度传感器安装于机柜内部。

（3）摄像头的安装:摄像头安装于墙体 2 m 高处,要求对准机柜设备,调节好焦距。

（4）地湿传感器的安装:地湿传感器置于机柜底部。

（5）烟雾传感器的安装:烟雾传感器安装于机柜顶部。

（6）磁传感器的安装:安装于门窗开合处。

第四节　防雷建设

我国是一个雷暴发生率较高的国家。无线电监测系统的防雷接地是监测站工作的一个非常重要的问题。它关系到无线电监测站设备和人身生命的安全、关系到无线电监测系统能否稳定运行。

固定式无线电监测站一般都是由室外铁塔、天线、控制箱、电缆和室内机柜等组成。为了扩大监测天线和测向天线的信号覆盖范围,提高监测灵敏度和测向准确度,通常选择地势较高的空旷环境作为无线电监测站站址。并且把天线架设在高出地面 10～60 m 以上的金属铁塔上。由于监测站铁塔很高,容易成为雷云对地放电的接闪通道,从而导致监测站很容易遭受雷击。

通常,在铁塔上(测向天线顶部)都装设有避雷针。目前,防避直击雷都是采用避雷针、避雷带、避雷线、避雷网作为接闪器,然后通过良好的接地装置迅速而安全把雷电流送回大地。但是,传统避雷针的副作用是产生二次感应雷击效应,强大的雷电电流经过避雷针导地时感应到顺铁塔而下的天馈电缆线上,对机房设备信号地形成电压反击,损坏机房设备。二次感应雷击效应感应到室外电力线上,可以击穿机房供电设备。二次感应雷击效应感应到天馈电缆芯线上,可以烧毁机房设备的信号输入端。

1. 设计要求

(1) 对于监测站铁塔,铁塔地网、机房地网等地网应进行妥善连接,铁塔四角设置的防雷地网,必须与铁塔塔脚地基内的金属构件焊接连通。并采用焊接于塔体的 40 mm×4 mm 的热镀锌扁钢带作为雷电流引下线。要求铁塔的工频接地电阻值应小于 5 Ω。

(2) 机房电子设备的接地引入线接地点与直击雷电流引下线入地点应有足够的间隔距离,条件允许时应离开 10 m 以上,否则雷电冲击高电位将对电子设备造成反击而受损。

(3) 为了减弱二次感应雷击的强度,可以选用带衰减器的避雷针。同时,为保护天线免遭直接雷击,天线应有直击雷的防护措施,应在接闪装置保护范围之内。在安装接闪装置或天线时,应注意天线顶部与接闪装置顶部有 3～5 m 的垂直距离,天线与铁塔塔身水平距离应保持 2.5 m。

(4) 对于感应雷击,雷击的概率很高,虽然雷击点不在监测站,但强大的雷电能量在室外天线、顺铁塔引下的天馈电缆线的金属外皮和芯线上、室外信号线上、室外电力线上将产生能量很大的雷击电流,和直击雷的二次感应雷击效应一样,这些都是必须消除的。

(5) 电缆金属外皮感应的雷电流我们可以用剥去其塑料护套露出其金属外皮后用馈线接地夹固定后将雷电流导流到地。由于监测站铁塔有一定的高度,电缆由塔顶到塔下进机房前这段距离电缆线很长,为了有效地将电缆上的雷电流全部导流到地,必须在铁塔的上、中、下部至少三处将电缆用馈线接地夹就近接地。并且为了防止进水受潮,影响电缆射频参数,必须在馈线接地夹处按规定裹敷防水胶泥,并在胶泥外部裹敷 PVC 绝缘胶带。

(6) 对于电缆芯线感应的雷电流,同轴电缆可用同轴电缆避雷器来解决。机房内,在电缆进机架前加装同轴电缆避雷器。且避雷器的地线接地点应与机架信号接地点拉开 1 m 以上距离。露天架空电力线,需加装金属套管做入地处理,并在机房内电源进线处安装电源避雷器。

(7) 控制电缆,则需在其各芯线的两端在电路上加装防浪涌电路。对于信号线防雷,可在信号线进机房后加装其避雷产品 SPD 信号浪涌保护器。通信线防雷,可在信号线进机房后加装其避雷产品 SPD 信号浪涌保护器。

2. 机房防雷

站点应按均压、等电位的原理,将工作地、保护地和防雷地组成一个联合接地网。各类接地线应从接地汇集线或接地网上分别引入。各类接地线应短、直,确保泄放路径最短。需要找出原建筑防雷接地网或专用地网,并就近新设一组地网,三者相互在地下焊接连通作为联合接地网。

监测站机房的接地电阻值应小于 5 Ω。因为从理论上讲,防雷接地的接地电阻越小越好,这是因为接地装置上流过的雷电流会使接地点的地电位高,产生过高的接触电压和跨步电压,机房内的反击电压也高,因此地网的设计主要是从防雷的角度考虑,尽可能降低接地电阻。但对于山区监测站实际所处的地理位置与雷电的活动区域有着一定的关系,而且土质很差,多为碎石土壤、风化岩或花岗岩石,表面土仅十几到几十厘米厚,土壤电阻率极高,要使监测站地网接地电阻做得很小是很困难的。在这种情况下应扩大地网面积,即在地网外围增设 1 圈或 2 圈环形接地装置。环形接地装置由水平接地体和垂直接地体组成,水平接地体与地网宜在同一水平面上,环形接地装置与地网之间以及环形接地装置之间应每隔 3~5 m 相互焊接连通一次,并使用降阻剂或专用接地棒。

如大楼附近无法进行自建地网施工,而大楼防雷地网或专用地网可用,则可以直接代用机房联合接地网。防雷地首先从天面避雷带引焊,与室外地排连接;工作(保护)首先选用凿开原大楼低层地梁,柱的主钢筋,焊接 2 根或 2 根以上作为接地引出点,其次可在大楼天面凿开地梁,柱的主钢筋,焊接 2 根或 2 根以上作为接地引出点。地网接地电阻需小于等于 4 Ω。

(1) 设备的防雷。

① 机房接地系统应采取联合接地方式,即设备的工作接地、保护接地、建筑物防雷接地共用一个接地体,机房需设置一块接地排(IGB)。机房内全部设备及

走线架均用符合规格的接地线接至 IGB 排上,随后再用设计规定线径的接地线接至共用接地体上,要求接地电阻值小于 4 Ω。

② 安装机柜、机架、配线设备屏蔽层及金属钢管、线槽使用的接地线应符合设计要求,就近接地,并应保持良好的电气连接。

(2) 供电系统的防雷。

在室外敷设的电缆将两端金属外护套进行接地,除考虑防雷保护之外,还要考虑防鼠患问题。电缆的选择,可按如下其一选择,一是设备供电电缆选用 2 芯铠装电缆;二是设备供电电缆选用 2 芯屏蔽电缆(电缆外加装 PVC 套管)。因屏蔽电缆的金属护套两端分别接地,也起到线缆防雷保护的作用。

① 监测站的交流供电系统应采用三相五线制供电方式;当建筑物用三相四线制时,如建筑物内市电引入有接地装置,应由此引接保护地线构成三相五线制;如无接地装置也无法增设一组接地极组作为设备保护和工作接地,则该站址不具备机房设立条件。严禁用中性线作为交流保护接地线。

② 监测站站电力线宜采用具有金属护套或绝缘护套电缆穿钢管埋地引入机房,电力电缆金属护套或钢管两端应就近可靠接地;也可采用架空金属护套电缆或楼内绝缘护套电缆套 PVC 管引入机房。

③ 出入机房的所有电力线均应在进口处加装避雷器。

④ 监测站供电设备的正常不带电的金属部分、避雷器的接地端,均应作保护接地,严禁作接零保护。

⑤ 监测站直流工作地,应从室内接地汇集线上就近引接,接地线截面积应满足最大负荷的要求,一般为 16～35 mm²,材料为多股铜线。

⑥ 监测站电源设备应满足相关标准、规范中关于防雷电冲击指标的规定,交流配电箱、整流器、UPS 应设有分级防护装置。

⑦ 室外敷设的电缆要求在出站机房洞口及在户外天线设备端的金属护套层进行接地,要求电缆两端金属护套的接地点分别距出站机房馈线洞口点及户外的设备均不大于 1 m。

(3) 接地排要求。

① 机房应在馈线入室口设置截面积不小于 100 mm×10 mm 室外接地铜排,并与室外走线架、室内走线架、铁塔塔身和基站建筑物等保持绝缘;接地铜排应采用不小于 95 mm² 黄绿色铜导线或 40 mm×4 mm 的镀锌扁钢就近与地网作可靠连接。

② 室内接地铜排,接地引入线长度不宜超过 30 m,接地引入线应采用不小于 95 mm² 黄绿色铜导线或 40 mm×4 mm 的镀锌扁钢。

③ 在条件许可的情况下,室外接地排和室内接地排在地网上的引出点距离

应不小于 5 m。

④ 地线排接线端子应作防锈处理,接触点必须处理清洁,保证良好的接触。

⑤ 接地线接头应作绝缘处理且不能与其他带电体相连。接地铜排材料采用 10 mm 铜板,铜排外作镀铬或镀锡处理;上面不少于 15 个孔(分上下两排孔),孔径 8.5 mm;铜排配备不锈钢 8 号螺丝,装修时全部配齐;室内外铜排各一个,室内排应安装于走线架右上位置。室内铜排下沿应高出走线架 15 cm;室外铜排应安装在馈线洞正下方或一侧,室外铜排上沿应低于走线架 20 cm;铜排与墙面应用绝缘子隔离安装。

⑥ 机房地网应沿机房建筑物散水点外设环形接地装置,同时还应利用机房建筑物基础横竖梁内二根以上主钢筋共同组成机房地网。当机房建筑物基础有地桩时,应将地桩内 2 根以上主钢筋与机房地网焊接连通。

⑦ 机房电子设备的接地引入线接地点与直击雷电流引下线入地点应有足够的间隔距离,条件允许时应离开 10 m 以上。

⑧ 采用 95 mm² 的多股铜缆或 40 mm×4 mm 的热镀锌扁铁分别引至室内铜排和室外地排。室外接地铜排(防雷地)采用镀锌扁铁与避雷带连接,或借助室外走线架与避雷带焊连。工作地与保护地共用室内地排,室内接地排与交流配电箱的距离要尽可能短,二者之间的地线连接必须使用 35 mm² 的多股铜缆。

3. 铁塔防雷

对于楼房站,在安装天线的支撑杆顶加装避雷针,地面塔或楼顶塔都在塔顶安装避雷针或其他防雷装置,对于塔顶需安装监测站全向天线的铁塔,宜采用避雷针防雷。要求所有天线在避雷针 45°角的保护范围之内,避雷针有专用的引下导线沿最短路径与接地闭合环可靠连接。

凡是从楼外架设的交流电缆都采用钢带铠装电力电缆,电缆两头的钢带都要有良好的接地。进入监测站的低压电力电缆宜从地下引入机房,其长度不小于 50 米(当变压器高压侧已采用电力电缆时,低压侧电力电缆长度不限)。电力电缆在进入机房交流屏处加装避雷器,从屏内引出的零线不做重复接地。

监测站供电设备的正常不带电的金属部分、避雷器的接地端,均作保护地,严禁作接零保护。监测站机房外部的室外走线架、天线支撑杆、增高架(拉线塔)等金属设施均分别与屋顶避雷带就近连通。

(1) 铁塔要求。

① 铁塔上应设防雷装置,安装接闪器(避雷针),塔上的天馈线和其他设施都应在其保护范围内。

② 接闪器的雷电流引下扁铁应专设(预留于平台上方合适位置,方便我方连

接),引下扁铁应与接闪器及塔基接地网相互焊接连通(不少于 2 条专用扁铁,应至少在两个不同方向与楼顶的避雷带可靠连接)。

③ 两根接闪器引下扁铁应沿远离机房的一侧引下,并每隔 5 m 固定一次。

④ 上人爬梯一侧的馈线接地可采用单根扁钢,应沿靠近机房馈线窗的一侧引下,并就近与接地系统可靠焊接。

⑤ 接闪器引下扁铁焊接应满焊,焊接面积为扁钢宽边的两倍,扁铁两边均应焊接,敲掉焊渣后应作防锈处理。

⑥ 铁塔上的天线支架、航空标志灯架、馈线走线架都应良好接地。

⑦ 航空标志灯的控制线的金属外护层应在塔顶及进机房入口处的外侧就近接地。对于使用交流电馈电的航空障碍灯,其电源线应采用具有金属外护层的电缆,电缆的金属外护层应在塔顶及进机房入口处的外侧就近接地。塔灯控制线及电源线的每根相线均应在机房入口处分别对地加装避雷器,零线应直接接地。

(2) 天馈防雷。

① 同轴电缆馈线的金属外护层,应在上部、下部和经走线架进机房入口处就近接地,在机房入口处的接地应就近与地网引出的接地线妥善连通。当铁塔高度大于或等于 60 m 时,同轴电缆馈线的金属外护层还应在铁塔中部增加一处接地。

② 同轴电缆馈线进入机房后与通信设备连接处应安装馈线避雷器,以防来自天馈线引入的感应雷。馈线避雷器接地端子应就近引接到室外馈线入口处接地线上,选择馈线避雷器时应考虑阻抗、衰耗、工作频段等指标与通信设备相适应。

③ 小型监测站利用天线支架安装天线时,需安装避雷针到避雷地。射频电缆须接同轴电缆避雷器,并将避雷器的地线就近接地。

4. 接地防雷

接地是分流和排泄雷击和雷电电磁脉冲能量最有效的手段之一。没有接地装置或者接地不良的避雷设施就成了引雷入室的祸害。

监测站联合接地系统接地电阻不大于 10 Ω。当土壤电阻率大于 1 000 Ω·m 时,可不对基站的工频接地电阻予以限制,但要求其地网的等效半径大于等于 10 m,并在地网四角加以 10 m~20 m 辐射型接地体,且要求采用等电位连接等措施予以补偿。

监测站地网充分利用机房建筑物的基础(含地桩),并在室外(馈线窗下)设一避雷接地排,接地排的接地端子孔不少于 6 个。工作接地、防雷接地的接地排分别用电缆接至同一接地体。室内各设备及走线架均采用电缆接至接地排进行良好接地。

对铁塔站,铁塔基础内的主钢筋和地下其他金属设施作为接地体的一部分,并与建筑物的闭合接地环在地下可靠地连接在一起。站内各类接地线从接地汇集线或接地网上分别引入。监测站的接地电阻值不大于 10 Ω。如果机房现有的接地系统不能满足要求时,增加辅助接地装置,使接地电阻满足要求。

对于利用楼房作机房的监测站,尽量找出建筑物防雷接地网或其他专用地网,并就近再设一组地网,三者相互在地下焊接连通,如地下焊接有困难时,也可在地面上可见部分焊接成一体作为机房地网。在找不到原有地网时,因地制宜就近设一组地网。工作地及防雷地在地网上的引接点相互距离不小于 5 m。

机房内部走线架及各类金属构件必须接地,各段走线架之间必须采用电气连接,机架、管道、支架、金属支撑构件、槽道等设备支持构件与建筑物钢筋或金属构件等电气连接。在年雷暴日数较多、雷害严重地区的机房内部的金属管道、金属门等也接地。

接地线与设备及接地排连接时必须加装铜接线端子,并必须压(焊)接牢固。接线端子尺寸与接地线径相吻合。接线端子与设备及接地排的接触部分平整、紧固,并无锈蚀、无氧化。接地线两端的连接点确保电气接触良好。接地线中严禁加装开关或熔断器。

接地线采用外护层为黄绿相间颜色标识的阻燃电缆,也可采用接地线与设备及接地排相连的端头处缠(套)上带有黄绿相间标识的塑料绝缘带。接地排与设备之间相连接的接地线,距离较短时,宜采用截面积不小于 16 mm² 的多股铜线;距离较长时,宜采用不小于 35 mm² 的多股铜线。

室外走线架始末两端均接地,接地连接线采用截面积不小于 10 mm² 的多股铜线。接地排与设备之间相连接的接地线,距离较短时,宜采用截面积不小于 16 mm² 的多股铜线;距离较长时,宜采用不小于 35 mm² 的多股铜线。

接地体宜采用热镀锌钢材。但在沿海盐碱腐蚀性较强或大地电阻率较高难以达到接地电阻要求的地区,接地体宜采用具有耐腐、保湿性能好的非金属接地体。接地体之间所有焊接点,除浇注在混凝土中的以外,均应进行防腐处理。接地体的上端距地面不应小于 0.7 m,在寒冷地区,接地体应埋设在冻土层以下。

接地线宜短、直,截面积为 35~95 mm²,材料为多股铜线。接地引入线长度不宜超过 30 m,其材料为镀锌扁钢,截面积不宜小于 40 mm×4 mm。接地引入线应做防腐、绝缘处理,并不得在暖气地沟内布放,埋设时应避开污水管道和水沟,裸露在地面以上部分,应有防止机械损伤的措施。

接地引入线由地网中心部位就近引出与机房内接地汇集线连通,一般不应小于二根。接地汇集线一般设计成环形或排状,材料为铜材,截面积不小于 120 mm²,也可采用相同电阻值的镀锌扁钢。房内的接地汇集线可安装在地槽内、墙面或走线架上。

第五节　其他需求

1.消防要求

根据国家《VHF/UHF 无线电监测设施建设规范和技术标准》《建筑设计防火规范》(GB50016－2014)、《建筑灭火器配置设计规范》(GB50140－2010)进行设计,范围主要是无线电监测机房。

(1)监测站机房消防设备的配备要求。

无线电监测站防火等级不应低于二级。监测站内设置火灾自动报警系统,无线电监测机房顶棚和墙面采用 A 级防火装修材料,地面及其他装修采用不低于 B1 级的装修材料,配电设备不得直接安装在低于 B1 级的装修材料上。机房的装修积极采用不燃性材料和难燃性材料。

孔洞采用有机防火堵料填塞,馈窗采用阻火包砌筑、有机防火堵料填塞、防火隔板封堵,出入机房电缆在出、入口处用防火涂料涂刷。采取多种消防措施以阻止火势蔓延。

机房内安装火警探测器,并接入动环监控实现远程监测。配置 2 个不小于 1 kg 符合消防规定的手提式二氧化碳灭火器。灭火器放置于室内靠近门口、位置明显、易于取放的地方。灭火器放置处正上方放置标牌,红底白字。灭火器需定期巡视,并有巡视记录。

无线电监测机房在选择灭火剂时,考虑清洁、环保、灭火迅速、技术成熟以及对人体安全、投资适度等因素,重要节点的机房消防系统采用气体灭火系统。

房必须安装综合监控系统,包括烟雾、温湿度、供电(UPS 或 48V 直流)监测报警系统、与摄像机联动的门禁系统、防盗报警系统。

(2)施工消防安全。

消防器材设置地点便于取用,分布位置合理。使用方法必须明示,必要时进行示范,做到人人会用。消防设施不得被遮挡,消防通道不得堵塞。

电气设备着火时,首先切断电源,必须使用干粉灭火器、严禁使用水和泡沫灭火器。机房内施工不得使用明火,需要用明火时经相关单位部门批准,落实安全防火措施,并在指定的地点、时间内作业。

在光(电)缆进线室、水线房、机房、无(有)人站、木工场地、仓库、林区、草原等处施工时,严禁烟火。施工车辆进入禁火区必须加装排气管防火装置。电缆等各种贯穿物穿越墙壁或楼板时,必须按要求用防火封堵材料封堵洞口。

2. 环境安防

无线电监测机房设置环境监控和设备监控系统及安全防范系统,各系统的设计根据机房的等级,符合《安全防范工程技术标准》(GB50348－2018)和《智能建筑设计标准》(GB/T50314－2017)的标准要求。

环境和设备监控系统宜采用集散或分布式网络结构,系统易于扩展和维护,并具备显示、记录、控制、报警、分析和提示功能。安全防范系统宜由视频安防监控系统、入侵报警系统和出入口控制系统组成,各系统之间具备联动控制功能。紧急情况时,出入口控制系统能受相关系统的联动控制而自动释放电子锁。

环境和设备监控系统、安全防范系统可设置在同一个监控中心内,各系统供电电源可靠,宜采用独立不间断电源系统电源供电,当采用集中不间断电源系统供电时,单独回路配电。

环境和安防系统宜符合下列要求:

(1)监测机房的空气质量,确保环境满足监测设备的运行要求。

(2)机房内有可能发生水患的部位设置漏水检测和报警装置;强制排水设备的运行状态纳入监控系统;进入机房的水管分别加装电动和手动阀门。

(3)机房专用空调、柴油发电机、不间断电源系统等设备自身带监控系统,监控的主要参数宜纳入设备监控系统,通信协议满足设备监控系统的要求。

(4)室外安装的安全防范系统设备采取有防雷电保护措施,电源线、信号线屏蔽电缆,避雷装置和电缆屏蔽接地,且接地电阻不大于 10Ω。

(5)根据监控现场的环境和实际应用需求的不同,可采用不同类型的监控摄像机。对于室外环境的监控设备具有防雷防水的功能,对于灯光不足的地方监控摄像机具有红外线辅助功能。由于监控报警系统需要保持稳定的工作,不能因为停电而导致系统失效,故将前端摄像机及其他前端设备的电源设计成集中取电方式,保证监控系统的不间断供电。

(6)监控设备保持 24 小时工作状态,并将录制视频进行硬盘存储。监控设备也具有视频远程传输功能,通过局域网将监视信号传输到远程客户端,保证边海地区机房的正常运行,重要地区存储 90 天监控数据;非重要地区存储 30 天监控数据。

3. 三防处理

主要设备包括模块化插箱、机柜、天线等,进行防潮、防盐雾、防霉处理,外表涂镀三防漆。避免积水,尤其是暴露在个外界的所有构件,应避免积水,尽量消除缝隙结构,做好封胶处理,防止水、灰尘、盐雾的沉积。卷边和折弯处会积聚污垢和水,适当的表面和排放口有助于解决这个问题。

（1）防台防汛。

① 机房应严禁漏水、渗水,不得从门、窗、顶棚、馈线进出口等处漏水、渗水。对于地势较低,或可能进水的机房应对门槛做加高处理,设备底部应做底架。

② 铁塔全塔的垂直度控制在塔高的 1/1500H 内。杆件无明显变形,各杆件曲变形控制在 1/750L 内。铁塔及拉线塔上安装的支撑杆、楼顶抱杆及 GPS 立杆均应安装牢固,不受外力影响。

③ 铁塔及各天线、馈线接地电阻符合要求,接地电阻值控制在小于 4 Ω 的范围内。铁塔航空障碍灯能正常工作。

④ 监测站站址必须远离高压输电线路,见表 6-3。

表 6-3 电压与间距表

高压线电压/kV	110 kV	220 kV 以上
间距/m	>1 km	>10 km

⑤ 监测站的站址应与铁路、交通主干道、高架道路等交通流量大以及极易发生拥堵的道路保持尽可能远距离。

⑥ 监测站应在安全环境内设站。不应选择在易燃、易爆场所(如变电站、油库等),以及在生产过程中容易发生火灾和有爆炸危险的工业、企业附近设站。

⑦ 站址选在非电信专用房屋时,应根据监测站设备重量、尺寸及设备排列方式对楼面荷载进行核算以便决定采取必要的加固措施。

⑧ 监测站应设在交通方便的地方,以确保维护抢修的及时性。

⑨ 机房内(包括吊顶内)尽量避免有水管(包括自来水管,消防水管,空调用水管和蒸汽管等)穿越,如无法避免应采取相应的隔断措施;机房内不应有高压线穿越或预埋在墙体内;不应设在有木质材料结构的房内。

⑩ 不应在及水泵房设站。如设在顶层,必须设在顶层时,屋面应采用防水保温措施。

（2）抗震加固。

① 机房内设备安装应符合《通信设备安装抗震设计规范》。对于列架式或自立式通信设备,设备(或机架)底部均应与地面加固,各类加固件、连接件的规格均应符合相关要求。

② 根据机房的具体条件以及实际安装设备的重量情况,对于设备较多但荷载不能确定的机房,应委托结构专业人员进行机房荷载复核。

（3）设备标识。

① 所有设备均必须粘贴标识,贴于设备的统一规定处,要求粘贴牢固。

② 设备编号原则要求符合相关无委资源管理要求,并统一设备编号、统一维护标准。

③ 标识标签应贴于设备的显眼处,且不影响整体环境的统一协调性,以保持整体美观。

④ 馈线、尾纤、电源线及地线两端均须粘贴标签,以标明走线的去向与来源。标签均贴于距线头 20 mm 处。

⑤ 在并排有多个设备或多条走线时,标签必须贴在同一水平线上。

第六节　安装施工

1.基本要求

(1) 工程项目施工过程中,施工单位、监理单位及相关部门必须严格执行《通信建设工程安全生产操作规范》(YD 5201－2014),加强安全生产管理,防范施工安全事故。

(2) 施工前应进行安全技术交底,接受交底的人员应覆盖全体作业人员。安全技术交底应包括以下主要内容:工程项目的施工作业特点和危险因素;针对危险因素制定的具体预防措施;相应的安全生产操作规程和标准;在施工生产中应注意的安全事项;发生事故后应采取的应急措施。

(3) 工程割接前应制定割接方案,充分考虑安全因素,并同时制定应急预案,经有关部门批准后方可实施。

(4) 在交通繁忙、人员密集处施工时,必须设置有关部门规定的警示标志,必要时派专人警戒看守。

(5) 从事高处作业的施工人员,必须正确使用安全带、安全帽。

(6) 施工人员应遵守交通法规,保证工程车辆、人身及财产安全。

(7) 施工单位应当在施工现场建立消防安全责任制度,并确定消防安全责任人,制定用火、用电、使用易燃易爆材料等各项消防安全管理制度和操作规程。

(8) 在机房、无(有)人站等处施工时,严禁烟火。施工车辆进入禁火区必须加装排气管防火装置。

(9) 电缆等各种贯穿物穿越墙壁或楼板时,必须按要求用防火封堵材料封堵洞口。

(10) 电气设备着火时,必须首先切断电源。

(11) 施工单位应根据施工现场情况编制现场应急预案,并配备相应资源,必要时应组织培训和演练。

2.安全生产

设计当考虑施工安全操作和防护的需要,对涉及施工安全的重点部位和环节在设计文件中注明,对防范生产安全事故提出指导意见,并在设计交底环节就安全风险防范措施向施工单位进行详细说明。安全技术交底有明确的签字记录。

安全生产要建立长效机制,进一步加强组织机构建设,明确责任、专职专岗。确保安全生产资金、设施必要的投入。深入开展安全生产宣传教育和岗位培训,增强防范意识。要贯彻"安全第一、预防为主、综合治理"的方针,安全、高效、优质的完成工程项目。

为确保各项施工安全技术措施的顺利实施,要加强对施工现场的安全检查,消除一切安全隐患,施工现场设安全标志。工地布置符合防洪、防火、防雷击等有关安全规则及环卫要求。要强制施工企业制定各项安全规章制度,投入必需的安全设施,为参加施工人员、机械设备、车辆以及进入现场的其他人员创造一个安全可靠的施工环境。

工程涉及安全生产的相关单位是建设单位、设计单位、系统集成单位、监理单位,各环节包括施工安全、工具和仪表使用、器材储运、设备安装,需针对各环节严格防范安全生产事故。

(1) 施工现场安全。

作业时不得佩带钢笔、手表、首饰等金属物品和穿戴金属纽扣的衣服,不准携带易燃、易爆物品;不准吸烟,使用电焊时,办理动火证,并采取妥善措施后方可动火。

在机房作业时,遵守机房的管理制度,严禁在机房内饮水、吸烟。不得使用易燃液体擦洗设备或地板。严禁抛掷工具、器材和其他物品;不准在通道和设备之间放置杂物。

钻膨胀螺栓孔、开凿墙洞采取必要的防尘措施。机房设备扩容、改建工程项目需要动用正在运行设备的缆线、模块、电源接线端子等时,须经机房值班人员或随工人员许可,严格按照施工组织设计方案实施,本班施工结束后检查动用设备运行是否正常,并及时清理现场。

塔上有人作业时,塔下安排专人看护,禁止无关人员进入作业场所,塔下人员按规定要求佩戴安全帽。电源设备安装作业,使用的工具要缠绝缘胶带,禁止将金属工具放置在电源柜和蓄电池上方。工作中的设备天线会产生电磁辐射,太靠近天线可能会超过安全等级要求。设备只能由经过培训的专业人员进行安装和维护。

设备的某些部件不可避免地存在高温现象,请不要随意触摸,以免发生烫伤。设备在本区域正常使用时各零部件的温度以 45 ℃ 为基准,最高升温允许 30 ℃,故障条件下最高升温允许 55 ℃,即高温 45 ℃ 正常工作时各零部件最高温度不超过 75 ℃,故障条件下最高温度不超过 100 ℃。

(2)电气安全。

进行交流电设备安装的人员,必须具有高压、交流电等作业资格。施工现场用电,采用三相五线制的供电方式。施工现场用的各种电器设备必须按规定采取可靠的接地保护。并由电工专业人员负责电源线的布放和连接。

带电现场操作须先验电,悬挂带电操作警示牌,两人同时操作(一人操作、一人保护)。进行高压、交流电操作时,必须使用专用工具,操作时严禁佩戴手表、手链、手镯、戒指等易导电物体。严禁带电安装、拆除电源线。电源线中间严禁有接头。严禁在接地线、交流中性线中加装开关或熔断器。严禁在接闪器、引下线及其支持件上悬挂信号线及电力线。发现机柜有水或潮湿时,立刻关闭电源。在潮湿的环境下操作时,严格防止水分进入设备。

交流高低压停电操作,对交流火线装设接地线。为了确保人身安全和设备安全,停电后,一定要用万用表或试电笔确认有无交直流电压存在。在连接电缆之前,必须确认连接电缆、电缆标签与实际安装情况是否相符。在设备接通电源之前设备必须先将设备机壳的保护接地端子可靠接地。

当电源设备进行交流接入时,电源设备的隔离开关(刀开关、刀形转换开关或熔断器式刀开关)、断路器(即空气开关、空气自动开关等)均处于断开位置。同时由局方人员负责交流供电设备的停电作业,并在停电设备的隔离开关手柄上悬挂"停电作业,请勿合闸"的警示牌。

断开设备的市电、油机刀形转换开关时,使开关处于空挡位置(操作手柄处于中间位置的水平状态)。设备在加电前,检查设备内不得有金属碎屑;电源正负极不得接反和短路;设备保护地线良好;各级熔丝规格符合设备的技术要求。设备加电时,必须沿电流方向逐级加电,逐级测量。插拔机盘、模块时必须佩戴接地良好的防静电手环。测试仪表接地,测量时仪表不得过载。

设备加电前进行检查,设备内不得有金属碎屑,电源正负极不得接反和短路,设备保护地线引接良好,各级电源熔断器和空气开关规格符合设计和设备的技术要求;设备加电测试需要采取逐级加电的方法,每加一级电源,需要观察设备状况并测量下一级供电电压,如发现异常,立即切断电源开关,检查原因。

直流电源线、交流电源线、信号线必须分开布放,避免在同一线束内;其中直流电源线正极外皮颜色为红色,负极外皮颜色为蓝色;接地线采用外护层为黄绿相间颜色标识的阻燃电缆,也可采用接地线与设备及接地排相连的端头处缠

（套）上带有黄绿相间标识的塑料绝缘带。

（3）重点部位环节。

严禁擅自关断运行设备的电源开关，电源线中间严禁有接头，严禁在接地线、交流中性线中加装开关或熔断器，机房内走线架、吊挂铁件、机架、金属通风管、馈线窗等不带电的金属构件均接地。设备在安装时（含自立式设备），用膨胀螺栓对地加固。在需要抗震加固的地区，按设计要求，对设备采取抗震加固措施。

铁塔安装作业为登高作业，所有塔上作业人员持有登高证。施工单位根据场地条件、设备条件、施工人员、施工季节编制高处施工安全技术措施和施工现场临时用电方案，经审批后认真执行。经医生检查身体有病不适宜上塔的人员，严禁上塔作业。酒后严禁上塔作业。塔上作业时，必须将安全带固定在铁塔的主体结构上未经现场指挥人员同意，严禁非施工人员进入施工区，在起吊和塔上有人作业时，塔下严禁有人。通信塔有防雷接地设施，塔体连接点保持良好的电气连通。在塔上安装天馈线工作中，先认真检查塔的固定方式及其牢固程度，确认牢固可靠后方可上塔作业。当遇到气温超过 40 ℃或低于－10 ℃，六级风及以上，沙尘、浓雾或能见度低，雨雪天气，杆塔上有冰冻、霜雪尚未融化前，附近地区有雷雨等天气时，不得上塔施工作业。

3. 设备安装

（1）工具和仪表。

施工作业时选择合适工具，正确使用，不能任意代替。工具保持完好无损，定期检查保养。发现有损时及时修理或更换。仪表使用人员必须经过培训，熟悉仪表的正确使用方法，并按仪表的技术规定进行操作。

配发安全带必须符合国家标准。每次使用前必须严格检查，发现安全带有折痕、弹簧扣不灵活或不能扣牢、腰带眼孔有裂缝、钩环、铁链等金属配件腐蚀变形等异常时，严禁使用。严禁用一般绳索、电线等代替安全带（绳）。劳保用品须定期检验，发现不合格品及时更新。

使用带有金属的测量器具时避免触碰电力线和带电物体，不得在运行设备内进行测量，使用带激光源仪器时，不得将光源正对着眼睛。使用的电动工具如电锤、切割机、塑料焊枪、曲线锯等必须性能良好、绝缘可靠，电源线无老化和破损，电器设备的插头必须完好，不得以其他任何方式代替电插头，不得以电话线代替电源线，必须使用带有保护地线的电源。

在设备扩容、割接工程中，五金工具（扳手、起子等）必须使用绝缘胶布缠绕作绝缘防护处理。接线板必须完好无破损并有漏电保护装置，使用双层绝缘电源线,外层无破损。剖电缆时,拿刀的手放在后边,另一个手放在前面,不可用力过猛,避免刀划伤手。

(2)器材储运。

易燃、易爆化学危险品和压缩可燃气体容器等必须按其性质分类放置并保持安全距离。易燃、易爆物必须远离火源和高温。严禁将危险品存放在职工宿舍或办公室内。废弃的易燃、易爆化学危险品必须按照相关部门的有关规定及时清除。

搬运设备、线缆等器材时,对杠、绳、链、撬棍、滚筒、滑车、挂钩、绞车(盘)、跳板等搬运工具进行检查是否能够承担足够的负荷,有破损、腐蚀、腐朽现象不得使用。

车辆运输工程器材的长、宽、高不得违反装载规定。若运载超限而不可解体的物品影响交通安全时,按照交通管理部门指定的时间、路线、速度行驶,并悬挂明显的警示标志。

(3)安装机架和布放线缆。

进入机房将机房地面孔洞用木板盖好,防止人员、工具、材料掉入孔洞。在地面、墙壁上埋设螺栓,注意避开钢筋、电力线暗管等隐蔽物,无法避免时,通知建设单位采取措施。立机架时,地面铺木板或其他物品,防止划坏机房地面或机架滑倒而伤人或损坏设备;机架立起后,立即固定,防止倾倒。

扩容工程在撤除机架侧板、盖板时有防护措施,防止设备零件掉入机架内部。扩容工程立架时,轻起轻放,对原有设备机架采取保护措施,防止碰撞。设备在安装时(含自立式设备),必须用膨胀螺栓对地加固。在抗震地区必须按设计要求,对设备采取抗震加固措施。

布放线缆时,不强力硬拽,并设人看管缆盘。放线缆拐弯、穿墙洞的地方有专人把守,不得硬拽,伤及电缆。在楼顶上布放引线时,不可站在窗台上作业。如必须站在窗台上作业时,必须扎绑安全带进行保护。

机架顶部作业、接线、焊线有防护措施,防止线头、工具掉入机架内部。布放到运行设备机架内部的线缆时,轻放轻拽,避免碰撞内部插头。布放线缆时做好标识,其中电源线端头作绝缘处理。开剖线缆不得损伤芯线。电源线端头必须镀锡后加装线鼻子,线鼻子的规格符合要求。连接电源线端头时使用绝缘工具。操作时防止工具打滑、脱落。电缆热缩套管热缩时,必须使用塑料焊枪或电吹风热缩,不准使用其他方式热缩。列头柜电源保险容量必须符合设计要求。插拔电源保险必须使用专用工具,不得用其他工具代替。

严禁自行在机柜上钻孔,以免破坏机柜的电磁屏蔽性能。静电敏感的单板或模块在库存和运输过程中需使用防静电袋,不与带静电的或易产生静电的物体接触,以防静电放电而损坏器件。在接触设备,手拿插板、电路板、IC芯片等之前,必须佩戴防静电手腕。防静电手腕一端良好接地,手腕与接地点之间的连线上必须串接大于1M欧姆的电阻以保护人员免受意外电击的危险。防静电手腕进行定期检查,严禁采用其他电缆替换防静电手腕上的电缆。

(4) 天线安装。

上塔桅前要仔细检查安全帽和安全带各个部位有无伤痕,如发现问题绝对不可使用。到达施工位置后,安全带应固定在塔桅上,不要固定在天线杆上,以免造成天线的移动或出现意外。塔上作业时,必须使用安全带、安全帽,并扣好安全带环方可开始工作。

在天线吊装现场(包括市内楼房吊装)设置安全作业警示区域,用围绳划出作业区,禁止车辆及无关人员穿行。施工现场人员必须佩戴安全帽。施工车辆停放应按机动车交通规则有关规定并设置警示牌。

吊装天线前应先勘查现场,制定出吊装方案,必要时应征求建设单位意见(如市内楼房吊装),事先须划出吊装施工区,禁止车辆行人在吊装区穿行,吊装现场应尽量避开电力线等障碍物,确认核对天线挂架位置。吊装前应检查吊装工具的可靠性,然后慢慢起吊,当天线离地面时,由人工按压试验,确认可靠后再继续起吊。

(5) 塔桅钢结构安装。

简易塔安装高空作业人员必须具有登高证书,并定期进行健康检查。作业区域现场需设立安全员。饮酒人员、身体不适或服用相关药品后等不宜上塔的人员不得上塔作业。

遇到下列气候环境条件时严禁上塔施工作业:

① 地面气温超过40 ℃或低于−20 ℃时;

② 五级风及以上;

③ 沙尘、云雾或能见度低;

④ 雷、雨、雪天气;

⑤ 杆塔上有冰冻、霜雪尚未融化前。

施工现场竖立警示明显标识以提醒施工无关人员远离施工现场,并在一定范围内设置防护围栏。以塔基为圆心,以塔高的1.05倍为半径的范围为施工区,应进行圈围,非施工人员不得进入。以塔基为圆心,塔高的20%为半径的范围为施工禁区,施工时未经现场指挥人员同意并通知塔上作业人员暂停作业前,任何人不得进入。

登高作业必须使用符合技术要求的安全帽、安全带、防滑鞋等安全防护器具,必要时设置防护板、安全网。安全防护器具在使用前必须检查其是否处于合格状态,确保安全可靠。安全防护器具要穿戴整齐,裤角要扎住,不准穿光滑的硬底鞋、拖鞋或赤脚上塔作业。

安全带要牢系在人体上方坚固的建筑结构件上或金属结构架上,不准系在活动物件上。扣好安全带后,应进行试拉,确认安全后,方可施工。如身体靠近塔身,安全带松弛,应随时检查挂钩是否正常,确认正常后方可继续作业。

塔上使用的所有可能滑落造成塔下人员伤害的器具须做安全处理,对暂不使用的工具、金属安装件等应及时装入工具袋,工具袋随用随封口。上下时手中不得拿物件,并必须从指定的路线上下。不得在高空投掷材料或工具等物。不得将易滚易滑的工具、材料随意放置塔上。作业完毕应及时将易坠落物件清理干净,以防止落下伤人。

塔上作业人员不得在同一垂直面同时作业。上、下塔时必须按规定路由攀登,人与人之间距离应不小于 3 米,行动速度宜慢不宜快。高空电焊时,除相关人员外,其他人员均应下塔并远离铁塔。凡焊渣飘到的地方,禁止人员通行。焊接人员必须穿绝缘鞋,带防护眼镜和手套,电焊机外壳应接地。

上下大型物件应采用可靠的起吊机具。吊装物件时,必须系好物件的尾绳,不得碰撞塔体。牵拉尾绳的作业人员应密切注意指挥人员的口令,松绳、放绳应平稳。电动卷扬机、手摇绞车的稳装位置必须设在施工区外。架设拉线塔时,临时拉线或正式拉线没有卡好之前,不允许上塔作业。

简易塔施工时往楼上吊件时,支架一定要固定牢固。安装过程中,一定要有专人注意楼下行人车辆等的安全。简易塔架安装施工前,务必仔细检查现场房屋有无安全隐患,有无高压线等危险源,做好安全防护,若有异常情况,如墙体或楼板开裂、屋面渗水需及时通知设计、监理等相关单位做相关处理,施工过程中应全程有监理现场监督。

指挥人员应密切关注塔上作业人员的工作状态,发现违章行为应立即进行制止,任何时候都不得离开现场。施工现场有两个以上施工单位施工时,建设单位应明确各方的安全职责,对施工现场实行统一管理。

(6) 抗震加固。

① 设备安装抗震加固要求。

根据《建筑抗震设计规范》(GB 50011－2010)的规定,设备安装设计的抗震设防烈度,与安装设备的房屋的抗震设防烈度相同。

根据《电信设备抗地震性能检测规范》(YD 5083－2005)规定,在我国抗震设防烈度 7 度以上(含 7 度)地区公用电信网上使用的交换、传输、移动基站、通信电源等主要电信设备取得电信设备抗地震性能检测合格证,未取得主管部门颁发的抗地震性能检测合格证的电信设备不得在工程中使用。

② 设备安装抗震加固措施。

显示屏、路由器、交换机、监测接收机等设备。机房地面为活动地板,新装设备安装加固机座,机座需根据现场地面情况由施工单位进行加工制作。机座对地面采用 M12 膨胀螺栓加固,机架底部与机座用 M12 螺栓加固,顶部与上梁连接加固,列架通过连固铁及旁侧撑铁用 M10 螺栓与柱进行加固。

敷设在走线架或电缆桥架上的电缆绑扎在走线架或电缆桥架横铁上。

馈线在水平走线架上每隔 1.5 m 用卡子或扎带固定一次,在垂直走线架上每隔 1 m 用卡子或扎带固定一次。

③ 机房抗震要求。

机房建筑的安全和可靠性直接关系到地震时设备的正常运行和通信畅通。根据《通信建筑抗震设防分类标准》(YD5054－2019)和《建筑抗震设计规范》(GB50011－2010)相关规定,工程涉及的机房建筑属于标准设防类,按本地区抗震设防烈度确定其抗震措施和地震作用。对于租用机房,由建设单位另行委托具有相应资质的设计单位对机房楼层进行承重验算,提出加固方案,满足设备安装要求。

④ 塔桅抗震要求

工程涉及的地面塔和屋面塔架等,由建设单位另行委托具有相应资质的设计单位,按照《移动通信工程钢塔桅结构设计规范》(YD/T 5131－2019)和其他现行有关的国家、行业标准及规范进行设计。

第七章 电磁环境测试

第一节 电磁环境测试基础

1. 概述

电磁环境测试是电磁频谱管理的一项基础性工作,它广泛应用于无线电台站选址、频率指配、无线电管制和电磁环境评估等电磁频谱管理的各个环节,合理有效的电磁环境测试可以保证各种无线业务正常有序进行和发展。通过电磁环境测试可以为设台单位提供真实可靠的信道占用度、频段利用率及各频段各业务段背景状况等具有结论性的报告。通过电磁环境测试为无线电管理部门指配频率、规划频率、频率协调等业务工作提供技术支持。

电磁环境测试要考虑测试点的地形、地貌、周围建筑物和传播介质,周围传播介质不一样的地区会产生折射等综合因素。短波电磁环境测试还要考虑地质构造情况,如有无铜矿、铁矿等金属矿,尽量选取位置高、地貌平坦、无高大建筑物、远离大面积水面或者林带的位置。应尽量避开附近有大功率发射广播、雷达、电气化铁路、繁华公路上汽车火花及车体反射、工业辐射、变电站及高压输电线路、大面积金属网等直接影响测试效果的区域。

新建台站电磁环境主要测试拟使用频道或频段是否在保护场强内,测试落入接收机工作频段内的空间无线电干扰信号对有用信号产生干扰的程度。根据《电磁环境保护要求》国家标准分析、计算预选站址是否符合技术要求,避免因预选站址电磁环境不兼容而造成经济和其他各方面的损失。测试结果作为建设单位上报站址和无线电管理机构审批台站的技术依据。

2. 测试要素

（1）测试系统。

测试系统主要包括天线、馈线、电缆、频谱分析仪、测试接收机,视需要增加低噪声放大器等。

（2）参数设置。

主要包括频率、扫描带宽和参考电平。

（3）影响频谱波形的参数设置。

RBW 射频分辨率、VBW 视频分辨率、频谱分析仪、测试接收机的带宽和步进。

（4）其他一些参数的设置。

主要包括扫描速度、每格 dB 值等。

（5）测试设备。

电磁环境测试使用的主要设备有频谱分析仪和测试接收机。

频谱分析仪是通过扫频信号源实现扫频测量的,通常利用斜波或锯齿波信号控制扫频信号源在预设的频率跨度内扫描获得期望的混频输出信号,显示的波形称为频谱。

测试接收机是以点频法为基础,应用本振调谐的原理测试相应频点的电平值。接收机的扫描模式应当是以步进点频调谐的方式得到的。相比之下频谱分析仪功能更全面,测试接收机灵敏度更高。

最常用的频谱分析仪是扫描调谐式频谱分析仪,其是以一定带宽(RBW)的滤波器按连续扫描方式将所测带宽扫完,多用于频段电磁环境测试。测试接收机是设置一定带宽,可选择范围很小,按信道、频道进行单信道测试、多信道测试,可连续也可离散,多用于信道测试。

频谱分析仪是在频域里显示输入信号的频谱特征。频谱分析仪的三个主要参数为频率 FREQ、带宽 SPAN 和参考电平 LEVEL。影响频谱波形特征的主要是射频滤波器带宽 RBW,RBW 设置的不同对真实反映信号的波形是非常重要的,同时 RBW 设置的不同还对频谱的本地噪声有很大的影响。还有视频滤波器带宽(VBW)决定频谱曲线的平滑度。一般 RBW 要大于或等于 VBW。

测试接收机主要是测试信道、频道的电磁环境,一般是测窄带信道的,一般在 1 kHz～250 kHz 内分为几档。测试时量程一定要与所测带宽基本一致。它可以用离散的方式测多个信道,也可以用连续的方式测多个信道。步进不要大于测试带宽否则会漏掉很多信号,但此时看到的频谱图会是不准确的,会比实际的频谱要宽,这也是利用测试接收机做频段测量时要注意的。

第二节 机场电磁环境测试

机场(台)站电磁环境测试主要分析机场区域电磁环境背景、塔台、地面滑行、航空数据链、进近、信标、航空导航、一次和二次雷达、其他在机场区域所有存在接收的频段,还要看一下民航频段外有无大功率的信号存在,要知道大功率发射台距机场的距离。机场(台)站电磁环境测试目的是了解当前环境下各类无线电台站,确定各类干扰源的干扰信号强度,使航空无线电导航站与周围电磁环境合理兼容,保证飞机飞行安全,对周围可能对无线电导航通信造成干扰的隐患进行分析,详细记录分析数据,掌握预选机场场址周边的发射源和发射辐射体。

1. 测试规范

新建(迁建)民用机场,应当至少测试以下地面航空无线电台(站)对应的无线电频段:

(1) 导航台:仪表着陆系统、全向信标台、测距仪、无方向性信标台。

(2) 通信电台:甚高频电台、高频电台。

(3) 监视系统:二次雷达或广播式自动相关监视系统。

(4) 气象雷达:C 波段天气雷达(根据实际确定)。

(5) 除上述无线电台(站)以外,设置其他无线电台(站)的,还应当测试其对应的无线电频段。

改建(扩建)民用机场,应当至少测试新建、变更无线电台(站)址的地面航空无线电台(站)对应的无线电频段。

测试时应当遵循以下规范:

(1) 中国民用航空局空管行业管理办公室《民用机场与地面航空无线电台站电磁环境测试规范》(AP-118-TM-2013-01)。

(2) 中国民用航空局《民用机场与地面航空无线电台站电磁环境测试规范》(MH/T4046-2017)。

(3) 《航空无线电导航台站电磁环境要求》(GB6364-2013)。

2. 术语及定义

(1) 最大允许干扰场强。

为保证无线电台站正常工作,折算到天线口面处可允许的最大干扰信号场强。

（2）最大允许干扰功率。

为保证无线电台站正常工作,折算到天线口面处及各向同性天线接收的可允许的最大干扰信号功率。

（3）测试系统灵敏度。

测试系统接收机输出信噪比为 3dB 时系统接收天线口面处能够测量到的最小信号场强或功率。

（4）无线电台站址。

以 WGS-84 坐标表示的无线电台站天线所在的地理位置。

（5）检测方式。

拟测频段对应的地面航空无线电台站为脉冲工作方式的应采用峰值或准峰值检波方式对拟测频段进行测量。拟测频段对应的地面航空无线电台站为连续波工作方式的,应采用均方根或平均值检波方式对拟测频段进行测量。

测试天线的极化方式应与地面航空无线电台站实际工作的天线极化方式一致。测试天线的工作频段应完全包含地面航空无线电台站所对应的无线电频段。

表 7-1　地面航空无线电台(站)对应的无线电频段

台(站)类别			无线电频段[注1]	极化方式
通信	高频		2.8～22 MHz	垂直
	甚高频		118～137 MHz	垂直
	卫星地球站[注2]	C 波段	3 968～3 991 MHz(下行)	—
		Ku 波段	12 688～12 742 MHz(下行)	—
导航	无方向性信标		190～700 kHz	垂直
	仪表着陆系统	指点信标	75 MHz	水平
		航向信标	108～112 MHz	水平
		下滑信标	328.6～335.4 MHz	水平
	全向信标		108～118 MHz	水平
	测距仪		960～1 215 MHz	垂直
监视	一次雷达	远程	1 250～1 350 MHz	线(或圆)极化
		近程	2 700～2 900 MHz	
	二次雷达		1 029～1 031 MHz(1 030±1 MHz)	垂直
			1 087～1 093 MHz(1 090±3 MHz)	
	广播式自动相关监视系统		1 089～1 091 MHz(1 090±1 MHz)	垂直

续表

台(站)类别			无线电频段[注1]	极化方式
气象	边界层风(温)廓线雷达		1 270～1 295 MHz 1 300～1 375 MHz	—
	天气雷达	S 波段	2 700～2 900 MHz	—
		C 波段	5 300～5 600 MHz	—
		X 波段	9 300～9 700 MHz	—

注1:实际测试的频率范围应当至少包含本表所列频率范围。

注2:若租用的卫星转发器频段发生变化,测试频段应当随之进行调整。

3.测试地点选择

(1)通信频段。新建、迁建民用机场应视情况在塔台或航管楼拟选址处进行测试。改建、扩建民用机场应在拟建、拟变更地面航空无线电台站接收天线址处进行测试。

(2)导航频段。单条单向 1 测试点、单条双向 2 测试点、两条平行双向跑道 2 测试点、多条平行双向跑道 2 测试点、两条或多条交叉双向跑道 2X 测试点。在跑道两边中心延长线上分别在距最近的着陆端 6～8 km 之间任意一点,最佳距离 7 km 进行测试。

(3)监视等其他频段。在拟建、拟变更地面航空无线电台站接收天线址处进行测试。在机场围界范围内若拟建同一工作频率的多个航空无线电地面台站应根据台站布局情况选取 2～3 个点进行测试。

(4)特殊情况下的测试地点。若上述各测试点不具备测试条件或不能完全反映电磁环境的真实情况可考虑在测试点附近地势较高的空旷处进行测试。

4.测试参数计算

(1)射频通道增益。

射频通道增益为测试接收机输入端相对测试天线馈源接口端的增益。

$$GP = G - LA - ILF - LW$$

式中,GP:射频通道增益,单位为分贝(dB)。

G:放大器的增益,单位为分贝(dB)。

LA:衰减器的衰减,单位为分贝(dB)。

ILF:滤波器的插入损耗,单位为分贝(dB)。

LW:系统连接电缆,包含接头的总体损耗,单位为分贝(dB)。

天线通过射频电缆或射频连接转接头与接收机连接,滤波器、衰减器、放大器及接收设备连接的计算机为选用。

（2）系统灵敏度。

若在中频带宽或分辨率带宽为 BT 时，测量接收机或频谱分析仪接匹配负载 $50\ \Omega$ 测得的本底噪声功率值为 PN_f，则测量接收机或频谱分析仪在基准带宽 BS 下的灵敏度

$$PR_{\min}=PN_f+3+KPR_{\min}$$

测量接收机或频谱分析仪灵敏度单位为分贝毫瓦（dBm）。

PN_f：测量接收机或频谱分析仪本底噪声功率，单位为分贝毫瓦（dBm）。

K：带宽因子，单位为分贝（dB）。

测试系统在基准带宽 BS 下的灵敏度计算

$$ES_{\min}=PR_{\min}-GP+AF+FES_{\min}$$

测试系统灵敏度单位为分贝微伏每米（dBμV/m）。

$PR_{\min}$：测量接收机或频谱分析仪灵敏度，单位为分贝毫瓦（dBm）。

GP：射频通道增益，单位为分贝（dB）。

AF：测试天线系数，单位为分贝每米（dB/m）。

F：折算系数，频谱分析仪输入阻抗 $50\ \Omega$ 时，折算系数为 107 dB；输入阻抗为 $75\ \Omega$ 时，该折算系数为 109 dB。

$$PS_{\min}=PR_{\min}-GP-GA$$

$PS_{\min}$：测试系统灵敏度，单位为分贝毫瓦（dBm）。

$PR_{\min}$：测量接收机或频谱分析仪灵敏度，单位为分贝毫瓦（dBm）。

GP：射频通道增益，单位为分贝（dB）。

GA：测试天线增益，单位为分贝（dB）。

测试系统灵敏度应至少优于被测试频段的最大允许干扰场强或功率 6 db 以上。

5.测试数据换算

当使用频谱分析仪时测试采用的分辨率带宽宜小于所列基准带宽的 1/2，测试结果应换算到基准带宽。需要将频谱仪功率转化为天线口面处功率或者场强换算成基准带宽进行比较。

（1）负载端功率与电压换算。

$$P=U-107$$

P：负载端功率，单位为分贝毫瓦（dBm）。

U：负载端电压，单位为分贝微伏（dBμV）。

（2）天线系数与天线因子换算。

$$AF=20\ \log f\ (\text{MHz})-G(\text{dBi})-29.786\ \text{dB}。$$

AF：天线系数，单位为分贝每米（dB/m）。

F：天线的工作频率，单位为兆赫兹（MHz）。

GA：天线增益，单位为分贝（dB）。

$$dBi=dBd+2.15$$

（3）天线口面处信号场强与天线负载端电压换算。

$$E=U+AF$$

E：天线口面处信号场强，单位为分贝微伏每米（dBμV/m）。

U：天线负载端电压，单位为分贝微伏（dBμV）。

AF：天线系数（天线因子），单位为分贝每米（dB/m）。

（4）当测试系统中频带宽或分辨率带宽 BT 与基准带宽 BS 不一致时，计算带宽因子将测试结果换算为基准带宽下进行分析比较。

$$K=10\log(BS/BT)$$

K：带宽因子，单位为分贝（dB）。

BS：测试频段对应的基准带宽，单位为千赫兹（kHz）。

BT：测试系统中频带宽或分辨率带宽，单位为千赫兹（kHz）。

（5）测试结果换算。

$$EI=PT-GP+AF+F+K$$

EI：测试天线口面的场强，单位为分贝微伏每米（dBμV/m）。

PT：使用频谱仪或其他接收机测试时的读数，单位为分贝毫瓦（dBm）。

GP：射频通道增益，单位为分贝（dB）。

AF：测试天线系数（天线因子），单位为分贝每米（dB/m）。

K：带宽因子，单位为分贝（dB）。

F：折算系数，频谱分析仪输入阻抗为 50 Ω 时，折算系数为 107 dB；输入阻抗为 75 Ω 时，该折算系数为 109 dB。

$$PI=PT-GP-GA+K$$

PI：测试天线口面处（即各向同性天线接收）的功率，单位为分贝毫瓦（dBm）。

PT：使用频谱仪或其他接收机测试时的读数单位为分贝毫瓦（dBm）。

GP：射频通道增益，单位为分贝（dB）。

GA：测试天线增益，单位为分贝（dB）。

K：带宽因子，单位为分贝（dB）。

$$EI=ET-GP+K$$

EI：测试天线口面的场强。单位为分贝微伏每米（dBμV/m）。

ET：使用测量接收机测试时的读数且读数未计入射频通道增益，单位为分贝微伏每米(dBμV/m)。

    GP:射频通道增益,单位为分贝(dB)。

    K:带宽因子,单位为分贝(dB)。

第三节　卫星地球站电磁环境测试

电磁环境测试是卫星通信地球站建设过程中必不可少的步骤,是卫星通信地球站正常运行的保证。卫星通信地球站电磁干扰测试需要针对拟建站的主要工作参数性能,确定干扰源的干扰允许值。通过搭建满足灵敏度要求的测试系统,测量干扰情况,并对测量得到的数据进行分析,确定是否存在干扰,为站址选择提供支持。

在进行电磁环境测试之前,首先要掌握拟建站的主要技术特性。以 C 波段为例进行阐述,设地球站工作抛物面天线口径为 5 m,上行频率/下行频率分别为 6 GHz/4 GHz,重点考察下行频率。传输速率为 4.8 kbps～512 kbps,天线噪声温度 50 K,接收系统等效噪声温度 130 K。此外,还要掌握拟建站的地形地貌信息,如地球站天线的工作仰角应不低于规定的管形波束保护角(C 波段 5,Ku 波段 10)等。

1. 天线参数计算

(1) 天线增益。

地球站天线的方向性图应根据实测的方向图求得各方向的天线增益。在没有实测方向性图时,依据 GB13615－92 地球站电磁环境保护要求,按照公式计算出大口径天线(直径与波长之比不小于 100 时)在被干扰方向上的增益。如果天线直径与波长之比小于 100 的地球站,也应采用实际测得的天线方向性图。在无实测资料时,天线在被干扰方向上的增益亦应按公式计算。

(2) 天线指向角。

工程中可以利用一些天线指向计算器软件直接进行计算,简单方便。此外,一般还应考虑磁偏角的影响。磁偏角是指磁针静止时,所指的北方与真正北方的夹角。根据规定,磁针指北极 N 向东偏则磁偏角为正,向西偏则磁偏角为负。真方位角等于磁方位角加上磁偏角。

2. 测试系统及参数

(1) 测试系统组成。

测试系统由 C 频段喇叭天线、C 频段低噪声放大器(LNA)、频谱分析仪、微波传输线等组成。C 频段测试设备参数均应满足 GB13615-92 地球站电磁环境保护要求及 GB6113 测试仪表需满足的条件。

（2）测试仪表主要技术参数。

选用某型号 C 波段喇叭天线，频率范围为 3.2～5.0 GHz，典型增益为 20 dBi，典型噪声温度为 160 K，接口为 BJ-40 波导。选用某型号 C 频段低噪声放大器频率范围为 3.4～4.2 GHz，典型增益为 60 dB，典型噪声温度为 40K。选用的频谱分析仪除了工作频率范围要满足测试系统组成要求之外，在 2～5.8 GHz 频率范围内其灵敏度要小于 -102 dBm/10 kHz。微波传输线损耗为 4 dB，此外勘测中还使用了经纬仪、激光测距仪、皮尺、罗盘等工具。

（3）电磁环境测试系统灵敏度要求。

测试系统测量带宽（频谱分析仪接收带宽）设为 10 kHz。根据测量仪表的技术参数，计算出归算到 LNA 输入端的噪声功率为：

$$PN = KTB$$

归算到喇叭天线口面的噪声功率为：

$$P_{ant} = PN - GA$$

折算到频谱仪输入端热噪声功率：

$$P_{out} = PN + GN - L$$

（4）地球站允许干扰电平计算根据拟建站通信技术指标，在允许干扰电平计算中，取通信速率为 $R = 4.8$ Kbit/s，并设置 5 dB 的富裕度。

为确保卫星地球站能正常工作，地球站低噪声放大器（LNA）最小输入载波电平为

$$P = Eb/N_0 + 10\log(R) + 10\log T + K + 5$$

对数字卫星通信而言，取 C/I=20 dB，则来自其他设备的带内干扰信号的峰值在地球站天线口面处比正常接收信号低 20 dB。因此，地球站天线口面处允许干扰电平为

$$P_i = P_{imax} - G_{ant},$$

在测试过程中，为保证测试系统有较高灵敏度，测试系统中频谱分析仪的参考分辨率设为 10 kHz，与地球站接收信号工作载波带宽不同，因此计算允许干扰电平时需减去带宽修正因子 M，$M = 10\log(BCW/BRBW)$。其中 BCW 为地球站接收信号工作载波带宽，BRBW 为频谱分析仪参考分辨率带宽。

$$M = 10\log(BCW/BRBW)$$

3. 测试方法及文档

在预选地球站现场，分早、中、晚全方位全频段测试，每次测试时间不少于 15

分钟。

(1) 在测试点连接测试仪器,加电预热。

(2) 预定工作方位测试。调整测试天线仰角为0°,在地球站工作方位范围内转动测试天线,观察拟使用频段内的信号频谱显示,保存频谱图。

(3) 改变俯仰角进行测试。俯仰每隔5~10秒改变一次,在预定工作方位范围内旋转进行测试。直到俯仰角度接近90°。

(4) 改变极化方式重复(2)、(3)步骤。

(5) 在有干扰的方向上要进行详细的测试。通过减小测试带宽,根据干扰方向选定一个最佳起始仰角,使仰角以10°的间隔抬高,在每个仰角上慢慢进行扫描测试,再从起始仰角反复1~2次,以便精确地确定干扰的方向和大小并填好干扰记录表。

(6) 相关文档。根据测试数据完成测试报告。测试的干扰信号如果小于干扰允许值,则说明不形成干扰;测试的干扰信号若大于干扰允许值,则说明此干扰信号会对正常通信造成干扰,需进行避让或向有关部门提出协调申请。测试报告中要提供的文档一般包括站址位置示意图、可视星位及天际线仰角图、干扰测试记录表、干扰信号频谱图、干扰源情况调查表及预选站址的一般情况调查表等。

(7) 注意事项。

要随时保证测试系统的线性。当系统接收到过强干扰信号时,会使放大器处于非线性状态,测出的干扰数据反而会偏低。当测出的干扰功率超过系统灵敏度较多时,应根据系统各部分增益来估算进入前置放大器的输入信号是否超出线性范围。必要时可以在放大器前面加衰减器,以减小进入前置放大器的信号强度。另外,测试系统的灵敏度要求随着测试系统选用的喇叭天线、低噪声放大器的噪声温度不同而不同,地球站允许干扰电平值随地球站设备类型、工作参数的变化而有所变化,这一点在确定测试系统的灵敏度和地球站允许干扰电平值时要特别注意。

第四节　微波站电磁环境测试

微波站周围各种电磁场的辐射有可能对微波接力通信产生干扰影响正常的通信工作。因此,微波站建站前的电磁环境测试和干扰计算已经成为无线电台站审批程序中的一项重要的技术工作。

微波站电磁环境测试的目的是对微波站进行实地测试并对测试数据做进一步的计算,得到直观、可靠的分析结果,确定预选的站址是否符合国家标准的要求,保证微波站建成后的可靠通信并在发现干扰时寻求抗干扰措施,为频率的指配提出科学、合理的建议。

1. 测试系统

微波站电磁环境测试系统主要由高性能频谱分析仪和各种测试天线组成。如果有相应的控制软件还可以组成自动测试系统。自动测试系统可以在极少人工干预的情况下完成电磁环境测试任务。硬件部分主要由各种标准测试天线、低噪声放大器、频谱分析仪、微型旋转电机、控制器、笔记本电脑等组成。软件部分主要由控制和干扰计算软件组成。人工测试系统不含微型旋转电机和控制器,计算软件与自动测试系统是通用的。相应的配套设备还应有射频限幅器、衰减器、罗盘、GPS 定位仪、经纬仪、天线三脚架、低损耗馈线及直流电源等。

常用微波测试天线有对数周期天线、标准增益喇叭天线、双脊波导喇叭天线、抛物面天线等。对于微波测试在 2 GHz 以下的低频段常选用 200～1 000 MHz 和 1 000～2 000 MHz 两种频段的对数周期天线,增益范围约 5～12 dB。喇叭天线携带方便、方向性较强增益一般在 18 dB 左右。抛物面测试天线方向性强、增益高,常用的有直径 1 m、0.8 m 和 0.6 m,频段范围在 700 MH～20 GHz 之间。

常用的中、短波和超短波测试天线包括有源单极电场天线,频段范围 30Hz～50 MHz;对称偶极子天线,频段范围 30～1 000 MHz;双锥天线,频段范围 30～300 MHz;对数周期天线,频段范围 30～1 000 MHz。

放大器应选用高增益低噪声放大器。常用的低噪声放大器有进口微波低噪声放大器,带宽 1～26.5 GHz,典型增益 30 dB 噪声系数 7～12 dB;国产微波低噪声放大器,带宽 1 GHz,增益大于 55 dB,噪声系数≤2.5 dB。

2. 测试灵敏度

电磁环境测试系统对微弱信号的最大检测能力称为测试系统灵敏度。这个灵敏度是以与测试系统的等效输入噪声功率相等的信号功率来定义的。对测试系统灵敏度的要求应根据被测信号的强度来选择。它与等效噪声带宽有对应关系,随等效噪声带宽的增加而降低,还与天线增益、前置放大器的等效输入噪声温度及被测信号的频段有关。因此,应根据现有仪表和测试要求对测试系统及各部分指标进行合理分配,以达到经济合理又实用的目的。

测试系统在低噪声放大器输入端的等效噪声功率 N 可用下式近似计算

$$N \approx 10\lg(T_a + T_{LNA}) + 10\lg B(\text{Hz}) + 10\lg K$$

折算到测试系统天线口面处的等效噪声功率电平即测试系统灵敏度 PN

$$PN = N - G_R$$
$$= 10 \lg(T_A + T_{LNA}) + 10\lg B(\text{Hz}) - 228.6 - G_R(\text{dBW})$$

式中,T_a——测试天线噪声温度。

T_{LNA}——低噪声放大器等效噪声温度。

B——频谱分析仪的中频噪声带宽,为分辨率带宽的1.2倍。

K——玻尔兹曼常数。

G_R——测试天线增益。

3.测试内容和方法

测试内容是根据《微波接力站电磁环境保护要求》(GB13616－92),按照微波收信机的射频频段、中频频段和基带频段对来自卫星通信系统的干扰,工业、科学和医疗射频设备的干扰,以及微波、雷达、广播、电视和其他无线电发射机的同频、带外和杂散干扰进行相应的测试。

测试方法选择合适的高度将测试天线尽量架设在靠近待测站址的位置测量测试地点的环境温度、地理位置、海拔高度并做记录。按照预定的测试方案连接好测试系统,了解测试场地附近是否有强干扰源如雷达、广播、通信发射机等。如果无法事先了解,应将前置放大器与测试接收机断开,加入衰减器并将输入衰减置于自动或最大档,确认有无强干扰源再根据实际情况进行具体测量。测试系统加电、预热并且正常工作后,正确预置测试频段将天线仰角置于水平位置由正北开始,根据频谱仪的扫描速度缓慢转动天线360°搜索各方位干扰信号。发现干扰信号后,在干扰较强的方位附近反复转动天线,改变俯仰角和方位角,寻找干扰信号最大值,记录干扰信号频率、幅度、极化、方位角、俯仰角等参数。测试时要注意随时保持测试系统工作在线性状态,防止测试接收机过载,还要注意测试地点的温度是否符合测试设备对环境温度的要求。

4.干扰允许值

(1) 对模拟微波接力系统的干扰允许值。

在模拟微波接力系统中,每个调制段内来自其他地面微波干扰允许值为在最高话路相对零电平点任意月份的20%以上时间内任意分钟平均的总干扰噪声功率加重不加权应不超过10 pW。

(2) 对数字微波接力系统的干扰允许值。

来自其他地面微波通信系统、雷达系统、广播和电视系统的干扰,一个干扰源或两个以上干扰源同时存在时对于数字微波接力系统,数字通道64 kbps输出端的干扰允许值均应符合下述要求:

任意月份0.02%～0.04%以上时间内任意1分钟射频干扰功率引起的平均误码率应不超过10^{-6}。

任意月份 0.002 7%~0.005 4%以上时间内任意 1 秒钟射频干扰功率引起的平均误码率应不超过 10^{-3}。

任意月份由于射频干扰功率引起的误码秒累积时间应不大于 0.016%~0.032%。

对于卫星通信系统、工业、科学和医疗射频设备、中波、短波广播以及电视广播等对地面微波通信系统的干扰允许值可查阅《微波接力站电磁环境保护要求》(GB13616-92),这里就不再赘述。

第八章　移动通信技术

在过去的几十年中,公众通信发生了巨大的变化,移动通信技术的迅速发展,使用户彻底摆脱终端设备的束缚、实现了完整的个人移动性、可靠的传输手段和接续方式。进入 21 世纪,移动通信技术逐渐演变成社会发展和进步的必不可少的工具。

第一节　第一代移动通信技术

第一代移动通信技术(1G)是指最初的模拟、仅限语音的蜂窝电话标准,制定于 20 世纪 80 年代。NMT 就是这样一种标准,应用于北欧、东欧以及俄罗斯。其他还包括美国的 AMPS、英国的 TACS 以及日本的 JTAGS、西德的 C-Netz、法国的 Radiocom 2000 和意大利的 RTMI。

1. 发展历程

第一代移动通信系统主要用于提供模拟语音业务。美国摩托罗拉公司的工程师马丁·库珀于 1976 年首先将无线电应用于移动电话。同年,国际无线电大会批准了 800/900 MHz 频段用于移动电话的频率分配方案。在此之后一直到 20 世纪 80 年代中期,许多国家都开始建设基于频分复用技术(FDMA,Frequency Division Multiple Access)和模拟调制技术的第一代移动通信系统(1G,1st Generation)。

说起第一代移动通信系统,就不能不提贝尔实验室。1978 年底,美国贝尔试验室研制成功了全球第一个移动蜂窝电话系统一先进移动电话系统(AMPS,Advanced Mobile Phone System)。5 年后,这套系统在芝加哥正式投入商用并迅速在全美推广,获得了巨大成功。

同一时期，欧洲各国也不甘示弱，纷纷建立起自己的第一代移动通信系统。瑞典等北欧 4 国在 1980 年研制成功了 NMT-450 移动通信网并投入使用；联邦德国在 1984 年完成了 C 网络（C-Netz）；英国则于 1985 年开发出频段在 900 MHz 的全接入通信系统（TACS，Total Access Communications System）。

2. 技术制式

第一代移动通信主要采用的是模拟技术和频分多址（FDMA）技术。由于受到传输带宽的限制，不能进行移动通信的长途漫游，只能是一种区域性的移动通信系统。第一代移动通信有多种制式，我国主要采用的是 TACS。第一代移动通信有很多不足之处，如容量有限、制式太多、互不兼容、保密性差、通话质量不高、不能提供数据业务和不能提供自动漫游等。

在各种 1G 系统中，美国 AMPS 制式的移动通信系统在全球的应用最为广泛，它曾经在超 7 个国家和地区运营，直到 1997 年还在一些地方使用。同时，也有近 30 个国家和地区采用英国 TACS 制式的 1G 系统。这两个移动通信系统是世界上最具影响力的 1G 系统。

中国的第一代模拟移动通信系统于 1987 年 11 月 18 日在广东第六届全运会上开通并正式商用，采用的是英国 TACS 制式。从中国电信 1987 年 11 月开始运营模拟移动电话业务到 2001 年 12 月底中国移动关闭模拟移动通信网，1G 系统在中国的应用长达 14 年，用户数最高曾达到了 660 万。如今，1G 时代那像砖头一样的手持终端——大哥大，已经成为很多人的回忆。

第一代移动通信技术由于采用的是模拟技术，1G 系统的容量十分有限。此外，安全性和干扰也存在较大的问题。1G 系统的先天不足，使得它无法真正大规模普及和应用，价格更是非常昂贵，成为当时的一种奢侈品和财富的象征。与此同时，不同国家的各自为政也使得 1G 的技术标准各不相同，即只有"国家标准"，没有"国际标准"，国际漫游成为一个突出的问题。这些缺点都随着第二代移动通信系统的到来得到了很大的改善。

第二节　第二代移动通信技术

第二代移动通信系统有效地将手机从模拟通信转移到数字通信，是以数字技术为主体的移动经营网络。第二代移动通信技术技术引入了被叫和文本加密，以及 SMS，图片消息和 MMS 等数据服务。主要业务是语音，其主特性是提供数字化的话音业务及低速数据业务。

1. 发展历程

自 20 世纪 90 年代以来，以数字技术为主体的第二代移动通信系统得到了极大的发展。在中国，以 GSM 为主，IS-95、CDMA 为辅的第二代移动通信系统只用了十年的时间，就发展了近 2.8 亿用户，并超过固定电话用户数，成为世界上最大的移动经营网络。

20 世纪 80 年代以来，世界各国加速开发数字移动通信技术，其中采用 TD-MA 多址方式的代表性制式有泛欧 GSM/DCS1800、美国 ADC 和日本 PDC 等数字移动通信系统。

1982 年，欧洲邮电大会（CEPT）成立了一个新的标准化组织 GSM（Group Special Mobile），其目的是制定欧洲 900 MHz 数字 TDMA 蜂窝移动通信系统（GSM 系统）技术规范，从而使欧洲的移动电话用户能在欧洲境内自动漫游。通信网数字化发展和模拟蜂窝移动通信系统应用说明，欧洲国家呈现多种制式分割的局面，不能实现更大范围覆盖和跨国联网。1986 年，泛欧 11 个国家为 GSM 提供了 8 个实验系统和大量的技术成果，并就 GSM 的主要技术规范达成共识。1988 年，欧洲电信标准协会（ETSI）成立。1990 年，GSM 第一期规范确定，系统试运行。英国政府发放许可证建立个人通信网（PCN），将 GSM 标准推广应用到 1 800 MHz 频段改成为 DCS1800 数字蜂窝系统，频宽为 2×75 MHz。1991 年，GSM 系统在欧洲开通运行；DCS1800 规范确定，可以工作于微蜂窝，与现有系统重叠或部分重叠覆盖。1992 年，北美 ADC（IS-54）投入使用，日本 PDC 投入使用；FCC 批准了 CDMA（IS-95）系统标准，并继续进行现场实验；GSM 系统重新命名为全球移动通信系统（Global System For Mobile Communication）。1993 年，GSM 系统已覆盖泛欧及澳大利亚等地区，67 个国家已成为 GSM 成员。1994 年，CDMA 系统开始商用。1995 年，DCS1800 开始推广应用。

当今世界市场的第二代数字无线标准，包括 GSM、D-AMPS、PDC、CDMA 等，均仍然是窄带系统。现有的移动通信网络主要以第二代的 GSM 和 CDMA 为主，采用 GSM GPRS、CDMA 的 IS-95B 技术，数据提供能力可达 115.2 kbit/s，全球移动通信系统（GSM）采用增强型数据速率（EDGE）技术，速率可达 384 kbit/s。

2. 技术制式

第二代移动通信系统主要采用的是数字的时分多址（TDMA）技术和码分多址（CDMA）技术。主要业务是语音，其主特性是提供数字化的话音业务及低速数据业务。它克服了模拟移动通信系统的弱点，话音质量、保密性能得到大的提高,并可进行省内、省际自动漫游。

第二代移动通信替代第一代移动通信系统完成模拟技术向数字技术的转变,但由于第二代采用不同的制式,移动通信标准不统一,用户只能在同一制式覆盖的范围内进行漫游,因而无法进行全球漫游,由于第二代数字移动通信系统带宽有限,限制了数据业务的应用,也无法实现高速率的业务如移动的多媒体业务。

(1) GSM。

GSM 于 1992 年开始在欧洲商用,最初仅为泛欧标准,随着该系统在全球的广泛应用,其含义已成为全球移动通信系统。GSM 系统具有标准化程度高、接口开放的特点,强大的联网能力推动了国际漫游业务,用户识别卡的应用,真正实现了个人移动性和终端移动性。

(2) 窄带 CDMA。

窄带 CDMA,也称 cdmaOne、IS-95 等,1995 年在香港开通第一个商用网。CDMA 技术具有容量大、覆盖好、话音质量好、辐射小等优点,但由于窄带 CD-MA 技术成熟较晚,标准化程度较低,在全球的市场规模远不如 GSM 系统。窄带 CDMA 全球用户约 4 000 万,其中约 70% 的用户在韩国、日本等亚太地区国家。

人们所谈论的 CDMA 有两个含义,一是指一种移动通信多址技术,即码分多址技术。如窄带 CDMA 和宽带 CDMA 技术;也常用来特指窄带 CDMA 系统,或称 cdmaOne 、IS-95 CDMA 系统等,即第二代的移动通信技术。本文用"CDMA 技术"和"窄带 CDMA"来区分上述两个含义。

与第一代模拟蜂窝移动通信相比,第二代移动通信系统提供了更高的网络容量,改善了话音质量和保密性,并为用户提供无缝的国际漫游。具有保密性强、频谱利用率高、能提供丰富的业务、标准化程度高等特点。

第三节　第三代移动通信技术

第三代移动通信技术,简称 3G,全称为 3rd Generation,中文含义就是指第三代数字通信。1995 年问世的第一代模拟制式手机(1G)只能进行语音通话;1996 到 1997 年出现的第二代 GSM、TDMA 等数字制式手机(2G)便增加了接收数据的功能,如接收电子邮件或网页;第三代与前两代的主要区别是在传输声音和数据的速度上的提升,它能够要能在全球范围内更好地实现无缝漫游,并处理图像、音乐、视频流等多种媒体形式,提供包括网页浏览、电话会议、电子商务等多种信息服务,同时也要考虑与已有第二代系统的良好兼容性。

1. 发展历程

第三代移动通信系统(IMT-2000),是在第二代移动通信技术基础上进一步演进的以宽带 CDMA 技术为主,并能同时提供话音和数据业务的移动通信系统,有能力彻底解决第一、二代移动通信系统主要弊端。第三代移动通信系统一个突出特色就是,在移动通信系统中实现了个人终端用户能够在全球范围内的任何时间、任何地点,与任何人,用任意方式高质量地完成任何信息之间的移动通信与传输。

显然,第三代移动通信系统将会以宽带 CDMA 系统为主,所谓 CDMA,即码分多址技术。移动通信的特点要求采用多址技术,多址技术实际上就是指基站周围的移动台以何种方式抢占信道进入基站和从基站接收信号的技术,移动台只有占领了某一信道,才有可能完成移动通信。目前已经实用的多址技术有应用于第一代和第二代移动通信中的频分多址(FDMA)、时分多址(TDMA)和窄带码分多址(CDMA)三种。FDMA 是不同的移动台占用不同的频率。TDMA 是不同的移动台占用同一频率,但占用的时间不同。CDMA 是不同的移动台占用同一频率,但各带有不同的随机码序,以示区分布进行扩频,因此同一频率所能服务的移动台数量是由随机码的数量来决定的。宽带 CDMA 不仅具有 CDMA 所拥有的一切优点,而且运行带宽要宽得多,抗干扰能力也很强,传递信号功能更趋完善,能实现无线系统大容量和高密度地覆盖漫游,也更容易管理系统。第三代移动通信所采用的宽带 CDMA 技术完全能够满足现代用户的多种需要,满足大容量的多媒体信息传送,具有更大的灵活性。第三代移动通信系统可以使全球范围内的任何用户所使用的小型廉价移动台,实现从陆地到海洋到卫星的全球立体通信联网,保证全球漫游用户在任何地方、任何时候与任何人进行通信,并能提供具有有线电话的语音质量,提供智能网业务,多媒体、分组无线电、娱乐及众多的宽带非话业务。第三代移动通信系统的特点是综合了蜂窝、无绳、寻呼、集群、无线扩频、无线接入、移动数据、移动卫星、个人通信等各类移动通信功能,提供了与固定电信网络兼容的高质量业务,支持低速率话音和数据业务,以及不对称数据传输。第三代移动通信系统可以实现移动性、交互性和分布式三大业务,是一个通过微微小区,到微小区,到宏小区,直到"随时随地"连接的全球性卫星网络。下面,我们就来总结第三代移动通信的基本特征和它与第二代移动通信系统的基本区别。

(1)第三代移动通信的基本特征。

① 具有全球范围设计的,与固定网络业务及用户互连,无线接口的类型尽可能少和高度兼容性;

② 具有与固定通信网络相比拟的高话音质量和高安全性；

③ 具有在本地采用 2 Mb/s 高速率接入和在广域网采用 384 kb/s 接入速率的数据率分段使用功能；

④ 具有在 2 GHz 左右的高效频谱利用率，且能最大限度地利用有限带宽；

⑤ 移动终端可连接地面网和卫星网，可移动使用和固定使用，可与卫星业务共存和互连；

⑥ 能够处理包括国际互联网和视频会议、高数据率通信和非对称数据传输的分组和电路交换业务；

⑦ 支持分层小区结构，也支持包括用户向不同地点通信时浏览国际互联网的多种同步连接；

⑧ 语音只占移动通信业务的一部分，大部分业务是非话数据和视频信息；

⑨ 一个共用的基础设施，可支持同一地方的多个公共的和专用的运营公司；

⑩ 手机体积小、重量轻，具有真正的全球漫游能力；

⑪ 具有根据数据量、服务质量和使用时间为收费参数，而不是以距离为收费参数的新收费机制。

（2）宽带 CDMA 与窄带 CDMA 或 GSM 的主要区别。

IMT-2000 的主要技术方案是宽带 CDMA，并同时兼顾了在第二代数字式移动通信系统中应用广泛的 GSM 与窄带 CDMA 系统的兼容问题。那么，支撑第三代移动通信系统的宽带 CDMA 与在第二代移动通信系统中运行的窄带 CDMA 和 GSM 在技术与性能方面有什么区别呢？

① 更大的通信容量和覆盖范围。宽带 CDMA 可以使用更宽的信道，是窄带 CDMA 的 4 倍，提供的容量也要比它高 4 倍。更大的带宽可改善频率分集效果，从而可降低衰减问题。还可为更多用户提供更好的统计平均效果。宽带 CDMA 的上行链路中使用了相干解调，可提供 2～3 dB 的解调增益，从而有效地改善了覆盖范围。由于宽带 CDMA 的信道更宽，衰减效应较小，可改善功率控制精度。其上、下行链中的快速功率控制还可抵消衰减，并可降低平均功率水平，从而能够提高容量。

② 具有可变的高速数据率。宽带 CDMA 同时支持无线接口的高低数据比特率，其全移动的 384 kb/s 数据率和本地通的 2 Mb/s 数据率不仅可支持普通话音，还可支持多媒体数据，可满足具有不同通信要求的各类用户。由于可变的高速数据率，可通过使用可变正交扩频码，使得发射输出功率的自适应得以实现。应用中，用户会发现宽带 CDMA 要比窄带 CDMA 和 GSM 具有更好的应用性能。

③ 可同时提供高速电路交换和分组交换业务。虽然在窄带 CDMA 与 GSM

移动通信业务中,只有也只需要与话音相关的电路和交换。但分组交换所提供的与主机应用始终"联机"而不占用专用信道的特性,可以实现只根据用户所传输数据的多少来付费,而不是像以往的移动通信那样,只根据用户连续占用时间的长短来付费的收费机制。另外,宽带 CDMA 还有一种优化分组模式,对于不太频繁的分组数据,可提供快速分组传播,在专用信道上,也支持大型或比较频繁的分组。同时,分组数据业务对于建立远程局域网和无线国际互联网接入的经济高效应用也非常重要。

④ 宽带 CDMA 支持多种同步业务。每个宽带 CDMA 终端均可同时使用多种业务,因而可使每个用户在连接到局域网的同时还能够接收话音呼叫,即当用户被长时间数据呼叫占据时也不会出现忙音现象。

⑤ 宽带 CDMA 技术还支持其他系统改进功能。第三代移动通信系统中的宽带 CDMA 还将引进其他可改进系统的相关功能,以期达到进一步提高系统容量的目的。具体内容主要是支持自适应天线阵(AAA),该天线可利用天线方向图对每个移动电话进行优化,可提供更加有效的频谱和更高容量。自适应天线要求下行链中每个连接都有导频符,而宽带 CDMA 系统中的每个区中都使用一个公共导频广播。

无线基站再也不需要全球定位系统来同步,由于宽带 CDMA 拥有一个内部系统来同步无线电基站,所以不像 GSM 移动通信系统那样在建立和维护基站时需要 GPS(全球定位系统)外部系统来进行同步。因为依赖全球定位系统卫星覆盖来安装无线电基站,在购物中心和地铁等地区会导致实施困难等问题。

支持分层小区结构(HCS),宽带 CDMA 的载波可引进一种被称为"移动辅助异频越区切换(MAIFHO)"的新切换机制,使其能够支持分层小区结构。这样,移动台可以扫描多个码分多址载波,使得移动系统可在热点地区部署微小区。

支持多用户检测,因为多用户检测可消除小区中的干扰并能提高容量。

2.行业标准

在第二代数字移动通信系统中,通信标准的无序性所产生的百花齐放局面,虽然极大地促进了移动通信前期局部性的高速发展,但也较强地制约了移动通信后期全球性的进一步开拓,即包括不同频带利用在内的多种通信标准并存局面,使得"全球通"漫游业务很难真正实现,同时现有带宽也无法满足信息内容和数据类型日益增长的需要。第二代移动通信所投入的巨额软硬件资源和已经占有的庞大市场份额决定了第三代移动通信只能与第二代移动通信在系统方面兼容地平滑过渡,同时也就使得第三代移动通信标准的制定显得复杂多变,难以确定。伴随芬兰赫尔辛基国际电联(ITU)大会帷幕的徐徐落下,在由中国所制订的 TD-SCDMA、美国所制订的 cdma2000 和欧洲所制订的 WCDMA 所组成的最后三个提案中，几经周折后，最终将确定一个提案或几个提案兼容来作为第三代移动通信的正式国际标准（IMT-2000）。其中，中国的 TD-SCDMA 方案完全满足国际电联对第三代移动通信的基本要求，在所有提交的标准提案中，是唯一采用智能天线技术，也是频谱利用率最高的提案，可以缩短运营商从第二代移动通信过渡到第三代系统的时间，在技术上具有明显的优势。更重要的是，中国标准的采用，将会改变我国以往在移动通信技术方面受制于人的被动局面；在经济方面可减少，甚至取消昂贵的国外专利提成费，为我国带来巨大的经济利益；在市场方面则会彻底改变过去只有运营市场没有产品市场的畸形布局，从而使我国获得与国际同步发展移动通信的平等地位。

TD-SCDMA 技术方案是我国首次向国际电联提出的中国建议，是一种基于 CDMA，结合智能天线、软件无线电、高质量语音压缩编码等先进技术的优秀方案。TD-SCDMA 技术的一大特点就是引入了 SMAP 同步接入信令，在运用 CDMA 技术后可减少许多干扰，并使用了智能天线技术。另一大特点就是在蜂窝系统应用时的越区切换采用了指定切换的方法，每个基站都具有对移动台的定位功能，从而得知本小区各个移动台的准确位置，做到随时认定同步基站。TD-SCDMA 技术的提出，对于中国能够在第三代移动通信标准制定方面占有一席之地起到了关键作用。

根据 IMT-2000 系统的基本标准，第三代移动通信系统主要由 4 个功能子系统构成，它们是核心网（CN）、无线接入网（RAN）、移动台（MT）和用户识别模块（UIM），且基本对应于 GSM 系统的交换子系统（SSS）、基站子系统（BBS）、移动台（MS）和 SIM 卡四部分。其中核心网和无线接入网是第三代移动通信系统的重要内容。

3. 关键技术

带来第三代移动通信系统天翻地覆变化的主要是第三代移动通信中所采用的多种高新技术，这些高新技术是第三代移动通信系统的精髓，也是制订第三代移动通信系统标准的基础，了解这些技术就了解了第三代移动通信系统。下面我们就专门介绍几项应用于第三代移动通信系统中的技术。

（1）TD-SCDMA 技术。

TD-SCDMA 是中国唯一提交的关于第三代移动通信的标准技术，它使用了第二代和第三代移动通信中的所有接入技术，包括 TDMA、CDMA 和 SDMA。其中，最关键的创新部分是 SDMA。SDMA 可以在时域/频域之外用来增加容量和改善性能，SDMA 的关键技术就是利用多天线对空间参数进行估计，对下行链路的信号进行空间合成。另外,将 CDMA 与 SDMA 技术结合起来也起到了相互补充的作用,尤其是当几个移动用户靠得很近并使得 SDMA 无法分出时,CDMA 就可以很轻松地起到分离作用了,而 SDMA 本身又可以使相互干扰的 CDMA 用户降至最小。SDMA 技术的另一重要作用是可以大致估算出每个用户的距离和方位,可应用于第三代移动通信用户的定位,并能为越区切换提供参考信息。总的来讲,TD-SCDMA 有价格便宜、容量较高和性能优良等诸多优点。

(2)智能天线技术。

智能天线技术是中国标准 TD-SDMA 中的重要技术之一,是基于自适应天线原理的一种适合于第三代移动通信系统的新技术。它结合了自适应天线技术的优点,利用天线阵列的波束汇成和指向,产生多个独立的波束,可以自适应地调整其方向图以跟踪信号的变化,同时可对干扰方向调零以减少甚至抵消干扰信号,增加系统的容量和频谱效率。智能天线的特点是能够以较低的代价换得天线覆盖范围、系统容量、业务质量、抗阻塞和抗掉话等性能的提高。智能天线在干扰和噪声环境下,通过其自身的反馈控制系统改变辐射单元的辐射方向图、频率响应及其他参数,使接收机输出端有最大的信噪比。

(3)WAP 技术。

WAP(Wireless Application Protocol,无线应用协议)已经成为数字移动电话和其他无线终端上无线信息和电话服务的实际世界标准。WAP 可提供相关服务和信息,提供其他用户进行连接时的安全、迅速、灵敏和在线的交互方式。WAP 驻留在因特网上的 TCP/IP 环境和蜂窝传输环境之间,但是独立于所使用的传输机制,可用于通过移动电话或其他无线终端来访问和显示多种形式的无线信息。

WAP 规范既利用了现有技术标准中适应于无线通信环境的部分,又在此基础上进行了新的扩展。由于 WAP 技术位于 GSM 网络和因特网之间,一端连接现有的 GSM 网络,一端连接因特网。因此,只要用户具有支持 WAP 协议的媒体电话,就可以进入互联网,实现一体化的信息传送。而厂商使用该协议,则可以开发出无线接口独立、设备独立和完全可以交互操作的手持设备 Internet 接入方案,从而使得厂商的 WAP 方案能最大限度地利用用户对 Web 服务器、Web 开发工具、Web 编程和 Web 应用的既有投资,保护用户现有利益。同时也解决了无线环境所带来的有关新问题。目前,全球各大移动电话制造商,包括诺基亚、爱立信、摩托罗拉和阿尔卡特在内,提供支持 WAP 的无线设备。

(4)快速无线 IP 技术。

快速无线 IP(Wireless IP,无线互联网)技术将是第三代移动通信技术发展的重点,宽频带多媒体业务是最终用户的基本要求。根据 IMT-2000 的基本要求,第三代移动通信系统可以提供较高的传输速度(本地区 2 Mb/s,移动 144 Kb/s)。由于无线 IP 主机在通信期间需要在网络上移动,其 IP 地址就有可能经常变化,传统的有线 IP 技术将导致通信中断,但第三代移动通信技术因为利用了蜂窝移动电话呼叫原理,完全可以使移动节点采用并保持固定不变的 IP 地址,一次登录即可实现在任意位置上或在移动中保持与 IP 主机的单一链路层连接,完成移动中的数据通信。

(5)软件无线电技术。

在不同工作频率、不同调制方式、不同多址方式等多种标准共存的第三代移动通信系统中,软件无线电技术是一种解决这些问题的技术之一。软件无线电技术可将模拟信号的数字化过程尽可能地接近天线,即将 AD 转换器尽量靠近 RF 射频前端,利用 DSP 的强大处理能力和软件的灵活性实现信道分离、调制解调、信道编码译码等工作,从而可为第二代移动通信系统向第三代移动通信系统的平滑过渡提供一个良好的无缝解决方案。

第三代移动通信系统需要很多关键性技术,软件无线电技术基于同一硬件平台,通过加载不同的软件,就可以获得不同的业务特性,这对于系统升级、网络平滑过渡、多频多模的运行情况来讲,相对简单容易、成本低廉,因此对于第三代移动通信系统的多模式、多频段、多速率、多业务、多环境的特殊要求特别重要。所以在第三代移动通信应用中有着广泛的应用意义,不仅可改变传统观念,还可以为移动通信的软件化、智能化、通用化、个人化和兼容性带来深远影响。

(6)多载波技术。

多载波 MC-CDMA 是第三代移动通信系统中使用的一种新技术。多载波 CDMA 技术早在 1993 年的 PIMRC 会议上就被提出来了。多载波 CDMA 技术的研究内容大致有两类:一是用给定扩频码来扩展原始数据,再用每个码片来调制不同的载波。另一种是用扩频码来扩展已经进行了串并变换后的数据流,再用每个数据流来调制不同的载波。

(7)多用户检测技术。

在 CDMA 系统中,由于码间不正交,会引起多址干扰(MAI),而多址干扰将会限制系统容量,为了消除多址干扰影响,人们提出了利用其他用户的已知信息去消除多址干扰的多用户检测技术。多用户检测技术分为两大类:线性多用户检测和相减去干扰检测。在线性多用户检测中,对传统的解相器软输出的信号进行一种线性的映射(变换)以期产生新的一组有希望提供更好性能的输出。在相减去干扰检测中,可产生对干扰的预测并使之减小。目前,CDMA 系统中的多用户检测技术还存在一定的局限,主要表现在:多用户检测只是消除了小区内的干扰,而对小区间的干扰还是无法消除;算法相当复杂,不易在实际系统中实现。

多用户检测技术的局限是暂时的,随着数字信号处理技术和微电子技术的发展,降低复杂性的多用户检测技术在第三代移动通信系统中得到广泛的应用。

4.技术制式

(1) TD-SCDMA。

TD-SCDMA(Time－Division Synchronous Code Division Multiple Access)是由我国原信息产业部电信科学技术研究院提出,与德国西门子公司联合开发的,其主要技术特点:同步码分多址技术,智能天线技术和软件无线技术。它采用 TDD 双工模式,载波带宽为 1.6 MHz。TDD 是一种优越的双工模式,因为在第三代移动通信中,需要大约 400 MHz 的频谱资源,在 3 GHz 以下是很难实现的。而 TDD 则能使用各种频率资源,不需要成对的频率,能节省紧张的频率资源,而且设备成本相对比较低,比 FDD 系统低 20%～50%,特别对上下行不对称,不同传输速率的数据业务来说 TDD 更能显示出其优越性,这也是它能成为三种标准之一的重要原因。另外,TD-SCDMA 独特的智能天线技术,能大大提高系统的容量,特别对 CDMA 系统的容量能增加 50%,而且降低了基站的发射功率,减少了干扰。TD-SCDMA 软件无线技术能利用软件修改硬件,在设计、测试方面非常方便,不同系统间的兼容性也易与实现。当然 TD-SCDMA 也存在一些缺陷,它在技术的成熟性方面比另外两种技术要欠缺一等,在抗快衰落和终端用户的移动速度方面也有一定缺陷。

(2) WCDMA。

WCDMA(Wide band Code Division Multiple Access 宽带码分多址)是一种3G 蜂窝网络。WCDMA 使用的部分协议与 2G GSM 标准一致,具体一点来说,WCDMA 是一种利用码分多址复用(或者 CDMA 通用复用技术,不是指 CDMA 标准)方法的宽带扩频 3G 移动通信空中接口。

WCDMA 源于欧洲和日本几种技术的融合。WCDMA 采用直扩(MC)模式,载波带宽 5 MHz,数据传送可达到每秒 2 Mbit(室内)及 384 kbps(移动空间)。它采用 MC-FDD 双工模式,与 GSM 网络有良好的兼容性和互操作性。作为一项新技术,它在技术成熟性方面不及 cdma2000,但其优势在于 GSM 的广泛采用能为其升级带来方便。WCDMA 采用异步传输模式(ATM)微信元传输协议,能够允许在一条线路上传送更多的语音呼叫,呼叫数由现在的 30 个提高到300 个,在人口密集的地区线路将不再容易堵塞。

另外,WCDMA 还采用了自适应天线和微小区技术,大大地提高了系统的容量。

(3) cdma2000。

cdma2000(code division multiple access2000):是由美国高通(Qualcomm)

公司提出。它采用多载波(DS)方式,载波带宽为 1.25 MHz。cdma2000 共分为两个阶段:第一阶段将提供每秒 144 kBit/s 的数据传送率,而当数据速度加快到每秒 2 Mbit/s 传送时,便是第二阶段。和 WCDMA 一样支持移动多媒体服务,是 cdma 发展 3G 的最终目标。cdma2000 和 WCDMA 在原理上没有本质的区别,都起源于 cdma(IS-95)系统技术。但 cdma2000 做到了对 cdma(IS-95)系统的完全兼容,为技术的延续性带来了明显的好处:成熟性和可靠性比较有保障,同时也使 cdma2000 成为从第二代向第三代移动通信过渡最平滑的选择。但是cdma2000 的多载传输方式比起 WCDMA 的直扩模式相比,对频率资源有极大的浪费,而且它所处的频段与 2MT-2000 规定的频段也产生了矛盾。

第四节　第四代移动通信技术

4G(第四代移动通信技术)的概念可称为宽带接入和分布网络,具有非对称的超过 2 Mb/s 的数据传输能力。它包括宽带无线固定接入、宽带无线局域网、移动宽带系统和交互式广播网络。第四代移动通信标准比第三代标准具有更多的功能。第四代移动通信可以在不同的固定、无线平台和跨越不同的频带的网络中提供无线服务,可以在任何地方用宽带接入互联网(包括卫星通信和平流层通信),能够提供定位定时、数据采集、远程控制等综合功能。此外,第四代移动通信系统是集成多功能的宽带移动通信系统,是宽带接入 IP 系统。

1. 发展历程

2001 年 12 月至 2003 年 12 月,4G 通信空中接口技术研究启动,初步完成Beyond 3G/4G 系统无线传输系统的核心硬、软件研制工作并开展相关传输实验,向 ITU 提交有关建议;

2004 年 1 月至 2005 年 12 月,Beyond 3G/4G 空中接口技术研究达到相对成熟的水平,包括与无线自组织网络、游牧无线接入网络的互联互通技术研究等,完成联网试验和演示业务的开发,建成具有 Beyond 3G/4G 技术特征的演示系统,向 ITU 提交初步的新一代无线通信体制标准;

2009 年底,工信部开展 TD-LTE 规模测试;2010 年 3 月 TD-LTE 外场第一阶段基本测试完成;2010 年 10 月 TD-LTE-Advanced 被确定为 4G 国际标准之一。

2010 年底,工信部批复同意六城市 TD-LTE 规模试验总体方案;2012 年 2月中国移动启动 TD-LTE 扩大规模试验网建设;2013 年 3 月,中国移动发布TD-LTE"双百"计划。

2013 年 12 月,工信部在其官网上宣布向中国移动、中国电信、中国联通颁发"LTE/第四代数字蜂窝移动通信业务(TD-LTE)"经营许可,也就是 4G 牌照。至此,移动互联网的网速达到了一个全新的高度。

2013 年年底,中国移动在北京、上海、广州、深圳等 16 个城市基本建成 4G网络;2014 年年底,4G 网络覆盖超过 340 个城市。

2014 年,中国联通在珠江三角洲及深圳等十余个城市和地区开通 4G,实现全网升级,升级后的 3G 网络均可以达到 4G 标准;2015 年完成全国 360 多个城市和大部分地区 3G 网络的 4G 升级。

2014 年 1 月,京津城际高铁作为全国首条实现移动 4G 网络全覆盖的铁路,实现了 300 公里时速高铁场景下的数据业务高速下载,一部 2G 大小的电影只需要几分钟,原有的 3G 信号也得到增强。

2. 技术特点

第四代移动通信技术的数据速率从 2 Mb/s 提高到 100 Mb/s,移动速率从步行到车速以上;支持高速数据和高分辨率多媒体服务的需要。宽带局域网应能与 B-ISDN 和 ATM 兼容,实现宽带多媒体通信,形成综合宽带通信网;对全速移动用户能够提供 150 Mb/s 的高质量影像等多媒体业务。具有以下技术特点:

(1)具有很高的传输速率和传输质量。4G 通信系统应该能够承载大量的多媒体信息,因此具备 50~100 Mbit/s 的最大传输速率、非对称的上下行链路速率、地区的连续覆盖、QoS 机制、很低的比特开销等功能。

(2)灵活多样的业务功能。4G 通信网络能使各类媒体、通信主机及网络之间进行"无缝"连接,使得用户能够自由地在各种网络环境间无缝漫游,并觉察不到业务质量上的变化,因此新的通信系统具备媒体转换、网间移动管理、Adhoc网络(自组网)、代理等功能。

(3)开放的平台。4G 通信系统应在移动终端、业务节点及移动网络机制上具有"开放性",使得用户能够自由的选择协议、应用和网络。

(4)高度智能化的网络。4G 通信网是一个高度自治、自适应的网络,具有很好的重构性、可变性、自组织性等,以便于满足不同用户在不同环境下的通信需求。

3. 接入系统

4G 移动通信系统通过各种基于公共平台的智能化多模式终端接入技术,在各种网络系统(平台)之间实现无缝连接和协作。在 4G 移动通信中,各种接入系统都基于一个公共平台,相互协作,以最优化的方式工作,来满足不同用户的通信需求。当多模式终端接入系统时,网络会自适应分配频带、给出最优化路由,以达到最佳通信效果。目前,4G 移动通信的主要接入技术有:无线蜂窝移动通信系统(例如 2G、3G);无绳系统(如 DECT);短距离连接系统(如蓝牙);WLAN系统;固定无线接入系统;卫星系统;平流层通信(STS);广播电视接入系统(如DAB、DVB-T、CATV)。

　　不同类型的接入技术针对不同业务而设计,因此根据接入技术的适用领域、移动小区半径和工作环境,可对接入技术进行分层如下:

　　分配层,主要由平流层通信、卫星通信和广播电视通信组成,服务范围覆盖面积大。

　　蜂窝层,主要由 2G、3G 通信系统组成,服务范围覆盖面积较大。

　　热点小区层,主要由 WLAN 网络组成,服务范围集中在校园、社区、会议中心等,移动通信能力很有限。

　　个人网络层,主要应用于家庭、办公室等场所,服务范围覆盖面积很小。移动通信能力有限,但可通过网络接入系统连接其他网络层。

　　固定网络层,主要指双绞线、同轴电缆、光纤组成的固定通信系统。

　　接入系统在整个移动网络中处于十分重要的位置。4G 接入系统主要在以下三个方面进行了技术革新和突破:

　　(1)为最大限度开发利用有限的频率资源,在接入系统的物理层,优化调制、信道编码和信号传输技术,提高信号处理算法、信号检测和数据压缩技术,并进一步实现频谱共享。

　　(2)为提高网络性能,在接入系统的高层协议方面,采用网络自我优化和自动重构技术、动态频谱分配和资源分配技术、网络管理和不同接入系统间协作技术。

　　(3)提高和扩展 IP 技术在移动网络中的应用;加强软件无线电技术;优化无线电传输技术,如支持实时和非实时业务、无缝连接和网络安全。

4．关键技术

　　在 4G 移动通信系统中,主要采用了以下的关键技术:

　　(1)定位技术:定位是指移动终端位置的测量方法和计算方法。它主要分为基于移动终端定位、基于移动网络定位或者混合定位三种方式。在 4G 移动通信系统中,移动终端可能在不同系统(平台)间进行移动通信。因此,对移动终端的定位和跟踪,是实现移动终端在不同系统(平台)间无缝连接和系统中高速率和高质量的移动通信的前提和保障。

　　(2)切换技术:切换技术适用于移动终端在不同移动小区之间、不同频率之间通信或者信号降低信道选择等情况。切换技术是移动终端在众多通信系统、移动小区之间建立可靠移动通信的基础和重要技术。它主要有软切换和硬切换。在 4G 通信系统中,切换技术的适用范围更为广泛,并朝着软切换和硬切换相结合的方向发展。在 4G 移动通信系统中,软件变得非常繁杂,为此专家们提议引入软件无线电技术,将其作为从第二代移动通信通向第三代和第四代移动通信的桥梁。软件无线电技术能够将模拟信号的数字化过程尽可能地接近天线,即将 A/D 和 D/A 转换器尽可能地靠近 RF 前端,利用 DSP 进行信道分离、调制解调和信道编译码等工作。它旨在建立一个无线电通信平台,在平台上运行各种软件系统,以实现多通路、多层次和多模式的无线通信。因此,应用软件无线电技术,一个移动终端,就可以实现在不同系统和平台之间,畅通无阻的使用。目前比较成熟的软件无线电技术有参数控制软件无线电系统。

(3) 智能天线技术:智能天线具有抑制噪声、自动跟踪信号、智能化时空处理算法形成数字波束等功能。

(4) 光纤传输技术:在 4G 通信系统中,光纤发挥着十分重要的作用。利用光纤传送宽带无线电信号,与其他传输媒介相比,损耗很小,还可以用光纤传送包含多种业务的高频(60 GHz)无线电信号。

(5) 智能调制解调技术:在高频段进行高速移动通信,将面临严重的选频衰落(Frequency-selective Fading)。为提高信号性能,4G 通信系统采用智能调制和解调技术,来有效抑制这种衰落,如正交频分复用技术(OFDM)、自适应均衡器等;另一方面,采用 TPC、RAKE 扩频接收、跳频、FEC(如 AQR 和 Turbo 编码)等技术,来获取更好的信号能量噪声比(Eb/N_0)。

(6) 智能化网络结构。

结合移动通信市场发展和用户需求,4G 移动网络的根本任务是能够接收、获取到终端的呼叫,在多个运行网络(平台)之间或者多个无线接口之间,建立其最有效的通信路径,并对其进行实时的定位和跟踪。在移动通信过程中,移动网络还要保持良好的无缝连接能力,保证数据传输的高质量、高速率。4G 移动网络是基于多层蜂窝结构,通过多个无线接口,由多个业务提供者和众多网络运营者提供多媒体业务。4G 移动通信网络应具备以下几个基本特征:

① 多种业务的完整融合。个人通信、信息系统、广播、娱乐等业务无缝连接为一个整体,满足用户的各种需求。4G 网络能集成不同模式的无线通信——从无线局域网和蓝牙等室内网络、蜂窝信号、广播电视到卫星通信,移动用户可以自由地从一个标准漫游到另一个标准。各种业务应用、各种系统平台间的互联更便捷、安全,面向不同用户要求,更富有个性化。

② 高速移动中不同系统间的无缝连接。用户在高速移动中,能够按需接入系统,并在不同系统间无缝切换,传送高速多媒体业务数据。

③ 各种用户设备便捷地入网。各种价格低廉的设备应能方便地接入通信网络中。这些设备体积小巧、甚至无须接入电源网即可工作。用户与设备间不再局限于听、说、读、写的简单交流方式,为满足用户的特殊需要和特殊用户(如残疾人)的需要,更多新的人机交互方式将出现。

④ 高度智能化的网络。4G 的网络系统是一个高度自治、自适应的网络,它具有良好的重构性、可伸缩性、自组织性等,用以满足不同环境、不同用户的通信需求。

⑤ 数字化数据交易点(Digital Market-place)技术。它用于预处理各个不同网络平台之间的呼叫,在网络平台之间的特定协议条件下,帮助业务供应者提供高质量、低费用的业务应用。例如,两个网络平台之间传送电视数据信息,首先经由数字化数据交易点处理。在数字化数据交易点里,这个电视数据信息将被分离成视频信号和音频信号,经由不同信道传送。音频信号将由覆盖广泛的网络传送,视频信号将由只能处理、接收视频信号的网络传送,从而达到降低通信成本和有效利用传输信道的目的。4G 通信系统的全球互联网系统和骨干网系统,将以结合宽带 IP 技术和光纤网技术为主。4G 移动网络的蜂窝按功率大小被细分为 macro BS、micro BS 和 pico BS 三类。

第五节　第五代移动通信技术

第五代移动通信技术(5th Generation Mobile Communication Technology,简称 5G)是具有高速率、低时延和大连接特点的新一代宽带移动通信技术,是实现人机物互联的网络基础设施。

1. 发展历程

2013 年 4 月,工信部、发展改革委、科技部共同支持成立 IMT-2020(5G)推进组,作为 5G 推进工作的平台,推进组旨在组织国内各方力量、积极开展国际合作,共同推动 5G 国际标准发展。2013 年 4 月 19 日,IMT-2020(5G)推进组第一次会议在北京召开。

2014 年 5 月 8 日,日本电信营运商 NTT DoCoMo 正式宣布将与 Ericsson、Nokia、Samsung 等六家厂商共同合作,开始测试超越现有 4G 网络 1 000 倍网络承载能力的高速 5G 网络,传输速度可望提升至 10 Gbps。

2016 年 1 月,中国 5G 技术研发试验正式启动,于 2016－2018 年实施,分为

5G 关键技术试验、5G 技术方案验证和 5G 系统验证三个阶段。

2016 年 5 月 31 日,第一届全球 5G 大会在北京举行。本次会议由中国、欧盟、美国、日本和韩国的 5 个 5G 推进组织联合主办。

2017 年 11 月 15 日,工信部发布《关于第五代移动通信系统使用 3 300～3 600 MHz 和 4 800～5 000 MHz 频段相关事宜的通知》,确定 5G 中频频谱,能够兼顾系统覆盖和大容量的基本需求。

2017 年 11 月下旬中国工业和信息化部发布通知,正式启动 5G 技术研发试验第三阶段工作,并力争于 2018 年年底前实现第三阶段试验基本目标。

2017 年 12 月 21 日,在国际电信标准组织 3GPP RAN 第 78 次全体会议上,5G NR 首发版本正式冻结并发布。

2017 年 12 月,发改委发布《关于组织实施 2018 年新一代信息基础设施建设工程的通知》,要求 2018 年在不少于 5 个城市开展 5G 规模组网试点,每个城市 5G 基站数量不少 50 个、全网 5G 终端不少于 500 个。

2018 年 2 月 27 日,华为在 MWC2018 大展上发布了首款 3GPP 标准 5G 商用芯片巴龙 5G01 和 5G 商用终端,支持全球主流 5G 频段,包括 Sub6 GHz(低频)、mmWave(高频),理论上可实现最高 2.3Gbps 的数据下载速率。

2018 年 6 月 13 日,3GPP 5G NR 标准 SA(Standalone,独立组网)方案在 3GPP 第 80 次 TSG RAN 全会正式完成并发布,这标志着首个真正完整意义的国际 5G 标准正式出炉。

2018 年 12 月 1 日,韩国三大电信运营商 SKT、KTF 与 LG U$^+$ 同步在韩国部分地区推出 5G 服务,这也是新一代移动通信服务在全球首次实现商用。

2018 年 12 月 10 日,工信部正式对外公布,已向中国电信、中国移动、中国联通发放了 5G 系统中低频段试验频率使用许可。这意味着各基础电信运营企业开展 5G 系统试验所必须使用的频率资源得到保障,向产业界发出了明确信号,进一步推动我国 5G 产业链的成熟与发展。

2019 年 4 月 3 日,韩国三大电信运营 SKT、KTF、LG U$^+$ 商正式向普通民众开启第五代移动通信(5G)入网服务。

2019 年 4 月 3 日,美国最大电信运营商 Verizon 宣布,即日起在芝加哥和明尼阿波利斯的城市核心地区部署"5G 超宽带网络"。

2019 年 6 月 6 日,工信部正式向中国电信、中国移动、中国联通、中国广电发放 5G 商用牌照,中国正式进入 5G 商用元年。

2019 年 10 月,5G 基站正式获得了工信部入网批准。工信部颁发了国内首个 5G 无线电通信设备进网许可证,标志着 5G 基站设备将正式接入公用电信商用网络。

2019 年 10 月 31 日,三大运营商公布 5G 商用套餐,并于 11 月 1 日正式上线 5G 商用套餐。

2020 年 3 月 24 日,工信部发布关于推动 5G 加快发展的通知,全力推进 5G 网络建设、应用推广、技术发展和安全保障,特别提出支持基础电信企业以 5G 独立组网为目标加快推进主要城市的网络建设,并向有条件的重点县镇逐步延伸覆盖。

2020 年 12 月 22 日,在此前试验频率基础上,工信部向中国电信、中国移动、中国联通三家基础电信运营企业颁发 5G 中低频段频率使用许可证。同时许可部分现有 4G 频率资源重耕后用于 5G,加快推动 5G 网络规模部署。

2. 性能指标

国际电信联盟(ITU)定义了 5G 的三大类应用场景,即增强移动宽带(eMBB)、超高可靠低时延通信(uRLLC)和海量机器类通信(mMTC)。增强移动宽带(eMBB)主要面向移动互联网流量爆炸式增长,为移动互联网用户提供更加极致的应用体验;超高可靠低时延通信(uRLLC)主要面向工业控制、远程医疗、自动驾驶等对时延和可靠性具有极高要求的垂直行业应用需求;海量机器类通信(mMTC)主要面向智慧城市、智能家居、环境监测等以传感和数据采集为目标的应用需求。

为满足 5G 多样化的应用场景需求,5G 的关键性能指标更加多元化。ITU 定义了 5G 关键性能指标,其中高速率、低时延、大连接成为 5G 最突出的特征,用户体验速率达 1 Gbps,时延低至 1 ms,用户连接能力达 100 万连接/平方千米。

① 峰值速率需要达到 10～20 Gbit/s,以满足高清视频、虚拟现实等大数据量传输。

② 空中接口时延低至 1 ms,满足自动驾驶、远程医疗等实时应用。

③ 具备 100 万连接/平方公里的设备连接能力,满足物联网通信。

④ 频谱效率要比 LTE 提升 3 倍以上。

⑤ 连续广域覆盖和高移动性下,用户体验速率达到 100 Mbit/s。

⑥ 流量密度达到 10 Mbps/m 以上。

⑦ 移动性支持 500 km/h 的高速移动。

3. 关键技术

5G 作为一种新型移动通信网络,不仅要解决人与人通信,为用户提供增强现实、虚拟现实、超高清(3D)视频等更加身临其境的极致业务体验,更要解决人与物、物与物通信问题,满足移动医疗、车联网、智能家居、工业控制、环境监测等物联网应用需求。在 OFDMA 和 MIMO 基础技术上,5G 为支持三大应用场景,采用了灵活的全新系统设计。在频段方面,与 4G 支持中低频不同,考虑到中低频资源有限,5G 同时支持中低频和高频频段,其中中低频满足覆盖和容量需求,高频满足在热点区域提升容量的需求,5G 针对中低频和高频设计了统一的技术方案,并支持百兆的基础带宽。为了支持高速率传输和更优覆盖,5G 采用了超密集异构网络等关键技术。

(1) 超密集异构网络技术。

5G 通信系统正朝着网络多元化、宽带化、综合化、智能化的方向发展。随着各种智能终端的普及,移动数据流量将呈现爆炸式增长,在 5G 网络中,减小小区半径,增加低功率节点数量,是保证未来 5G 网络支持 1 000 倍流量增长的核心技术之一。因此,超密集异构网络成为 5G 网络提高数据流量的关键技术。

5G 网络部署有超过现有站点 10 倍以上的各种无线节点,在宏站覆盖区内,站点间距离将保持 10 m 以内,并且支持在每平方公里范围内为 25 000 个用户提供服务。同时也可能出现活跃用户数和站点数的比例达到 1∶1 的现象,即用户与服务节点一一对应。密集部署的网络拉近了终端与节点间的距离,使得网络的功率和频谱效率大幅度提高,同时也扩大了网络覆盖范围,扩展了系统容量,并且增强了业务在不同接入技术和各覆盖层次间的灵活性。虽然超密集异构网络架构在 5G 中有很大的发展前景,但是节点间距离的减少,越发密集的网络部署将使得网络拓扑更加复杂,从而容易出现与现有移动通信系统不兼容的问题。在 5G 移动通信网络中,干扰是一个必须解决的问题。网络中的干扰主要有:同频干扰,共享频谱资源干扰,不同覆盖层次间的干扰等。现有通信系统的干扰协调算法只能解决单个干扰源问题,而在 5G 网络中,相邻节点的传输损耗一般差别不大,这将导致多个干扰源强度相近,进一步恶化网络性能,使得现有协调算法难以应对。此外,由于业务和用户对 QoS 需求的差异性很大,5G 网络需要采用一系列措施来保障系统性能,主要包括不同业务在网络中的实现、各种节点间的协调方案、网络的选择以及节能配置方法等。

准确有效地感知相邻节点是实现大规模节点协作的前提条件。在超密集网络中,密集地部署使得小区边界数量剧增,加之形状的不规则,导致频繁复杂的切换。为了满足移动性需求,势必要使用新的切换算法;另外,网络动态部署技术也是研究的重点。由于用户部署的大量节点的开启和关闭具有突发性和随机性,使得网络拓扑和干扰具有大范围动态变化特性;而各小站中较少的服务用户数也容易导致业务的空间和时间分布出现剧烈的动态变化。

(2) 自组织网络技术。

传统移动通信网络中,主要依靠人工方式完成网络部署及运维,既耗费大量人力资源又增加运行成本,而且网络优化也不理想。在 5G 网络中,将面临网络的部署、运营及维护的挑战,这主要是由于网络存在各种无线接入技术,且网络节点覆盖能力各不相同,它们之间的关系错综复杂。因此,自组织网络(Self Organizing Network,SON)的智能化将成为 5G 网络的一项关键技术。

自组织网络技术解决的关键问题主要有以下两点:一是网络部署阶段的自规划和自配;二是网络维护阶段的自优化和自愈合。自配置即新增网络节点的配置可实现即插即用,具有低成本、安装简易等优点。自优化的目的是减少业务工作量,达到提升网络质量及性能的效果,其方法是通过 UE 和 eNB 测量,在本地 eNB 或网络管理方面进行参数自优化。自愈合指系统能自动检测问题、定位问题和排除故障,大大减少维护成本并避免对网络质量和用户体验的影响。自规划的目的是动态进行网络规划并执行,同时满足系统的容量扩展、业务监测或优化结果等方面的需求。主要有集中式、分布式以及混合式 3 种自组织网络架构。其中,基于网管系统实现的集中式架构具有控制范围广、冲突小等优点,但也存在着运行速度慢、算法复杂度高等方面的不足;而分布式恰恰相反,主要通过 SON 分布在 eNB 上来实现,效率和响应速度高,网络扩展性较好,对系统依赖性小,缺点是协调困难;混合式结合集中式和分布式 2 种架构的优点,缺点是设计复杂。SON 技术应用于移动通信网络时,其优势体现在网络效率和维护方面,同时减少了运营商的资本性支出和运营成本投入。由于现有的 SON 技术都是从各自网络的角度出发,自部署、自配置、自优化和自愈合等操作具有独立性和封闭性,在多网络之间缺乏协作。因此,支持异构网络协作的 SON 技术具有深远意义。

(3)内容分发网络技术。

在 5G 通信系统中,面向大规模用户的音频、视频、图像等业务急剧增长,网络流量的爆炸式增长会极大地影响用户访问互联网的服务质量。如何有效地分发大流量的业务内容,降低用户获取信息的时延,成为网络运营商和内容提供商面临的一大难题。仅仅依靠增加带宽并不能解决问题,它还受到传输中路由阻塞和延迟、网站服务器的处理能力等因素的影响,这些问题的出现与用户服务器之间的距离有密切关系。内容分发网络(Content Distribution Network,CDN)会对 5G 网络的容量与用户访问具有重要的支撑作用。

内容分发网络是在传统网络中添加新的层次,即智能虚拟网络。CDN 系统综合考虑各节点连接状态、负载情况以及用户距离等信息,通过将相关内容分发至靠近用户的 CDN 代理服务器上,实现用户就近获取所需的信息,使得网络拥塞状况得以缓解,降低响应时间,提高响应速度。CDN 网络架构在用户侧与源 server 之间构建多个 CDN 代理 server,可以降低延迟、提高 QoS(Quality of

Service)。当用户对所需内容发送请求时,如果源服务器之前接收到相同内容的请求,则该请求被 DNS 重定向到离用户最近的 CDN 代理服务器上,由该代理服务器发送相应内容给用户。因此,源服务器只需要将内容发给各个代理服务器,便于用户从就近的带宽充足的代理服务器上获取内容,降低网络时延并提高用户体验。随着云计算、移动互联网及动态网络内容技术的推进,内容分发技术逐步趋向于专业化、定制化。

(4) D2D 通信技术。

在 5G 网络中,网络容量、频谱效率需要进一步提升,更丰富的通信模式以及更好的终端用户体验也是 5G 的演进方向。设备到设备通信(Device-to-Device Communication,D2D)具有潜在的提升系统性能、增强用户体验、减轻基站压力、提高频谱利用率的前景。因此,D2D 是 5G 网络中的关键技术之一。

D2D 通信是一种基于蜂窝系统的近距离数据直接传输技术。D2D 会话的数据直接在终端之间进行传输,不需要通过基站转发,而相关的控制信令,如会话的建立、维持、无线资源分配以及计费、鉴权、识别、移动性管理等仍由蜂窝网络负责。蜂窝网络引入 D2D 通信,可以减轻基站负担,降低端到端的传输时延,提升频谱效率,降低终端发射功率。当无线通信基础设施损坏,或者在无线网络的覆盖盲区,终端可借助 D2D 实现端到端通信甚至接入蜂窝网络。在 5G 网络中,既可以在授权频段部署 D2D 通信,也可在非授权频段部署。

(5) M2M 通信技术。

M2M(Machine to Machine,M2M)作为物联网在现阶段最常见的应用形式,在智能电网、安全监测、城市信息化、环境监测等领域实现了商业化应用。M2M 的定义主要有广义和狭义 2 种。广义的 M2M 主要是指机器对机器、人与机器间以及移动网络和机器之间的通信,它涵盖了所有实现人、机器、系统之间通信的技术;从狭义上说,M2M 仅仅指机器与机器之间的通信。智能化、交互式是 M2M 有别于其他应用的典型特征,这一特征下的机器也被赋予了更多的"智慧"。

(6) 信息中心网络技术。

随着实时音频、高清视频等服务的日益激增,基于位置通信的传统 TCP/IP 网络无法满足海量数据流量分发的要求。网络呈现出以信息为中心的发展趋势。信息中心网络(Information-Centric Network,ICN)的思想最早是 1979 年由 Nelson 提出来的,后来被 Baccala 强化。美国的 CCN、DONA 和 NDN 等多个组织对 ICN 进行了深入研究。作为一种新型网络体系结构,ICN 的目标是取代现有的 IP。

ICN 所指的信息包括实时媒体流、网页服务、多媒体通信等,而信息中心网络就是这些片段信息的总集合。因此,ICN 的主要概念是信息的分发、查找和传递,不再是维护目标主机的可连通性。不同于传统的以主机地址为中心的 TCP/IP 网络体系结构,ICN 采用的是以信息为中心的网络通信模型,忽略 IP 地址的作用,甚至只是将其作为一种传输标识。全新的网络协议栈能够实现网络层解析信息名称、路由缓存信息数据、多播传递信息等功能,从而较好地解决计算机网络中存在的扩展性、实时性以及动态性等问题。ICN 信息传递流程是一种基于发布订阅方式的信息传递流程。首先,内容提供方向网络发布自己所拥有的内容,网络中的节点就明白当收到相关内容的请求时如何响应该请求。然后,当第一个订阅方向网络发送内容请求时,节点将请求转发到内容发布方,内容发布方将相应内容发送给订阅方,带有缓存的节点会将经过的内容缓存。其他订阅方对相同内容发送请求时,邻近带缓存的节点直接将相应内容响应给订阅方。因此,信息中心网络的通信过程就是请求内容的匹配过程。传统 IP 网络中,采用的是"推"传输模式,即服务器在整个传输过程中占主导地位,忽略了用户的地位,从而导致用户端接收过多的垃圾信息。ICN 网络正好相反,采用"拉"模式,整个传输过程由用户的实时信息请求触发,网络则通过信息缓存的方式,实现快速响应用户。此外,信息安全只与信息自身相关,而与存储容器无关。针对信息的这种特性,ICN 网络采用有别于传统网络安全机制的基于信息的安全机制。这种机制更加合理可信,且能实现更细的安全策略粒度。和传统的 IP 网络相比,ICN 具有高效性、高安全性且支持客户端移动等优势。比较典型的 ICN 方案有 CCN、DONA、NetInf、INS 和 TRIAD。

（7）移动云计算技术。

在 5G 时代,全球将会出现 500 亿连接的万物互联服务,人们对智能终端的计算能力以及服务质量的要求越来越高。移动云计算将成为 5G 网络创新服务的关键技术之一。移动云计算是一种全新的 IT 资源或信息服务的交付与使用模式,它是在移动互联网中引入云计算的产物。移动网络中的移动智能终端以按需、易扩展的方式连接到远端的服务提供商,获得所需资源,主要包含基础设施、平台、计算存储能力和应用资源。SaaS 软件服务为用户提供所需的软件应用,终端用户不需要将软件安装在本地的服务器中,只需要通过网络向原始的服务提供者请求自己所需要的功能软件。PaaS 平台的功能是为用户提供创建、测试和部署相关应用等服务。PaaS 自身不仅拥有很好的市场应用场景,而且能够推进 SaaS。而 IaaS 基础设施提供基础服务和应用平台。

（8）SDN /NFV 技术。

随着网络通信技术和计算机技术的发展,"互联网＋"、三网融合、云计算服务等新兴产业对互联网在可扩展性、安全性、可控可管等方面提出了越来越高的要求。SDN（Software-Defined Networking，软件定义网络）/NFV（Network Function Virtualization，网络功能虚拟化）作为一种新型的网络架构与构建技术，其倡导的控制与数据分离、软件化、虚拟化思想，为突破现有网络的困境带来了希望。SDN 架构的核心特点是开放性、灵活性和可编程性。主要分为 3 层：基础设施层位于网络最底层，包括大量基础网络设备，该层根据控制层下发的规则处理和转发数据；中间层为控制层，该层主要负责对数据转发面的资源进行编排、控制网络拓扑、收集全局状态信息等；最上层为应用层，该层包括大量的应用服务，通过开放的 API 对网络资源进行调用。

SDN 将网络设备的控制平面从设备中分离出来，放到具有网络控制功能的控制器上进行集中控制。控制器掌握所有必需的信息，并通过开放的 API 被上层应用程序调用。这样可以消除大量手动配置的过程，简化管理员对全网的管理，提高业务部署的效率。SDN 不会让网络变得更快，但他会让整个基础设施简化，降低运营成本，提升效率。未来 5G 网络中需要将控制与转发分离，进一步优化网络的管理，以 SDN 驱动整个网络生态系统。

（9）软件定义无线网络技术。

目前的无线网络面临着一系列的挑战。首先，无线网络中存在大量的异构网络，如 LTE、Wimax、UMTS、WLAN 等，异构无线网络并存的现象将持续相当长的一段时间。异构无线网络面临的主要挑战是难以互通，资源优化困难，无线资源浪费，这主要是由于现有移动网络采用了垂直架构的设计模式。此外，网络中的一对多模型（即单一网络特性对多种服务），无法针对不同服务的特点提供定制的网络保障，降低了网络服务质量和用户体验。因此，在无线网络中引入 SDN 思想将打破现有无线网络的封闭僵化现象，彻底改变无线网络的困境。

软件定义无线网络保留了 SDN 的核心思想，即将控制平面从分布式网络设备中解耦，实现逻辑上的网络集中控制，数据转发规则由集中控制器统一下发。软件定义无线网络的架构分为 3 个层面。在软件定义无线网络中，控制层面可以获取、更新、预测全网信息，例如：用户属性、动态网络需求以及实时网络状态。因此，控制平面能够很好地优化和调整资源分配、转发策略、流表管理等，简化了网络管理，加快了业务创新的步伐。

（9）情境感知技术。

随着海量设备的增长，5G 网络不仅承载人与人之间的通信，而且还要承载人与物之间以及物与物之间的通信，既可支撑大量终端，又使个性化、定制化的应用成为常态。情境感知技术能够让 5G 网络主动、智能、及时地向用户推送所需的信息。

4.应用领域

（1）工业领域。

以 5G 为代表的新一代信息通信技术与工业经济深度融合，为工业乃至产业数字化、网络化、智能化发展提供了新的实现途径。5G 在工业领域的应用涵盖研发设计、生产制造、运营管理及产品服务 4 个大的工业环节，主要包括 16 类应用场景，分别为：AR/VR 研发实验协同、AR/VR 远程协同设计、远程控制、AR 辅助装配、机器视觉、AGV 物流、自动驾驶、超高清视频、设备感知、物料信息采集、环境信息采集、AR 产品需求导入、远程售后、产品状态监测、设备预测性维护、AR/VR 远程培训等。当前，机器视觉、AGV 物流、超高清视频等场景已取得了规模化复制的效果，实现"机器换人"，大幅降低人工成本，有效提高产品检测准确率，达到了生产效率提升的目的。未来，远程控制、设备预测性维护等场景预计将会产生较高的商业价值。

以钢铁行业为例，5G 技术赋能钢铁制造，实现钢铁行业智能化生产、智慧化运营及绿色发展。在智能化生产方面，5G 网络低时延特性可实现远程实时控制机械设备，提高运维效率的同时，促进厂区无人化转型；借助 5G＋AR 眼镜，专家可在后台对传回的 AR 图像进行文字、图片等多种形式的标注，实现对现场运维人员实时指导，提高运维效率；5G＋大数据，可对钢铁生产过程的数据进行采集，实现钢铁制造主要工艺参数在线监控、在线自动质量判定，实现生产工艺质量的实时掌控。在智慧化运营方面，5G＋超高清视频可实现钢铁生产流程及人员生产行为的智能监管，及时判断生产环境及人员操作是否存在异常，提高生产安全性。在绿色发展方面，5G 大连接特性采集钢铁各生产环节的能源消耗和污染物排放数据，可协助钢铁企业找出问题严重的环节并进行工艺优化和设备升级，降低能耗成本和环保成本，实现清洁低碳的绿色化生产。

5G 在工业领域丰富的融合应用场景将为工业体系变革带来极大潜力，使得工业向智能化、绿色化发展。"5G＋工业互联网"工程实施以来，行业应用水平不断提升，从生产外围环节逐步延伸至研发设计、生产制造、质量检测、故障运维、物流运输、安全管理等核心环节，在电子设备制造、装备制造、钢铁、采矿、电力等 5 个行业率先发展，培育形成协同研发设计、远程设备操控、设备协同作业、柔性生产制造、现场辅助装配、机器视觉质检、设备故障诊断、厂区智能物流、无人智能巡检、生产现场监测等 10 大典型应用场景，助力企业降本提质和安全生产。

（2）车联网与自动驾驶。

5G 车联网助力汽车、交通应用服务的智能化升级。5G 网络的大带宽、低时延等特性，支持实现车载 VR 视频通话、实景导航等实时业务。借助于车联网C-

V2X(包含直连通信和5G网络通信)的低时延、高可靠和广播传输特性,车辆可实时对外广播自身定位、运行状态等基本安全消息,交通灯或电子标志标识等可广播交通管理与指示信息,支持实现路口碰撞预警、红绿灯诱导通行等应用,显著提升车辆行驶安全和出行效率,后续还将支持实现更高等级、复杂场景的自动驾驶服务,如远程遥控驾驶、车辆编队行驶等。5G网络可支持港口岸桥区的自动远程控制、装卸区的自动码货以及港区的车辆无人驾驶应用,显著降低自动导引运输车控制信号的时延以保障无线通信质量与作业可靠性,可使智能理货数据传输系统实现全天候全流程的实时在线监控。

(3)能源领域。

在电力领域,能源电力生产包括发电、输电、变电、配电、用电五个环节,目前5G在电力领域的应用主要面向输电、变电、配电、用电四个环节开展,应用场景主要涵盖了采集监控类业务及实时控制类业务,包括:输电线无人机巡检、变电站机器人巡检、电能质量监测、配电自动化、配网差动保护、分布式能源控制、高级计量、精准负荷控制、电力充电桩等。当前,基于5G大带宽特性的移动巡检业务较为成熟,可实现应用复制推广,通过无人机巡检、机器人巡检等新型运维业务的应用,促进监控、作业、安防向智能化、可视化、高清化升级,大幅提升输电线路与变电站的巡检效率;配网差动保护、配电自动化等控制类业务现处于探索验证阶段,未来随着网络安全架构、终端模组等问题的逐渐成熟,控制类业务将会进入高速发展期,提升配电环节故障定位精准度和处理效率。

在煤矿领域,5G应用涉及井下生产与安全保障两大部分,应用场景主要包括:作业场所视频监控、环境信息采集、设备数据传输、移动巡检、作业设备远程控制等。当前,煤矿利用5G技术实现地面操作中心对井下综采面采煤机、液压支架、掘进机等设备的远程控制,大幅减少了原有线缆维护量及井下作业人员;在井下机电硐室等场景部署5G智能巡检机器人,实现机房硐室自动巡检,极大提高检修效率;在井下关键场所部署5G超高清摄像头,实现环境与人员的精准实时管控。煤矿利用5G技术的智能化改造能够有效减少井下作业人员,降低井下事故发生率,遏制重特大事故,实现煤矿的安全生产。当前取得的应用实践经验已逐步开始规模推广。

(4)教育领域。

5G在教育领域的应用主要围绕智慧课堂及智慧校园两方面开展。5G+智慧课堂,凭借5G低时延、高速率特性,结合VR/AR/全息影像等技术,可实现实时传输影像信息,为两地提供全息、互动的教学服务,提升教学体验;5G智能终端可通过5G网络收集教学过程中的全场景数据,结合大数据及人工智能技术,可构建学生的学情画像,为教学等提供全面、客观的数据分析,提升教育教学精准度。5G+智慧校园,基于超高清视频的安防监控可为校园提供远程巡考、校园人员管理、学生作息管理、门禁管理等应用,解决校园陌生人进校、危险探测不及时等安全问题,提高校园管理效率和水平;基于 AI 图像分析、GIS(地理信息系统)等技术,可对学生出行、活动、饮食安全等环节提供全面的安全保障服务,让家长及时了解学生的在校位置及表现,打造安全的学习环境。

(5)医疗领域。

5G 通过赋能现有智慧医疗服务体系,提升远程医疗、应急救护等服务能力和管理效率,并催生 5G+远程超声检查、重症监护等新型应用场景。

5G+超高清远程会诊、远程影像诊断、移动医护等应用,在现有智慧医疗服务体系上,叠加 5G 网络能力,极大提升远程会诊、医学影像、电子病历等数据传输速度和服务保障能力。

5G+应急救护等应用,在急救人员、救护车、应急指挥中心、医院之间快速构建 5G 应急救援网络,在救护车接到患者的第一时间,将病患体征数据、病情图像、急症病情记录等以毫秒级速度、无损实时传输到医院,帮助院内医生做出正确指导并提前制定抢救方案,实现患者"上车即入院"的愿景。

5G+远程手术、重症监护等治疗类应用,由于其容错率极低,并涉及医疗质量、患者安全、社会伦理等复杂问题,其技术应用的安全性、可靠性需进一步研究和验证,预计短期内难以在医疗领域实际应用。

(6)文旅领域。

5G 在文旅领域的创新应用将助力文化和旅游行业步入数字化转型的快车道。5G 智慧文旅应用场景主要包括景区管理、游客服务、文博展览、线上演播等环节。5G 智慧景区可实现景区实时监控、安防巡检和应急救援,同时可提供 VR 直播观景、沉浸式导览及 AI 智慧游记等创新体验。大幅提升了景区管理和服务水平,解决了景区同质化发展等痛点问题;5G 智慧文博可支持文物全息展示、5G+VR 文物修复、沉浸式教学等应用,赋能文物数字化发展,深刻阐释文物的多元价值,推动人才团队建设;5G 云演播融合 4K/8K、VR/AR 等技术,实现传统曲目线上线下高清直播,支持多屏多角度沉浸式观赏体验,5G 云演播打破了传统艺术演艺方式,让传统演艺产业焕发了新生。

(7)智慧城市领域。

5G 助力智慧城市在安防、巡检、救援等方面提升管理与服务水平。在城市安防监控方面,结合大数据及人工智能技术,5G+超高清视频监控可实现对人脸、行为、特殊物品、车等精确识别,形成对潜在危险的预判能力和紧急事件的快速响应能力;在城市安全巡检方面,5G 结合无人机、无人车、机器人等安防巡检终端,可实现城市立体化智能巡检,提高城市日常巡查的效率;在城市应急救援方面,5G 通信保障车与卫星回传技术可实现建立救援区域海陆空一体化的 5G 网络覆盖;5G+VR/AR 可协助中台应急调度指挥人员能够直观、及时了解现场情况,更快速、更科学地制定应急救援方案,提高应急救援效率。目前公共安全和社区治安成为城市治理的热点领域,以远程巡检应用为代表的环境监测也将成为城市发展的关注重点。未来,城市全域感知和精细管理成为必然发展趋势,仍需长期持续探索。

(8)信息消费领域。

5G 给垂直行业带来变革与创新的同时,也孕育新兴信息产品和服务,改变人们的生活方式。在 5G+云游戏方面,5G 可实现将云端服务器上渲染压缩后的视频和音频传送至用户终端,解决了云端算力下发与本地计算力不足的问题,解除了游戏优质内容对终端硬件的束缚和依赖,对于消费端成本控制和产业链降本增效起到了积极的推动作用。在 5G+4K/8K VR 直播方面,5G 技术可解决网线组网烦琐、传统无线网络带宽不足、专线开通成本高等问题,可满足大型活动现场海量终端的连接需求,并带给观众超高清、沉浸式的视听体验;5G+多视角视频,可实现同时向用户推送多个独立的视角画面,用户可自行选择视角观看,带来更自由的观看体验。在智慧商业综合体领域,5G+AI 智慧导航、5G+AR 数字景观、5G+VR 电竞娱乐空间、5G+VR/AR 全景直播、5G+VR/AR 导购及互动营销等应用已开始在商圈及购物中心落地应用,并逐步规模化推广。未来随着 5G 网络的全面覆盖以及网络能力的提升,5G+沉浸式云 XR、5G+数字孪生等应用场景也将实现,让购物消费更具活力。

(9)金融领域。

金融科技相关机构正积极推进 5G 在金融领域的应用探索,应用场景多样化。银行业是 5G 在金融领域落地应用的先行军,5G 可为银行提供整体的改造。前台方面,综合运用 5G 及多种新技术,实现了智慧网点建设、机器人全程服务客户、远程业务办理等;中后台方面,通过 5G 可实现"万物互联",从而为数据分析和决策提供辅助。除银行业外,证券、保险和其他金融领域也在积极推动"5G+"发展,5G 开创的远程服务等新交互方式为客户带来全方位数字化体验,线上即可完成证券开户核审、保险查勘定损和理赔,使金融服务不断走向便捷化、多元化,带动了金融行业的创新变革。

第六节　第六代移动通信技术

1. 发展现状

第六代移动通信标准是一个概念性无线网络移动通信技术,也被称为第六代移动通信技术。6G(6-Generation,6th Generation Mobile Networks,6th Generation Wireless Systems)。主要促进的就是物联网的发展。6G 的传输能力可能比 5G 提升 100 倍,网络延迟也可能从毫秒降到微秒级。

6G 网络将是一个地面无线与卫星通信集成的全连接世界。通过将卫星通信整合到 6G 移动通信,实现全球无缝覆盖,网络信号能够抵达任何一个偏远的乡村,让深处山区的病人能接受远程医疗,让孩子们能接受远程教育。此外,在全球卫星定位系统、电信卫星系统、地球图像卫星系统和 6G 地面网络的联动支持下,地空全覆盖网络还能帮助人类预测天气、快速应对自然灾害等,这就是 6G 未来。6G 通信技术不再是简单的网络容量和传输速率的突破,它更是为了缩小数字鸿沟,实现万物互联这个"终极目标",这便是 6G 的意义。

6G 的数据传输速率可能达到 5G 的 50 倍,时延缩短到 5G 的十分之一,在峰值速率、时延、流量密度、连接数密度、移动性、频谱效率、定位能力等方面远优于 5G。

2. 性能指标

(1) 峰值传输速度达到 100 Gbps~1 Tbps,而 5G 仅为 10 Gpbs;

(2) 室内定位精度达到 10 厘米,室外为 1 米,相比 5G 提高 10 倍;

(3) 通信时延 0.1 毫秒,是 5G 的十分一;

(4) 中断概率小于百万分之一,拥有超高可靠性;

(5) 连接设备密度达到每立方米过百个,拥有超高密度;

(6) 采用太赫兹(THz)频段通信,网络容量大幅提升。

3. 关键技术

6G 将使用太赫兹(THz)频段,且 6G 网络的"致密化"程度也将达到前所未有的水平,届时,我们的周围将充满小基站。太赫兹频段是指 100 GHz~10 THz,是一个频率比 5G 高出许多的频段。从通信 1G(0.9 GHz)到 4G(1.8 GHZ 以上),我们使用的无线电磁波的频率在不断升高。因为频率越高,允许分配的带宽范围越大,单位时间内所能传递的数据量就越大,也就是我们通常说的"网速变快了"。不过,频段向高处发展的另一个主要原因在于,低频段的资源有限。就像一条公路,即便再宽阔,所容纳车量也是有限的。当路不够用时,车辆就会阻塞无法畅行,此时就需要考虑开发另一条路。频谱资源也是如此,随着用户数和智能设备数量的增加,有限的频谱带宽就需要服务更多的终端,这会导致每个终端的服务质量严重下降。而解决这一问题的可行的方法便是开发新的通信频段,拓展通信带宽。我国运营商的 4G 主力频段位于 1.8 GHz~2.7 GHz 之间的一部分频段,而国际电信标准组织定义的 5G 的主流频段是 3 GHz~6 GHz,属于毫米波频段。到了 6G,将迈入频率更高的太赫兹频段,这个时候也将进入亚毫米波的频段。那么,为什么说到了 6G 时代网络"致密化",我们的周围会充满小基站?这就涉及基站的覆盖范围问题,也就是基站信号的传输距离问题。一般而言,影响基站覆盖范围的因素比较多,比如信号的频率、基站的发射功率、基站的高度、移动端的高度等。就信号的频率而言,频率越高则波长越短,所以信号的绕射能力(也称衍射,在电磁波传播过程中遇到障碍物,这个障碍物的尺寸与电磁波的波长接近时,电磁波可以从该物体的边缘绕射过去。绕射可以帮助进行阴影区域的覆盖)就越差,损耗也就越大。并且这种损耗会随着传输距离的增加而增加,基站所能覆盖到的范围会随之降低。6G 信号的频率已经在太赫兹级别,而这个频率已经接近分子转动能级的光谱了,很容易被空气中的被水分子吸收掉,所以在空间中传播的距离不像 5G 信号那么远,因此 6G 需要更多的基站"接力"。5G 使用的频段要高于 4G,在不考虑其他因素的情况下,5G 基站的覆盖范围自然要比 4G 的小。到了频段更高的 6G,基站的覆盖范围会更小。因此,5G 的基站密度要比 4G 高很多,而在 6G 时代,基站密集度将无以复加。

6G 将使用"空间复用技术",6G 基站将可同时接入数百个甚至数千个无线连接,其容量将可达到 5G 基站的 1000 倍。前面说到 6G 将要使用的是太赫兹频段,虽然这种高频段频率资源丰富,系统容量大。但是使用高频率载波的移动通信系统要面临改善覆盖和减少干扰的严峻挑战。

当信号的频率超过 10 GHz 时,其主要的传播方式就不再是衍射。对于非视距传播链路来说,反射和散射才是主要的信号传播方式。同时,频率越高,传播损耗越大,覆盖距离越近,绕射能力越弱。这些因素都会大大增加信号覆盖的难度。不止 6G,处于毫米波段的 5G 也是如此。而 5G 则是通过 Massive MIMO 和波束赋形这两个关键技术来解决此类问题的。我们的手机信号连接的是运营商基站,更准确一点,是基站上的天线。Massive MIMO 技术说起来挺简单,它其实就是通过增加发射天线和接收天线的数量,即设计一个多天线阵列,来补偿高频路径上的损耗。在 MIMO 多副天线的配置下可以提高传输数据数量,而这用到的便是空间复用技术。在发射端,高速率的数据流被分割为多个较低速率的子数据流,不同的子数据流在不同的发射天线上在相同频段上发射出去。由于发射端与接收端的天线阵列之间的空域子信道足够不同,接收机能够区分出这些并行的子数据流,而不需付出额外的频率或者时间资源。这种技术的好处就是,它能够在不占用额外带宽、消耗额外发射功率的情况下增加信道容量,提高频谱利用率。不过,MIMO 的多天线阵列会使大部分发射能量聚集在一个非常窄的区域。也就是说,天线数量越多,波束宽度越窄。这一点的好处在于,不同的波束之间、不同的用户之间的干扰会比较少,因为不同的波束都有各自的聚焦区域,这些区域都非常小,彼此之间不怎么有交集。但是它也带来了另外一个问题:基站发出的窄波束不是360度全方向的,该如何保证波束能覆盖到基站周围任意一个方向上的用户。这时候,便是波束赋形技术大显神通的时候了。简单来说,波束赋形技术就是通过复杂的算法对波束进行管理和控制,使之变得像"聚光灯"一样。这些"聚光灯"可以找到手机都聚集在哪里,然后更为聚焦地对其进行信号覆盖。5G采用的是MIMO技术提高频谱利用率。而6G所处的频段更高,MIMO未来的进一步发展很有可能为6G提供关键的技术支持。

4.未来展望

6G网络的速度将比5G快100倍,几乎能达每秒1TB,这意味着下载一部电影可在1秒内完成,无人驾驶、无人机的操控都将非常自如,用户甚至感觉不到任何时延。

现在学界对6G的界定有不同的观点,5G主要是为工业4.0做前期基础建设,而6G的具体应用方向目前还处在探索阶段。有专家认为,将来6G将会被用于空间通信、智能交互、触觉互联网、情感和触觉交流、多感官混合现实、机器间协同、全自动交通等场景。

6G需要重点考虑的是,如何将两条不同发展轨道的技术融为一体。最彻底的融合模式是全面融合,即从组网到空口,完全实现无感对接。简单的形式是网络各自独立发展,通过多模终端完成多系统支持。

第九章 无线电的发展及展望

第一节 无线电技术发展

1.广电领域

无线发射技术的出现推动了我国广播电视事业的全面发展,加强这方面研究具有重要意义。下文通过对广播电视无线发射技术进行分析,探讨无线发射技术的优势及未来发展趋势。

在数字化技术发展过程中,广电节目制作开始应用网络技术和数字技术等多种现代化技术,以此加强电视节目制作质量,还可以提升节目播出效率。通过分析广电节目技术的发展现状可知,必须借助于数字化技术进行优化创新,这样才能够提升广电信号发射技术。

(1)广播电视无线发射技术简介。

广播电视的无线发射天线技术,其主要就是使用广播电视信号以及无线电波的方法把信息传送到各个用户的家里,使用户可以接收到电波,然后自行进行解码之后再转变成电视信号,从而让人们可以在电视上看到正常播放节目。其中最为关键的就是发射的设备,一般来说发射的设备能够直接影响到信号传输的质量高低。发射天线主要的作用就是把声音信号以及显示的影像转换成空间电磁波。无线电波的频率有长波、中波、短波的区别,在日常进行电视信号传送的时候,一般来说都是使用中波的频率以及短波的频率。相对而言,其稳定性更高,抗干扰的能力更强。

(2)广播电视无线电发射技术的优势。

① 抗干扰能力强,网络覆盖面积大。

现代信息技术的快速发展,各种无线电信号充斥着人们的日常生活,这样就导致各种信号在传输的过程中经常会发生干扰的情况,导致广播电视信号传输效果不佳。广播电视信息发射技术不需要用天线的方式进行信号传递,能够直接利用光纤电缆等传输媒介,实现信息的双向传输,有效扩大广播电视信号的覆盖面积,减少广播电视信号所受到的干扰,可以避免出现图像模糊不清或者有杂音的情况。

② 智能化水平高。

电视发射设备逐渐向智能化方向发展,并促进了广播电视事业的快速发展。广播电视无线发射技术中,电视发射设备能够自行针对所传输的信息数据予以汇总,并能够实现对开关设备的控制。而计算机技术的引入,可以实现发射设备自行监管与控制,进而对播控机房予以即时的监管控制;不仅如此,还能够在计算机系统中实现对电视发射设备各项数据指标的监督和控制,从而避免相关设备工作受到干扰。

③ 有利于减少广播电视人员的工作量。

随着社会经济的高速发展,人们的生活水平逐步提升,其在满足基本物质需求的前提下,开始追求精神上的满足,生活质量显著提升,对广播电视节目的要求也逐渐多样化。在这种情形下,广播电视想要取得长久发展,就必须不断地丰富资源,满足用户需求。虽然给广播电视行业的发展带来了一定的机遇,但与此同时,也加大了广播电视相关人员的工作量。而无线发射技术的应用,则能为其减少工作量,这是因为无线发射技术在广播电视中的应用,可利用机械化设备代替人工操作,在信号传输方面有着极大的优势,能在保障广播电视节目质量的前提下,减少工作量,提高工作效率。无线发射技术的应用可实现广播电视节目的自动化调节,可根据用户多样化的需求进行相应的调整,以满足用户不同需求,实现个性化播放,大大减轻了广播电视工作人员的负担。

④ 使广播电视信号更加稳定。

通过不断地使用广播电视信号的无线发射技术,能够有效发射更加高频的电磁波,使广播电视的信号因此变得更加稳定。特别是对于一些电视节目来说,不但能够让这些节目保持其一定的稳定度,还可以让电视节目变得更加清晰,让用户可以观赏到更加高质的节目。因为我国的通信技术目前处于 5G 时代,一些传统的广播电视信号已经无法满足目前社会的需要,无线发射的技术相对而言更加先进和成熟,其使用前景也会更加广阔。

⑤ 综合作用能力强,频道选择更加的多样。

在日常生活中广播电视无线发射技术能够实现数字化传播,将广播电视视频音频信号转变为数字信号进行快速传递,在客户端上进行解码,可以实现广播电视信号无损传播。随着现在智能电视的快速发展,各种超高清、4K 电视层出不穷,对电视节目的画质要求也更高,人们在观看电视节目时,清晰的画质,流畅的播放体验已经成为最主要的选择条件。随着电视节目频道数量不断扩大,这就要求广播电视节目必须要积极适应人民群众的实际发展需求,加快信息节目的制作,促进广播电视行业的全面发展。

(3) 广播电视无线电发射技术未来发展策略。

① 建立可移动数字地面电视。

当前,信号传输范围或质量不满足人们对于电视节目的质量要求。随着广电行业的发展,且逐渐成为与观众之间的信息交流和舆论引导作用,具备独特属性。因此在未来发展时,必须充分发挥出数字化信息传输技术作用,能够实现地面电视的数字化建设。此外,由于移动电视的含义比较广泛,可以实现移动式节目观看,便于观众使用。通过开通和建设数字化移动电池,能够有效提升电视信号数据传输的质量和有效性,还能够不断完善现代广播电视行业。因此在发展期间,技术人员必须深入调查电视市场的业务需求和实际发展,不断优化和完善现有广播电视技术。在现代发展过程中,信号传输技术、视频压缩技术、电池容量技术数字化发展,还有助于促进移动电视发展。同时,还能够观众提供优质的电视服务,全面促进广电行业的现代化发展。

② 应用无线电加密系统,优化校正技术。

无线发射技术在广播电视发展中的应用,起到了较好的效果,在不断创新无线发射技术的过程中,也应当提升其安全性。需要在无线发射技术的应用中对其内部信息进行加密,创建科学的无线电加密系统,以避免隐私信息被泄露。虽然现阶段已经应用了加密技术,但无法满足无线电加密的需求,其需要更深度加密,可充分借鉴国外的加密技术经验,结合我国广播电视无线发射技术的应用实况,研究和创新无线电加密模式。另外,要充分应用校正技术,指的是用机械设备来取代人工操作,防止人为因素的干扰,应用科学技术自动校正,进行有效调节,使无线发射机的性能更强。制定完善的监测制度,实时监督无线发射机的运行状态,并基于实际情况进行相应的调整,使其保持最佳运行状态。校正技术还能够解决无线发射机的各类故障,降低故障发生率,为广播电视无线发射机的正常运行提供重要保障。

③ 强化防雷技术的开发。

在广播电视无线发射设备日常养护期间,要针对维修中的避雷区域、天线以及发射铁塔等多项设备进行有效的防锈蚀养护,以合理规避设备因为产生锈蚀状况使得接地电阻增加。工作人员可以通过电化学保护、缓蚀剂等多种方案进行养护。较为常用的方式为电化学保护,该方式针对避雷电网、放射铁塔等多种室内设备避免锈蚀具有良好的作用。当次年春季,有关工作人员还通常用浇灌盐水的方式养护各个接地设备,并确认各个接地电阻数值,若确认某一接地线无法满足限定要求,便需要第一时间针对其予以更新。

目前在相关技术进一步创新的影响下,我国广播电视技术开始向着无线发射技术发展,但这个过程中依然存在着很多问题,这就需广播电视技术能够朝着更加智能化、现代化的方向发展,加快设施监护系统的建立、专业化队伍的建设等措施确保无线发射技术安全发展。

2.气象领域

提到气象观测,人们首先会想到百叶箱、温度湿度计、气压表、雨量筒、风速计、风向标等传统仪器,而时至今日,基于无线电技术的气象探测设备早已被广泛应用于大气探测领域。随着无线电气象学不断发展,人们发现无线电波在大气传播过程中的折射、吸收、散射现象与大气状态、云雨系统、天气变化密切相关,于是电波干扰现象逐步被用于大气探测研究,基于无线电技术的气象学研究衍生出大气物理学与无线电物理学的交叉学科无线电气象学其主要研究大气对电波传播的影响,并利用无线电波探测大气状况和天气现象。所谓天电,就是大气中放电过程所引起的脉冲型电磁辐射。早在20世纪20年代,许多欧洲科学家就开始在广谱范围内对天电进行测量,并发现闪电、雷暴、雪暴、尘暴中都存在天电现象;40年代,雷达技术被引入气象研究领域,无线电波与大气特性的关系研究得以开展;60年代末,人们利用大气微波辐射特性从地面和气象卫星上进行大气遥感,大大丰富了无线电技术在气象探测方面应用;90年代以后,基于卫星、飞机、气球、火箭和各类地面平台的探测技术迅猛发展,形成了从地面到太空,从大气物理到大气化学等立体、综合、连续的时空监测。根据无线电传播原理,电波在空气中传播时会受到诸多因素的影响,大气折射率不均匀对电波传播方向产生影响,大气中氧和水汽对某些微波波段的吸收会造成电磁波能量的衰减,云和降水粒子对微波的吸收和散射亦会造成能量衰减,而根据大气和云、雨、湍流等对无线电波的吸收、散射、折射原理,人们可以利用微波大气遥感装备来探测大气的温度、湿度、云雨等要素分布和大气湍流状况,从而分析天气变化。根据当前气象探测应用及发展状况,无线电探空仪、气象雷达、气象卫星遥感、GPS气象探测等基于无线电技术的气象探测设备,是目前气象部门探测大气的主力军。

(1)无线电探空仪。

20世纪20年代末,人们在高空气象仪和无线电短波技术基础上研制了无线电探空仪,它由传感器、转换器和无线电发射机等组成,是测定自由大气温、压、湿等气象要素的重要仪器。由于体积小巧,观测方法简便,探测结果及时可靠,探测高度达 30 km,该仪器成为高空气象观测的主要工具,并促进了世界高空气象站网的建立。无线电探空仪主要由感应元件、转换开关、编码器、无线电发射机和电源模块等组成,携带温度、压力、湿度元件感应,其输出由转换开关依次接入编码器转变成电信号,再由发射机经调幅或调频发送,在地面进行接收、解调和记录。当前,各国使用的探空仪可按编码方式分为电码式、时间式、频率式三类,其中频率式又可分为高频式、低频式两种,我国的无线电探空仪主要采用电码式和低频式。常规探测方式是将无线电探空仪系在气象气球的末端,随气球上升而测定各高度层的多个气象要素。在常规探空仪基础上,根据不同的探测目的(如测定臭氧、平流层露点、各种辐射通量、大气电场、监视低层大气污染等)或不同的仪器施放方式(如从飞机、气象火箭、平移运载气球上下投),还派生出了多种特殊探空仪。

与无线电探空仪配套使用的还有地面高空测风雷达,它用来追踪探空气球携带的目标物(通常为回答器或反射靶)。当气球升空后,雷达天线对准气球发出询问脉冲,可立即接收到回答脉冲或反射脉冲,根据回答脉冲与询问脉冲的时间间隔,可以确定气球与雷达之间的直线距离,加上雷达天线此时的方位和仰角,即可确定气球的空间位置,并由气球运动轨迹算出各高度层的风向和风速。经过多年发展,无线电探空仪系统经历了一系列改进,包括传感器、转换单元和无线电发射接收装置,与之配套的测风雷达也不断更新换代,逐步提高气象要素的探测精度和传输效率。目前,最新的无线电探空方法是使用 GPS 技术进行探空。

(2) 气象雷达。

雷达的英文"Radar"是"Radio Detection and Ranging"的缩写,意为"无线电探测和测距"。确切地说,就是用无线电方法发现并测定空间目标的位置。气象雷达是指专门用于大气探测的雷达,属于主动式微波大气遥感设备,是气象部门用于警戒和预报台风、暴雨、龙卷风等天气的主要探测工具之一。气象雷达技术的发展大体可以分三个阶段,第一阶段从 20 世纪 40 年代末到 60 年代,雷达从军用目的转为探测气象目标,并采用多普勒技术;第二阶段从 70 年代到 80 年代,主要特征是集成电路化、信息数字化,控制自动化;第三阶段从 90 年代开始,美国开始全国业务布网,全相参脉冲多普勒天气雷达是气象雷达发展第三阶段中最有代表性的技术。其除了能获取回波强度、径向风速和谱宽等信息,在 460 km 范围内能对强风暴进行有效监测,在 230 km 范围内能定量估计降水强度并提供飑线、阵风锋、龙卷涡旋、中尺度气旋、下击暴流等信息,还具有一定的晴空探测能力。我国从 20 世纪 60 年代末开始研制使用天气雷达,上海市气象局于 1997 年从美国成功引进了全相参脉冲多普勒天气雷达。在积极借鉴和吸收国外先进技术的基础上,国内气象雷达技术不断发展,目前已基本建成国内新一代天气雷达监测网。雷达组网数据的使用为开展短时天气预报服务、提高气象防灾减灾服务效益做出了巨大贡献。近年来,雷达双偏振化、便携移动化、发射机固态化、发射天线相控阵化等成为气象雷达发展的主要趋势。气象雷达使用的无线电频率和波长范围很宽,波长覆盖从 1 cm 到将近 10 m,按照频率被划分为不同波段,以表示雷达的主要功能。气象雷达常用的波段主要包括 K 波段(波长 0.75～2.4 cm)、X 波段(波长 2.4～3.75 cm)、C 波段(波长 3.75～7.5 cm)、S 波段(波长 7.5～15 cm)和 L 波段(波长 15～30 cm)。特高频 UHF 和甚高频 VHF 雷达的波长范围分别为 10 cm～1 m 和 1 m～10 m。雷达根据所要探测的大气目标尺度大小而选择不同工作波长,从而提高探测性能,再把云、雨粒子对无线电波的散射和吸收效应结合起来考虑。各种波段探测有一定的适用范围:K 波段雷达常用来探测各种不产生降水的云,X、C、S 波段雷达适用于探测降水,其中 S 波段由于雨衰最小,所以最适用于探测暴雨、冰雹等强对流天气。人们用高灵敏度的超高频和甚高频雷达来探测对流层一平流层一中层大气的晴空流场。

常规气象雷达主要由发射机、接收机、天线伺服系统、数据处理系统、显示系统和通信系统等部分组成。雷达通过方向性很强的天线以一定的重复频率向空间发射脉冲无线电波,在传播过程中和大气发生各种相互作用,然后接收被散射回来的回波脉冲。通过回波信号,不仅可以确定探测目标的空间位置、形状、尺度、移动和发展变化等宏观特性,还可以根据信号的振幅、相位、频率、偏振度等参数来确定目标物的各种物理特性,如降水强度、降水粒子谱、云中含水量、风场、大气湍流、云和降水粒子相态以及闪电等。此外,还可以利用对流层大气温度和湿度随高度变化,引起折射率随高度变化的规律,由探测所得的对流层温度湿度的铅直分布求出折射率的铅直梯度,也可以根据雷达探测距离的异常现象(如超折射现象)推断大气温度和湿度的层结,根据奇异回波判断出飞机、候鸟群、昆虫群和风力发电设备等非气象目标。

目前,我国气象部门主要使用五类气象雷达:天气雷达,也称为测雨雷达,多为脉冲雷达,主要是用来对降水系统的发生、发展和移动进行监测的雷达。测云雷达,也称为毫米波雷达,是用来探测未形成降水的云层的雷达,包括云层高度、厚度以及云内物理特性。测风雷达,如上文提及的地面高空测风雷达,用来探测高空不同大气层的水平风向、风速以及气压、温度、湿度等气象要素。调频连续波雷达,具有极高的距离分辨率和灵敏度,主要用来测定边界层晴空大气的波动、风和湍流。甚高频和超高频多普勒雷达,利用对流层、平流层大气折射率的不均匀结构和中层大气自由电子对电磁波散射,探测 1～100 km 高度晴空大气中的水平风廓线、铅直气流廓线、大气湍流参数、大气稳定层结和大气波动等,主要目的是为了获取大气风廓线信息,也称为风廓线雷达。因其中包含了中间层(M)、平流层(S)和对流层(T),因此也称为 MST 雷达。除此之外,气象部门还使用声雷达、激光雷达、地波雷达等进行大气物理、大气化学和海洋气象方面的探测。

(3)气象卫星遥感。

卫星遥感技术集中了空间、无线电、电子、光学、计算机和通信等诸多学科成就,是 3S(RS、GIS、GPS)技术的主要组成成分。遥感主要指从一定距离外,利用可见光、红外、微波等探测仪器,通过摄影或扫描、信息感应、传输和处理,识别要探测目标的性质和运动状态的探测技术。遥感分主动式遥感和被动式遥感,气象雷达属于主动遥感范畴。气象卫星遥感以人造卫星为平台探测地球大气,可以是主动式的,也可以是被动式的。但由于主动式遥感设备体积大、重量重、耗能多,所以卫星多采用体积小、重量轻和耗能少的被动式遥感仪器。气象卫星遥感探测地球大气系统的温度、湿度、云雨演变等气象要素是通过探测地球大气系统发射、反射、散射太阳的电磁辐射而实现的。地球大气作为一个整体,它一方面要接收入射的太阳辐射,另一方面又要反射太阳辐射,并以自身温度发射红外辐射。

在卫星视场范围内能够测到的辐射主要有地表、云层发出的红外辐射;大气中吸收气体发射的红外辐射;地面、云面反射的大气向下的红外辐射;地面和云面反射太阳辐射;大气分子、气溶胶等对太阳辐射的散射辐射;地面和大气的微波辐射。因此,气象卫星搭载的辐射扫描仪种类众多,包括紫外、可见光、红外和微波等各个波段。气象卫星主要分为极轨气象卫星和静止气象卫星两大系列。极轨气象卫星探测大气的主要目的是获取全球均匀分布的大气温度、湿度、大气成分(如臭氧、气溶胶、甲烷等)的三维结构定量遥感产品,为全球数值天气预报和气候预测模式提供初始信息;静止气象卫星探测大气的主要目的是获取高频次区域大气温度、湿度及大气成分的三维定量遥感产品,为区域中小尺度天气预报模式及短期、短时天气预报提供数据和空间四维变化信息,进而达到改进区域中小尺度天气预报、台风暴雨等重大灾害性天气预报准确率的目的。当然,气象卫星遥感探测也有不足,低空位置的精度会由于云层、气溶胶及其他地表气体温度的影响而降低。

自 20 世纪 60 年代美国第一颗气象卫星成功发射至今,卫星探测技术的迅速发展、全球气象卫星观测体系的建立,大大丰富了气象观测的内容和范围,使大气探测技术和气象观测进入到一个新阶段,突破了人类只能在大气底层对其进行观测的局限性。气象卫星的出现极大地促进了大气科学的发展,在探测理论和技术、灾害性天气监测、天气分析预报等方面发挥了重要作用,并将气象卫

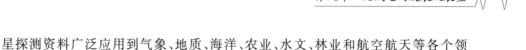

星探测资料广泛应用到气象、地质、海洋、农业、水文、林业和航空航天等各个领域。

（4）GPS气象探测。

随着无线电探测技术不断发展，GPS技术成为地球观测领域中崭新的有力手段，并在气象科研和业务应用方面展现出广阔的应用前景。20世纪90年代以来，人们已开始利用GPS理论和技术来遥感地球大气，当GPS发出的信号穿过大气层中的对流层时会受到对流层大气的折射影响，信号会发生弯曲和延迟，其中弯曲量很小，而延迟量却很大。在GPS精密定位测量中，大气折射影响被当作主要误差源，需被设法消除。在这种情况下，了解大气特征是为了订正其对精密定位的影响，但人们从大气对GPS信号延迟的噪声处理中发展出"利用GPS信号测定大气水汽含量及温度"的新手段，从而为更好地监测恶劣天气和气候变化提供了新的技术支持。基于GPS技术在气象学领域的研究及应用，一门新兴交叉学科应运而生，GPS气象学（GPS Meteorology，简称GPS/MET）。GPS观测资料在大气探测、天气变化监测和数值天气预报模式中应用的优越性，令GPS气象学在短短十年内迅速发展为一个崭新的、极具应用潜力的科研领域，如今GPS气象探测已成为世界气象组织新的全球综合高空观测系统的重要组成部分。根据观测要素，GPS气象观测可以分为测水汽气温和测风两个方面。GPS测水汽和气温：气温、气压和水汽含量等物理量是描述大气状态最重要的参数，前文所述的无线电探测、卫星红外探测和微波探测等手段是获取气温、气压和湿度的传统手段。作为常规高空大气探测手段，无线电探测方法的观测值精度较好，垂直分辨率高，但地区覆盖非常不均匀，在地域广阔的海洋上几乎没有观测数据。被动式的卫星遥感技术虽可以获得较好的全球覆盖率和较高的水平分辨率，但垂直分辨率和时间分辨率却很低。利用GPS手段来遥感大气的最大优点是全球覆盖、费用低廉、精度高、垂直分辨率高。GPS/MET资料在垂直方向的高密度可完整解析出目前全球大气模式无法揭示的中尺度现象。GPS测风：GPS探空测风系统由GPS无线电探空仪、地面GPS接收机、GPS卫星观测网以及计算机数据处理系统四部分组成。其测风原理为：在高空探测过程中，无线电探空仪和地面站均装有GPS天线，可接收由GPS卫星群组成的全球高精度定位导航系统中最少4颗卫星发出的信号。地面站接收到GPS信号后会筛选出所需数据，以及卫星轨道的参数，便可计算出无线电探空仪的精确位置，从而计算出高空风向、风速以及气压、气温和湿度。与上文介绍的无线电探空仪相比，GPS测风系统的准确度极高，可探测到探空仪所在大气中更为准确的气象数据，并且不易受闪电及雷暴等恶劣天气影响，因此正成为下一代高空气象探测系统中的新成员。

根据观测站点的空间分布，GPS/MET可分为地基GPS/MET和空基GPS/

MET。地基 GPS/MET 是指将 GPS 接收机安放在地面上,像常规的 GPS 测量一样接收数据并估测气象要素。空基 GPS/MET 是利用安装在低轨卫星(Low Earth Orbiting,简称 LEO)上的 GPS 接收机来接收安装在 GPS 星群上的发射机发出的 GPS 信号。当 GPS 信号经过地球上空大气时会发生折射,通过对含有折射信息数据的处理,可算出大气折射量从而得出人们需要的气象要素值,这种测量大气折射的技术被称为 GPS 无线电掩星探测方法。空基 GPS 掩星法测定大气的技术具有覆盖面广、垂直分辨好、数据获取速度快等优点,可获得地基 GPS/MET 不易取得的海洋上的资料,可以获得覆盖全球对流层和平流层的温度、气压、水汽和空间电子浓度等廓线资料,对气象预报、气候变化和空间天气的研究和应用都具有重要的价值。

无线电探空仪、气象雷达、气象卫星遥感、GPS 气象探测这四种基于无线电技术的气象探测设备是目前气象部门探测大气的主力军。目前,我国已经初步建成以气象卫星为天基、无线电探空仪为空基和天气雷达站等为地基的"三位一体"式综合气象探测业务体系。在此基础上,气象部门可以监测全球的天气变化、气候变化、环境变化、水资源变化及灾害发生发展情况。无线电技术的应用成为探测气象变化的"千里眼",并使我国成功跻身于气象预报高准确率国家。

3. 航空领域

科技不断发展,让民用航空领域逐渐使用新技术和新设备,对提高民航飞机安全性提供巨大帮助。为了让民航飞机飞行安全得到优化,提高航空服务,无线电技术在其中发挥着重要作用,是保障民航飞机飞行的基础,是飞机安全运行的技术支持。因此,民用航空应用无线电技术具备诸多优势,发展无线电技术的应用将成为重要研究方向。

(1) 无线电技术介绍。

无线电技术是借助于传感器设备,完成采集数据、通信以及数据处理等功能,具有良好的数据跟踪和识别定位的作用。无线电技术凭借其优势广泛使用在军事、汽车以及航空领域中。技术快速发展,让无线电技术得到了不断改革发展,让无线电功能更加丰富。无线电技术是利用无线电磁波作为媒介,这种技术作为通信技术十分常见。应用无线电技术时,由于目标经常移动,难免出现通信问题,造成人们无法正常使用。在航空航天领域,无线电技术是保证数据传输的核心,应用无线电技术要保证信号的准确性和时效性。

(2) 无线电技术在民用航空领域中的应用。

航空运输作为安全性高且速度快的交通方式,在我国交通运输系统中承担着重要作用。民航是一个结构复杂的系统,每架民航飞机要求管制人员和飞行机组的配合,使用无线电通信设备监控飞行环境,保障飞行安全,同时和地面部门和机场等多个部门联络。目前无线电技术在民航飞行过程中广泛使用,尤其是无线电通信、无线电导航等功能上,发挥着重要功能,指导飞机安全稳定的飞行。

① 民航通信。

在民航系统中,无线电通信技术主要分成固定通信和移动通信,民航建立了Ku 波段和 C 波段两类卫星通信网,构成覆盖面积广泛的专用通信网络,用于支持航空公司、空管交换数据等方面使用。民航机场以及民航航路形成了高频段地空话音和高频段数据通信收发台站,用来进行航务管理和空中交通管理,是飞行员和管制员、航空指挥中心和数据通信的核心。民航航路和机场建设近千套无线电导航设备,包含测距台、全向信标台以及着陆系统等设施,导航设施可以对民航飞机进行引导,沿着航路飞行直到飞机的安全降落,让飞机可以完成安全降落,保护民航飞行安全。

② 民航监视。

在民航机场以及民航航路上设置了一次雷达和二次雷达,让地面管制人员可以对民航飞机进行实时监控,引导航空器稳定飞行,让飞机之间、飞机和障碍物之间保持安全距离和间隔,为民航安全飞行加以保障。

③ 民航气象预测。

民航气象预测也可以使用无线电技术,包括气象预报雷达、卫星云图系统以及机场通播系统等。飞行机组通过收听机场广播,可以直接了解飞行需要掌握的气象信息,收集飞行气象文件,指导安全飞行的展开。利用卫星接收全球范围内的航空气象信息。我国民航已经建设了气象数据库,机场气象的探测设备也能够实时传输气象信息,指导民航飞机的安全飞行。

④ 机载电子系统。

和民航飞机动力系统一致,机载无线电系统同电子系统作为民航飞机航空器最为关键的两个系统,电子系统可以自动控制飞机和地面导航系统的协调,对飞机安全飞行起到引导作用。另外,机载探测设备以及气象雷达等设备,可以对航空器提供引导作用,避免飞机运行过程中和其他飞机相撞,探测设备可以自动探测空中危险装置。探测设备也可以自动探测气象条件,在雷雨天气下,可以快速发出警报,保障飞机的安全。

(3) 无线电技术在民用航空领域中的发展方向。

我国民航飞机不断发展,逐渐开始应用新一代通信系统,对民用航空进行监视和管理,这一系统综合了网络技术、自动化技术以及数据链通信技术等先进技术,让航空运输方式发生了明显变化,可以为乘客提供畅通、安全的优质服务。我国民用航空的发展方向主要为:

① 无线电通信。

我国民航的通信系统将应用固定通信、移动通信融为一体的天、地、空等航空网络，也就是国际民航组织使用的 ATN 网络。民航的话音通信将逐渐发展为数据链通信，最终实现网络通信。使用数据链通信最大的优势在于使用航空频率资源，可以重复利用频率，让话音通信拥挤问题得到处理，让飞行员和管制人员劳动强度有所降低，让通信数据和质量得以提高，更保障了通信安全和时效。数据链是导航监视的基础平台。未来民航领域将根据民航组织的标准，形成地空通信数据链系统，成为空中管理、航空公司指挥、航空数据交换的平台。数据链通信系统可以有效缓解西部区域缺少通信覆盖的矛盾，让数据链通信机场许可系统得到长远发展。同时将发展集群通信系统，让机场的运行调度得到满足，让各类用户实时通信要求得到满足。

② 无线电导航。

民航系统的发展体现在 GPS 系统上，形成传统导航和 GPS 系统共存共用的形态，全面保障飞行系统的安全。卫星导航会在复杂地理环境中得到广泛使用，实现机场、航路以及终端区的广泛应用。国际民航组织逐渐形成 PBN 运行标准，提倡各个国家推广使用 PBN。我国民航建立 PBN 路线规划，在玉树、黄山、拉萨、丽江等区域推动 PBN 标准。PBN 标准和传统导航最大的差异在于充分使用卫星导航系统的功能，让导航精度得到广泛提升，因此让传统导航设备难以处理的复杂地理环境得到有效解决。处于 PBN 模式中，飞机不需要沿固定路线飞行，而是在空中展开 4D 飞行，让飞行便捷程度得到明显的提高。

③ 无线电监视。

一次雷达和二次雷达不断完善布局和功能，加快了广播式监视系统的应用，也就是 ADS-B 系统。ADS-B 系统作为综合使用导航和数据链通信的系统，航空器会发送自身位置，使用数据链形式在地面和空中广播，有助于空中管制人员的监管，更能有效实现航空器之间的监视功能。通过该系统的应用，让飞行员情景意识有所提高，避免空中撞击的发生。该系统成本较低，具有更高的精度和性能。

④ 无线电气象预测

机场气象雷达的完善建设，让民航气象预报和探测能力得到有效提高。气象预测可以使用数字通信广播形式，让气象信息可以在机场和飞机之间实现自动广播，飞行员可以自行选择自己需要的信息。利用地空数据链的通信，让气象信息实现双向传输。如前一个民航飞机将雷达探测的雷雨数据，包括晴空颠簸、湍流等参数，使用数据链系统发送给管制人员，管制人员据此改变航行高度，规避雷雨危险。并向后续飞行组发出警报信息，提醒客舱服务人员，提高安全意识。

⑤ 无线电机载系统。

机载无线电系统可以和地面的导航监视技术达成同步,并提高实时信号和数据的处理,让数据传输速率有所提升。同时机载系统将朝向开放式通信网络发展,发展速度远超过地面无线电系统的更新。

我国社会经济快速发展,让各个行业对于无线电频谱使用需求逐渐增加,逐渐投入大量无线电设备和技术,使用无线电设备的环境更加复杂。相比于其他行业,民航使用的无线电设备性能较差。因此,国家无线电管理部门应着力建设设备标准,民用航空部门应加强和无线电部门的协调,提高无线电设备性能,让无线电技术可以在民用航空领域得到广泛应用,推动我国航空事业的长远发展。

4. 航天领域

2020 年 7 月 27 日下午,我国首个自主的火星探测任务"天问一号"在飞离地球约 120 万 km 处回望地球,利用光学导航敏感器对地球、月球成像,获取了地月合影。"天问一号"探测器能够飞行状态良好,能源平衡、工况正常,地面测控跟踪稳定,飞行控制和数据接收有序通畅,各项工作顺利开展。这些都需要依托无线电深空通信。

国际电联 ITU 定义:以宇宙飞行体为对象的无线电通信称为宇宙无线电通信,分为近空通信和深空通信。近空通信指地球上的实体和地球卫星轨道上的飞行器之间的通信,深空通信指地球上的实体与离开地球卫星轨道,进入太阳系甚至飞出太阳系的飞行器之间的通信,通信距离达几十万、甚至几十亿千米以上。深空通信技术是深空探测的关键技术之一,肩负着传输指令信息、遥测遥控信息、跟踪导航信息、轨道控制等信息的任务,也肩负着传输科学数据、图文声像等数据的任务,是发挥空间探测器应用效能的重要保证,是整个深空探测任务成功的重要保证。

深空通信的特点主要表现在路径损失、时延巨大和时断时续。基于微波通信原理来解决路径损失问题的研究已卓有成效,采取的技术方法包括提高载波频率、增加地面站的天线口径、增加航天器上的天线口径、增加航天器射频功率、降低地面接收系统噪声温度、采用信道编译码技术、采用信源压缩技术等。可随着深空探测距离、对象的不断拓展,甚至有可能将来上载人深空探测任务,对通信的可靠性、实时性、多类型业务(包括图像、语音等)调度能力及数据吞吐率等要求必将大大提升,仅依托对微波通信原理进行挖掘来提高深空通信能力行不通。首先,不管天上还是地面,天线口径不能一味做大;其次,射频功率无法一直提升,特别在航天器身上,电力供应有限。降低接收系统噪声温度到达一定极限时也是难之又难。这一系列特点,或者说难题,使得传统的点对点方式的通信很难保障数据的可靠及时传输。这该怎么办？人们想到了地球上蓬勃发展的、包罗万象的,互联网通信方式。

通过构建空间互联网,使之作为深空通信的基础架构或基础设施,作为解决深空通信面临问题的主要对策。

(1) 深空通信的体系架构:DTN 网络结构。

美国航空航天局 NASA 在 1998 年启动了行星际互联网(Inter-Planetary Networks,IPN)的相关工作研究,希望在行星之间实现使用以互联网的方式传递数据。但是,希望是美好的,可面临艰苦的困难和挑战。

① 极大、可变的传输时延。地面 Internet 的传输时延一般以毫秒计,而地球与月球之间单向传输时延就达到 $1.2\sim3.5$ 秒,地球与火星的距离在$59.6\times10^{6}\sim$ 401.3×10^{6} km 之间变化,地火单向传输时延更是高达 $3.3\sim23.3$ 分钟。面对如此大的传输时延,基于互联网 TCP/IP 的数据传输效能将受到极大影响。

② 频繁、长时间的链路中断。IPN 网络节点的断电或者故障,卫星或者天体运动造成的阴影效应都会导致链路中断。卫星网络中的某些中断是有规律并且可预测的,而深空宇宙辐射或尘埃造成的中断则是随机的,链路中断的时间可长可短,具有随机性。

③ 高误码率。光通信系统的链路误码率一般在 $10^{-15}\sim10^{-12}$,而在天基通信和深空通信中,因传输距离远,多普勒频移大,信道衰落大等特点,误码率甚至高达 10^{-15} 量级。高误码率会极大影响数据接收端对信号的解码,引起频繁的数据重传,从而造成网络资源消耗的增加和数据吞吐率的降低。

④ 非对称链路速率。深空通信链路的上行速率和下行速率存在巨大差异。一般的天基通信上下行链路速率比为 $1:100$ 左右,而深空链路中高达 $1:1000$。上行链路速率太小会对数据确认信号传输造成影响,进而影响发送端的数据发送速率和对丢失数据的重传。

IPN 相关工作研究启动的 4 年后,2002 年,一种被称为"延迟/中断容忍网络(Delay/Disruption Tolerant Network,DTN)"的设计被提出,用来解决星际互联网的结构体系问题。随后,IRTF(Internet Research Task Force)成立 DTN 研究小组——DTNRG(DTN Research Group),制定了 DTN 协议架构体系,以满足深空通信环境下的传输要求。

DTN 网络架构是为了解决受限网络的数据传输问题而采用的是一种容忍延迟和中断的、面向消息的覆盖层体系结构,其核心思想是在传输层和应用层之间引入一个"包裹层"(Bundle Layer),节点之间通过发送异步的"包裹"消息来进行通信。使用包裹层协议在受限网络中实现数据的存储、保管和转发,同时通过汇聚层作为接口,使包裹层工作在传输层与应用层之间来实现数据的可靠传输。

与传统互联网相比,DTN 网络中不存在端到端的路径,消息以存储转发的方式逐条进行传递。包裹层协议将消息转换为包含应用数据单元和头文件信息的"包裹"(Bundle),在网络的中间节点上逐条传递,每一个节点都会在存储单元中对收到的消息进行存储,直到下一跳节点成功接收消息才会释放存储单元空间。DTN 通过使用这种持久存储的方式保证数据在受限网络中的可靠传输,但是这种传递方式对节点的数据存储能力提出了较高的要求。对于保管传递来说,接收了 Bundle 并且还没有完成传递的节点被称为保管者。一个 Bundle 或者 Bundle 的分段保存在一个节点中,称为单独保管;有时也会存在多个保管者拥有同一个 Bundle 的情况,称为联合保管。一个节点是否接收上一跳节点的消息取决于当前的存储资源,路由情况,消息生命周期及优先级等诸多因素。节点一旦接收消息并成功反馈确认信息,Bundle 的保管责任就转移过来,保管责任除了消息的正常传递,还包括重传等。只有当保管责任移交给了下一跳节点或者 Bundle 数据因为生命周期到期而被删除,保管责任才会得到解除,同时释放相应的存储资源。

包裹层协议通过汇聚层适配器(Convergence Layer Adapte,CLA)来支持多种传输协议以适应不同种类的 DTN 网络。TCP 协议、UDP 协议和 LTP 协议都可以作为传输协议应用到 DTN 网络中。

DTN 的概念被提出后,DTNRG 在 2003 年发表了第一版 DTN 网络指南,完整定义了 DTN 的结构体系。2007 年,DTNRG 发布 RFC 4838,对 DTN 的协议标准、应用背景、运行机制等进行了系统的规范。同年 11 月发布的 RFC 5050,对 DTN 的核心协议包裹协议(Bundle Protocol,BP)进行了规范。2007 年,NASA 决定采用 DTN 作为用于间断连通网络传输数据的新协议。随后,NASA 在卫星通信中对 DTN 网络架构进行了一系列的实验。2008 年 1 月 NASA 通过 SSTL 公司灾难检测星座项目首次在太空采用 DTN 网络结构传输数据并取得成功,该项目对 Bundle 分片、保管传输等问题进行了实验研究。2008 年 9 月,NASA 通过 EP0X-1 宇宙飞船和地面接收站在空间通信中对 DTN 网络的 Bundle 机制、传输协议、路由协议、重传机制等进行了验证实验,结果表明 DTN 网络在空间通信中能够得到成功应用。欧洲航天局 ESA 于 2012 年 10 月在国际空间站对 BP 协议进行了测试实验,成功通过 BP 协议在空间站完成对地面机器人的操作控制。2013 年 11 月,NASA 首次在激光链路中应用 DTN 的 BP 和 LTP 协议,完成月球探测器到地面控制中心的空间传输演示。

架构是承载,是脉络。有了先进的、或合适的架构,那么构建其上的技术手段、节点设备、具体应用、使用模式等都会蓬勃发展。从上述工作罗列看,深空通信的传输架构向网络化发展这个想法是可行的。当前,除了深空通信,DTN 架构在卫星网络、没有持续端到端连接的无线网络、中等延迟和频繁中断的水声网络、间歇性连接的传感器网络中都有不同程度的应用。

深空通信的两要素:地基深空探测通信网和空间深空探测通信设施。我们知道,有价值的通信总是双向的。不管航天器飞得再深、再空、再远,总要把一路的所看所得传回地球,否则它即使跑到宇宙尽头,对地球上的我们来说也毫无收获。深空通信的两个要素,一个是地基深空探测通信网,另一个是空间深空探测通信设施,作为有效载荷安装在航天器上,通过 DTN 等通信网架构,基于各种各样的技术手段,地球保持联络,保持链路,维持通信。

目前,人类对深空目标探测的方式主要可分为地基雷达探测、星载探测、就位探测、星地雷达协同探测四种,各个方式具有不同的优势和特点,各个方式也都有不同的通信手段作为支撑。地基雷达探测也称作地基行星雷达探测,通过地基雷达辐射大功率信号,目标反射的回波信号被高灵敏度同地接收或异地接收,对信号处理获得回波信号的时延、幅度、多普勒、极化等特征。星载探测将探测器搭载在卫星或航天器上,利用运载火箭将其发射至被探测目标附近进行抵近探测,具有探测距离远、测量精度高等优点。就位探测是星载探测进一步发展的另外一种探测方式,将探测器直接着陆在被探测天体表面实现对探测目标的探测。例如,2013 年 12 月 2 日,我国成功发射了"嫦娥三号"卫星,利用"玉兔号"巡视器登陆月球表面,就是典型的就位探测;"天问一号"组合体到达火星轨道后,一脚把着陆器和巡视器端到火星表面上干活,也是就位探测。星地协同探测是将辐射源和接收器分别放置于卫星/航天器、地基等不同的载体,对目标实施探测的方式。

与星载探测、就位探测、星地雷达协同等深空探测方式相比,地基雷达探测不需要火箭载体,不受体积和质量等条件的限制,具有观测时间长、重复性高、灵活方便、工作寿命长、容易维护等优点。地基雷达系统可通过扩大天线口径(或小口径天线组阵)和提高辐射功率等技术手段来获得很远的观测通信距离,通过提高系统带宽得到很高的空间分辨率,可与不同类型的雷达灵活组网,构成地基深空探测通信网。

美国地基深空探测通信网作为世界技术最先进、功能最全面的深空探测通信网络,主要由 DSN(深空网)、甚长基线干涉测量观测网和地基雷达系统组成。DSN 和地基雷达系统隶属于美国国家航空航天局下属的喷气推进实验室;甚长基线干涉测量观测网隶属于国家科学基金会,由国家无线电天文台设计并建造。地基雷达系统由隶属于 NASA 的戈尔德斯顿地基雷达和隶属于国家科学基金会的阿雷西博雷达组成。天线口径 70 m,工作在 X 频段(中心频率 8.56 GHz),波长 3.5 cm,采用连续波发射机,输出功率 500 kW/1 mW。阿雷西博雷达工作在

S频段(中心频率2.38 GHz),采用连续波发射机,最大输出功率约1 mW。DSN、甚长基线干涉测量观测网和地基雷达系统具有独自承担任务的能力,也可相互协同工作,承担不同任务和实现不同功能。例如,DSN的设备作为发射站,利用甚长基线干涉测量观测网的设备作为接收站构成地基雷达系统实现深空探测任务;地基行星雷达通过收发同置、收发异置方式实现深空探测任务;地基雷达与甚长基线干涉测量观测网或DSN的设备通过收发异置方式实现深空探测任务等。

NASA管理下的DSN建立于20世纪50年代,用于支持NASA对太阳系的探测,由分布在美国加利弗吉尼亚戈尔德斯顿、澳大利亚堪培拉、西班牙马德里的三个地面深空综合体和位于加利弗吉尼亚帕萨迪纳的控制中心组成。三个深空综合体经度相差120°均匀分布,交互配合,可实现全天候、全弧段测控通信任务。每个深空综合体建有4~10个深空站,配备高灵敏度接收机、高增益大型抛物面天线,34 m波束波导天线深空站配备S/X频段20kW连续波速调管发射机。DSN包含70 m天线子网和34 m天线子网。70 m天线子网由戈尔德斯顿深空综合体70 m深空站DSS14、堪培拉深空综合体70 m深空站DSS43、马德里深空综合体70 m深空站DSS63组成。34m天线子网由戈尔德斯顿综合体34 m深空站DSS15、DSS24、DSS25、DSS26,堪培拉深空综合体34 m深空站DSS34、DSS45,马德里34 m深空站DSS54、DSS55、DSS65组成。

新墨西哥州射电望远镜巨阵由28个25 m射电望远镜组成,其中一个25 m射电望远镜作为备份使用,射电望远镜安装铁轨上,可根据需要排列成四种阵型,相当于口径130 m的单个抛物面天线。每个射电望远镜采用八个馈源,实现了1 GHz~50 GHz频率连续覆盖,低端频率可延展到300 MHz,包含L~Q频段,控制中心位于新墨西哥州索科罗。射电望远镜巨阵不仅仅完成射电天文学的研究,同时也能为NASA和欧洲航空局发射的深空探测飞行器提供高精度轨道测量和通信保障任务。

甚长基线测量阵由美国国家无线电天文台设计建造,隶属于国家科学基金会。甚长基线测量阵由10个射电望远镜和一个控制中心组成。望远镜分别为布鲁斯特射电望远镜、福特戴维斯射电望远镜、汉考克射电望远镜、凯特皮科射电望远镜、洛斯阿拉莫斯射电望远镜、莫纳克亚山射电望远镜、北利伯蒂射电望远镜、奥文斯谷射电望远镜、派伊射电望远镜和圣克洛伊射电望远镜,控制中心位于新墨西哥州索科罗。望远镜分布距离为200 km~8 600 km,工作波长为3 mm~90 cm,工作频率为330 MHz~86 GHz,配备八个不同馈源喇叭。每个甚长基线测量阵的射电望远镜配备一个直径25 m抛物面天线、低噪声放大器、数字计算机、大数据存储单元。每个射电望远镜记录数据送索科罗控制中心。110 m×100 m口径格林班克射电望远镜隶属美国国家无线电天文台,位于西维吉尼亚,有八个高频馈源,频率290 MHz～115.3 GHz,包含290 MHz～49.8 GHz和67 GHz～115.3 GHz两个频段。

(2)我国地基深空探测通信网。

我国地基深空探测通信网主要有深空测控通信网和甚长基线干涉测量观测网组成。二者协同工作,参与了我国开展的探月工程任务,取得了一系列科学成果,目前正执行"天问一号"深空探测通信任务。我国于2004年正式开展深空探测工程,月球成为我国深空探测第一站。根据我国深空探测任务发展的需要,分别在我国的东部佳木斯建设66 m S/X双频段深空测控站,在西部喀什建设35 mS /X/Ka三频段深空测控站,并在南美阿根廷建设35 m S/X频段深空测控通信站,为我国对月球、火星以及小行星探测提供支持。三个深空测控通信站的建成可完成全球90%以上的测控需要,且工作频段与国际测控深空测控的要求一致,可满足后续国际合作开展深空探测任务的需要。

我国深空测控通信站主要由S/X频段高功率发射、高频接收、数字信号处理、天伺馈等分系统组成。深空测控通信站主要完成对飞行器的距离测量和速度测量,向飞行器发送遥控指令,同时接受下行的遥测和数传信息。同时,深空测控通信站与其他深空站或射电天文望远镜一起建立高精度测量基线,完成三向测距以及甚长基线角度测量。深空测控通信站S /X频段高功率发射分系统主要由S/X频段1kW固态连续波发射机、S/X频段10 kW连续波速调管发射机组成。高频接收分系统主要由S/X/Ka三频段低温接收机组成,实现了微波信号接收性能。数字信号处理分系统完成距离测量、速度测量、遥控命令、下行遥测和数传信息等通信功能,天馈伺分系统采用大口径赋形卡塞格伦天线和波束波导馈电方式,满足S /X/Ka三频段工作。

我国甚长基线干涉测量观测网(CVN)由上海佘山25 m射电望远镜、乌鲁木齐南山25 m射电望远镜、北京密云50 m射电望远镜、云南昆明40 m射电望远镜以及上海数据处理中心组成,是完成深空探测飞行器测轨、定位功能的关键技术设施。

CVN分辨率相当于口径超过3 000 km的巨大的综合望远镜,可获得极高的测角精度。随着2012年上海佘山65 m射电望远镜的建成,CVN标校精度大大提高。CVN作为我国深空探测系统测轨分系统的重要组成部分,承担了我国深空探测工程飞行器测轨、定位的工作,参与完成了嫦娥系列飞行器测定轨各轨道的任务。上海佘山65 m射电望远镜采用修正式卡塞格伦抛物面天线,配置八个波段低温接收的接收系统和七个馈源。自2012年起,其先后参加我国嫦娥二号小行星的探测,2013年嫦娥三号着陆器和巡视车CVN测定轨和测定位任务,

2014 年嫦娥五号飞行器测轨、定位任务,大大提高了 CVN 测轨分系统的测量能力。

乌鲁木齐 25 m 射电望远镜采用卡塞格伦抛物面天线,配置六个波段低温接收系统和六个馈源,参加了我国探月工程嫦娥一、二、三号任务。

云南昆明 40 m 射电望远镜采用卡塞格伦抛物面天线,配置 S /X 双频段低温接收机,参与完成 CVN 飞行器测定轨任务和下行数据接收任务。北京密云 50 m 射电望远镜采用主焦反射面天线,配置包含 UHF、L、S、X、Ku 五个波段低温接收机和四个馈源,参加了探月工程下行数据接收以及 CVN 测定轨任务。

在新疆奇石建设 110 m 口径全可动射电望远镜,拟采用格里高利赋形抛物面天线,可接收工作频率 150 MHz~115 GHz,建成后加入我国甚长基线干涉测量观测网,将进一步提高探月工程轨道定位精度。

深空测控通信网和甚长基线干涉测量观测网在我国探月工程中成功应用,取得了一系列可喜的科学成果,为后续我国火星、木星及行星际穿越等深空探测通信活动奠定坚实基础。基于我国已建成的深空测控通信网、甚长基线干涉测量观测网和未来规划的地基行星雷达探测网,将三网融合协同发展,形成我国地基深空综合探测通信网,建立我国深空探测通信网整体大架构,实现我国深空测控通信、行星射电天文学的一体化发展。

木星系及行星际穿越探测将通过一次任务,实现对木星及其卫星的环绕探测以及行星际空间穿越探测,深化木星系研究以及行星际空间环境研究,并在 2050 年前后到达天王星,展示我国深空到达能力。探测器系统由木星系探测器和行星际穿越器组成,计划 2030 年前后发射,探测器系统由运载火箭一次送入地木转移轨道,到达木星前两器分离,木星系探测器减速制动后进入木星环绕轨道,开展木星及其卫星探测。行星际穿越器经过一次木星借力后飞向天王星。木星探测的突出特点在于距离地球遥远,探测器在轨道转移过程中经历了极高温和极低温环境的转换,并且木星探测器还要受到木星系强电磁环境的考验。实施木星系及行星际穿越任务预期在探测器自主导航与控制、自主管理、环境适应性等多个技术领域取得突破。

(3)空间深空通信技术与设施。

基于微波的空间深空探测通信技术及设施,从深空通信概念出生至今,已有很多年的研究。近年来,空间激光通信经人们的艰辛探索取得了很多突破性进展,发展迅猛,可能成为深空通信的新兴技术手段。

纵观空间光通信技术领域的发展,呈现以下趋势:

① 高速化——近年来空间激光通信的迅速发展主要表征在速率方面,各国提出的计划有以下几点。

2016年,欧洲发射了数据中继卫星系统 EDRS 的第一颗卫星 EDRS-A,实现了在4.5万公里下速率1.8 Gbps的 BPSK 激光通信。

2019年,日本计划发射数据中继卫星 JDRS,进行高轨卫星对低轨卫星的激光通信及中继验证,采用 DPSK 通信制式,通信速率为1.8 Gbps。

2019年,美国计划实施激光中继演示验证 LCRD,进行高轨对地面的激光通信,采用 DPSK 通信制式,通信速率为2.88 Gbps。

2021年,日本计划开展 HICALI 项目,促进下一代激光通信技术研究,并在 LEO 轨道上验证10 Gbps 级激光通信。

② 深空化——近地激光通信已经做了大量演示验证试验,NASA 和 ESA 现已将深空激光通信列入研究计划,激光通信将成为深空探测活动的主要通信方式。

2013年,美国实施了深空激光通信项目的第一步月球激光通信验证(LLCD),实现了月球对地40万千米的长距离激光通信,为接下来更远距离的深空通信做准备。

2020年,欧洲计划执行 AIM 计划,搭载激光通信终端 OPTEL-D,进行7 500万公里超远距离激光通信。

2023年,美国计划发射绕火星轨道的深空激光通信终端 DSOC,进行5 500万公里火星对地球的深空激光通信。

深空激光通信的主要优点是可实现月球、火星、木星等超远距离深空探测任务信息的回传,主要难点是高功率光发射以及高灵敏度接收等关键技术,主要技术途径包括超高功率光发射技术、大口径光学天线技术、高灵敏度单光子探测技术等。

③ 网络化——激光通信组网是发展的必然趋势。

2010年,美国提出转型卫星通信计划(TSAT),旨在于2020年左右建立一个基于 DTN 的类互联网天基通信网络传输结构,将激光通信与微波通信集成互补,实现无盲点通信。

2012年,ESA 提出 MEO 计划"LaserLight",将12颗 MEO 卫星通过激光链路组成环形网。

2018年,美国 Laser Light Global 公司提出全球全光混合网络系统 HALO,系统由8~12颗 MEO 卫星组成,链接已有的海底光缆和地面光纤网络。系统容量可达6Tbps,用户双向链路达200Gbps。

激光通信网络化的主要优点是通信网络快速、实时、广域,主要难点是小束散角组网、动态拓扑接入、长延时等。主要技术途径是突破"一对多"激光通信技术、突破"多制式兼容"激光通信技术、突破全光中继技术、研究动态路由解决接入难题、寻求激光微波通信联合体制等。

从通信终端层面看,激光通信终端具有体积小、质量轻、功耗低等特点,非常适合作为航天器的有效载荷,成为解决微波通信瓶颈、构建天基/星际互联网网络节点、实现深空探测数据通信传输的有效手段。美国、欧洲、日本等国家对空间激光通信系统所涉及的各项关键技术展开了全面深入的研究,已开发出多套卫星激光通信终端,并成功完成多项在轨试验,技术基本成熟。

2023 年,NASA 计划发射一颗探索性金属卫星 Psyche,在火星和木星之间运行,并搭载激光通信终端 DSOC,进行一系列深空激光通信试验,通信距离为5 500万公里。

该项目在深空航天器上搭载了一个口径 22 cm、发射波长为 1 550 nm、平均激光功率为 4W 的深空激光通信终端,最大通信速率可支持 267 Mbps 的串联脉冲位置调制(SCPPM)。地面激光发射机采用位于加利福尼亚州桌山的 1 m 直径光学望远镜。激光信号波长为 1 064 nm,最大平均功率达到 5 kW。地面信标光作为深空激光通信终端的指向参考,其可调制 2 kbps 的 LDPC 编码数据。地面激光接收机采用位于加利福尼亚州帕洛马山的 5 m 直径海尔望远镜,收集下行链路微弱的深空光信号。使用具有信号处理功能的改进型单光子探测器组件对接收到的码字进行同步、解调和解码。

该项目在 2018 年进行了地面试验测试,2023 年搭载卫星 Psyche 发射,2026年运行至工作轨道。

2020 年 10 月,欧空局发射一颗卫星执行 Asteroid Impact Mission(AIM 任务),探索 Didymos 双星,防御行星碰撞地球,并搭载 RUAG Space 公司研制的深空激光通信终端 OPTEL-D 执行深空激光通信任务,回传行星图像信息。OP-TEL－D 是 RUAG Space 公司花费了 15 年时间专门为深空激光通信设计的,兼具激光测距功能。该终端的光学望远镜采用消像散离轴反射式望远镜,口径 135mm、视场± 0.3°,并在前面引入单镜面粗指向装置,可以在方位(±90°)和垂直(±10°)方向转动,确保行星表面到地球的激光链路持续稳定工作。内部加入惯性伪星参考单元(IPSRU),其发射出的光束与来自地球的信标光相叠加,用以消除平台震动,提高终端的下行指向能力。提前瞄准装置(PAA)用以提供预判性的精准指向和跟瞄,这主要用于克服星间相对运动对光束捕获带来的阻碍。

空间激光通信技术近年来飞速发展,许多技术难题逐步被攻克。例如,快速高精度指向、捕获、跟踪技术、大气湍流效应抑制及补偿技术,窄线宽大功率激光发射技术、低噪声光放大技术和高灵敏度 DPSK/BPSK/QPSK 光接收技术等。这些技术难题的攻克,为实现星际激光通信奠定了基础。空间激光通信凭借其带宽优势,有望成为未来空间高速通信的主要方式。美国、欧洲、日本等国家对空间激光通信系统所涉及的各项关键技术展开了全面深入的研究,已开发出多套卫星激光通信终端,并成功完成多项在轨试验,正在规划建设可覆盖全球的天基激光通信网络。

我国空间激光通信虽然起步较晚,但已经部署了大量空间激光通信的研究内容,攻关了快速捕获跟踪技术、高灵敏度相干通信技术、大气湍流抑制技术、自适应光学技术等关键技术,且已成功进行了多个在轨演示验证项目,包括 LEO-地、GEO-地的在轨验证,与欧美国家相比,在星间通信、深空激光通信方面仍有一定的差距。

5.航海领域

本节主要讲述无线电导航设备的一些功能和作用,同时根据无线电导航设备在我国航运这一领域的应用,简单介绍其主要存在形式和功能,阐述无线电导航设备在我国航运做出的巨大贡献。

(1) 现代行业对于无线电导航的要求。

在我国早期的时候对于无线电导航设备的应用只存在于接收无线电的信号,获取船舶在海上的位置,并且取得一定的方位和距差等数据,之后再通过人工来进行海图作业上的定位,所以说人们在刚开始的时候把它称为定位仪或者是接收机,这种导航设备并不符合现代化行业对于导航的需求。电子计算机的应用以及航天技术的进步和发展,满足了现代航海要求的无线电导航系统以及船舶导航系统的要求,各种设备相应出现。无线电导航设备被称为船舶的导航仪,但是它们所起到的作用却远远超出了定位的作用,在航海中占据了重要的位置。现代化的导航设备需要具备多种功能,比如说全球,全天候长期连续的工作,还有高精度的定位,自动化程度比较高等功能要求。

(2) 航海定位的应用形式。

无线电导航设备在航海中的最主要功能是实现对航海器的定位。无线电导航设备的定位精准度和一般设备相比非常高,不仅仅提高了定位工作的质量,也避免了船舶发生偏离计划航线这种现象的出现,保障了船舶的安全。无线电导航设备在发挥定位作用时主要是利用 GPS 系统。通过利用 24 颗卫星,与地面用户设备进行有效的组成,一般情况下,无线电导航设备可以 24 小时的工作,这样一来可以保证船舶在任何一个时间阶段都能准确定位,同时也避免了意外事故发生。与此同时,在无线电导航设备的应用过程中,可以在很短的时间内完成卫星的选择工作,一般情况下十几秒就可以完成任务。同时定位更新的时间也得到了大幅度的提高,通常情况下一秒钟就可以更新一次定位的信息,这样可以确保船舶在运行过程中得到更为准确的监控。

航海定位主要采取单机定位模式,另外还有一种定位形式为差分形式,这种形式的定位在航海中也发挥着重要的作用和价值,在差分定位运行的过程中主要是利用 GPS 和其他的系统。差分形式比其他形式更加突出和显著,同时需要明确的是这一点是单机定位不具备的特点和性质,利用这种形式的定位,可以根据船舶远程的距离将其定位的距离,进行全面的调整,从而在最大程度上提高了定位的准确性,满足了我国航运发展过程中对定位准确性更加严格的要求。因此可以看出使用无线电导航设备,可以有效实现航海定位的精准性。

(3) 航海雷达方面的应用形式。

第一种为航海安全性能的应用形式,雷达是在船舶运行的过程中,需要对障碍物进行位置上的判断和分析,最终准确无误地识别出障碍物的位置,以确保在航海时灵活地避开障碍物,同时确保人身安全,以免出现意外。无线电导航设备在雷达应用的过程中,可以根据海上的障碍物的位置进行准确的定位,预计到航线中规划更合理的行驶轨迹。这样一来,既能保证船舶正常的运行,又能避免不必要的意外事故发生。同时也会规划对应的航线,让船舶在运行的过程中避开这些障碍物,顺利到达目的地。第二种则是雷达船位这一方面的应用形式,无线电导航设备在航海运行当中所起到的重要作用主要是指根据雷达可以迅速判断距离以及方向,并且将这些数据信息输入到导航仪当中,从而可以快速帮助有关人员找到海面反应物的有效标志。这样的方法不仅提高了效率,同时也能得到准确性更高的定位信息。进一步确保了船只运行的安全和稳定,避免产生误差影响船舶的安全运行。从更深层次解决了定位误差的问题,确保了工作的效率和信息的准确性。

(4) 在搜救系统的应用形式。

无线电导航设备的搜救功能也是十分重要的。在船舶出海的过程中我们必须考虑安全性能,如果发生意外事故,我们必须要有最基本的搜救系统。无线电导航设备作为航海当中重要的工具可以对出现安全事故的船只进行快速搜寻,除此以外,船舶在航海的过程当中如果出现意外和人们失去联系,那么无线电导航设备就可以为搜救的人员提供相关的位置信息,从而快速地帮助人们搜救人员,减少人员的死亡。

(5) 船舶运行监视应用形式。

无线电导航设备另外一个最重要的功能就是可以利用相关的卫星系统,与其他设备进行连接,将船舶实时的信息反映给人们,其实就是我们所说的监视。这样可以使我国相关部门随时了解船舶的运行形式,制定相应的紧急措施。一旦发生意外,能准确做出解救方案。这一点保证了航运的安全性,也为航运领域的发展提供了重要的支撑点。让每一次航运出海都能安全而归,让每一个航运工作者安心完成任务,为我国航运事业的发展贡献一分力量。通过监视船舶在海面上的各个运行状态,更好地保证了船舶和人员的安全。

无线电导航设备在航海安全过程中发挥着重要的作用,我国航海领域占据一个重要地位,通过无线电导航设备,我们可以及时得到船舶的运行等各个方面的信息,如果发生意外事故,我们可以通过它的定位功能、监视功能、安全功能等综合分析,从而救出所有人员。无线电导航设备不可或缺,在航海中的应用形式多种多样,总体而言,无线电导航设备是船舶运行中最基础也是最关键的核心设备。

无线电导航设备在航海中发挥着最重要的作用,不仅实现了对船舶精准度极高的定位,也能确保其安全性。其实我们每个人都知道,船舶在运行过程中存在着很大的安全隐患,长时间的运行有很多不可预测的意外事故发生。因此无线电设备的出现无疑解决了很多问题,在一程度上保证了船舶运行的安全和稳定。

6.铁路领域

GSM-R 数字电信系统是基于满足火车系统要求的 GSM 公共平台无线通信系统深层次更新、重新设计打造而成的全新一代铁路通信系统。GSM-R 系统不仅融合了上一代通信系统的优点,其系统更是与当今主流科技结合,将移动蜂窝系统融合其中,GSM-R 网络在我国铁路部门的全线投入使用不仅提升了我国铁路的通信质量,更是将新兴科技与各种铁路服务相互关联,以满足铁路运输的基本应用,从很大程度上促进了铁路通信系统走向数字化建设之路。

本节主要研究 GSM-R 系统的设计框架以及较为突出的优点。除了实际操作外,我们还分析了 GSM-R 维护的具体情况,针对列车提前通知的异常情况以及实际情况下列车提前通知的异常情况,提出了具体的障碍物定位和判断方法。总结情况,采取纠正措施,最后解决实际问题。

(1) 背景及意义。

自 20 世纪初以来,铁路已经历了逐步的突破。在这种背景下,铁路通信系统进入了一个新时代,并继续推动变革。同时,随着铁路运输量的增加,火车的编队也在不断增加和扩展。公共电信系统 GSM 平台被认为既是低成本又是大型系统,数字电话通信技术旨在利用火车所要求的运行要求。在铁路通信中使用该技术不仅保留了原始的 GSM 功能,而且还增加了各种自定义功能。GSM-R 铁路通信系统的全球建设使中国能够充分利用最成功的国外铁路建设优势,整合自己的技术结构,扩大规格并促进现代发展。这充分说明我们正在短期内积极实现变革。当今的主要设施正在达到或接近国际水平,以更好地满足社会和国家经济发展的需求。

20 世纪中叶,运营商通信设备被用于中国的长途铁路通信。这种设备的传输介质是架空线和电缆。对于纯铁路通信,我们通过改善维护轨道之间的通信,车站之间的通信以及整个轨道的调度命令,建立了铁路交流脉冲选择方法。1970 年代,铁路光纤技术被正式引入。这意味着中国已经开始研究数字通信和铁路光缆。在 1985 年到 1990 年这五年时间中,我国有关科研部门就在多条不同运用状况的铁路干线上对数字光纤通信进行的全方位的综合测试,由于其性能相当优越,因此在 1990 年后,数字光纤通信被应用于我国许多条主干铁路通信,在铁路通信中得到了广泛的应用。随着数字通信结构紧锣密鼓地发展,为了更好地开发和使用程序控制交换技术,20 世纪末,基本形成了远程交换网络,并建立了第一个分组交换数据网络。数据交换通常可以与实际业务需求相结合,尤其是票务预订和铁路运输管理信息系统。同时,程控技术设备得到了进一步的推广,并且它用于各种 Colin 电话和消防铁路信息业务需求。科技不断进步推动着设备的更新迭代,由于光学数字分插设备大批量投入使用,这就导致山区通信电缆的数量呈爆炸式增长,而电缆数量增多无疑会增加中间站,中间站的通信质量也因此得到了较为显著的提高。

(2) 主要研究内容。

① GSM-R 网络系统总体结构。

标准的 GSM 技术系统将 GSM 网络分为两个独立的交换器,这两个交换器分别为 CS 电路交换器以及 PS 域分组交换器。GSM-R 网络的第一个实际网元技术一般来讲就是电路的 NSS 网络子系统。

网络子系统可以分为以下部分:一种称为 SSS 移动交换子系统。其次第二个组成部分便是移动智能网络子系统。最后一个组成部分则是使用 GPRS 技术的通用无线服务子系统。

② GSM-R 的业务模型。

集成的专用数字通信系统 GSM-R 是专门为满足列车通信要求而设计的。可以根据具体的功能进行更进一步的分类,例如 MLPP,VGCS 和 VBS。它还具有调度服务,例如,基于位置的地址,访问矩阵和功能组件表示使其成为该信息平台的重要载体。具体来说可以有以下几种业务模型。

GSM-R 服务:一种是 GSM 的基础,另一种是语音规划,第三种是特殊的铁路应用。

③ GSM 业务。

语音服务可以分为以下两种:基本电话服务和紧急电话服务。前者是指主要发送满足一些用户的基本通信业务的语音信息服务系统,这一系统设计与结构方面相对较为简单,在语音服务系统的框架之上,还可以根据 PSTN/ISDN 网络发送网络秒数,该项技术最有价值的业务时包含在这一系列基本服务中。当用户进入移动紧凑型电话(MSC/VLR)时,必须同时连接呼叫。

短消息服务主要分为两个不同的设计类型,首先是点对点,其次则是广播。一般来说,移动交换中心只具有点对点的基本短信息服务类型。该服务的功能就是可以直接实现基于 GSM 系统的少量信息传输等相关服务。它的优点更是格外突出,具有高集成度、可作为中继设备的短消息处理载体。与此同时,在此基础上,点对点短消息服务直接定义了两种用户服务,下文将做出具体介绍。一种是在手机上开始的短信,另一种是在手机上结束的短信。前者是指从移动站发送到服务中心的短消息,可以转发给同时到达它的其他移动站或网络用户。后者是指从服务中心转发到移动台的短消息。短信的来源很多,包括移动台,语音通道,电报和传真。传真服务的不同类型可以具体分为以下几类:一种是数据 CDA 业务,属于异步双电路类型,另一种是数据 CDS 业务,属于同步双电路数据。第三个是 PADAccessCA,这种类型的线路服务属于 PAD Access。最后是数据 PDS 服务,称为兼容 PDS 访问。

④ 高级语音呼叫业务(ASCI)。

eMLPP:由优先级和资源抢占两方面组成。各种铁路服务具有七个预定义的服务级别,例如 A、B、O、1、2、3、4,它们同时存储在 HLR 中。如果网络状态不是空闲的服务通道,则可以将较高的优先级用于较低的优先级,优先呼叫将立即中断。

VGCS:语音组呼叫服务。也称为群组通话。群组通话服务定义了不同于点对点类型的语音通信,群组通话服务主要定义点对多点的双工语音通信,其语音通信具有多方参与的特性,而且部分参与语音通信的成员可以实现讲话和收听语音等服务。VGCS 可以使用组 ID 呼叫参与群组通话服务的全部人员。被呼叫用户属于组 ID 和预定义的组呼区域。服务用户和调度程序需要根据 VGCS 展开设备预先设置。该技术具有一定的缺陷,即在组呼过程中,所有业务用户只能使用一个业务信道,并且每次只能由一个成员进行讲话发言。

VGCS 可以突破点对点通信的限制,快速轻松地设置群组呼叫,启用某些功能,例如调度命令和紧急通知。特别适合铁路调度总部。在铁路系统中,VGCS 有两个主要用途。特定区域中的火车驾驶员和调度员之间的群组呼叫,以及特定区域中的铁路维护人员,调度员和车站工作人员等群组之间的群组呼叫。

VBS:音频广播服务。在服务功能方面类似于 VGCS,但没有发言权。这可以创建点对点多点单向语音呼叫连接,允许用户将呼叫流式传输到特定位置的目标组,并且目标用户由组 ID 标识。在铁路系统中,VBS 具有两个主要应用程序:火车调度员向控制区域中的特定机车组发送广播消息时,机车驾驶员或调度员会将广播消息发送给指定区域中的管理员。

⑤ 铁路 GSM-R 专有特性

功能寻址(FA):基于此功能,呼叫者不使用移动用户号码 MSISDN 作为呼叫者,但是使用呼叫者的功能。换句话说,可以观察到用户正在使用设备传递信息和接收网络,而且可以看到正在使用不同的编号向外界发出信息。这项技术能够在很大程度上帮助 GSM-R 应用子系统及其相关功能寻址,在 MSISDN 号码和物理终端之中始终保持较高的独立性。功能编号(FN$_s$)编号功能必须要全面考虑铁路用户的需要。注册操作允许上述两个类别相关联。如有必要,取消操作也将取消。同时,以上所有操作均基于最终用户的操作,可以通过再次执行以上操作来更改以上关联。

基于位置寻址(LDA):根据 GSM-R 网络的功能,网络用户可以将用户的位置与短电话号码结合起来,以将呼叫路由发送到与用户位置相关联的相应目标地址。它主要用于解决运行列车来呼叫固定用户的需求。毫无疑问,行驶中的火车将必须经过许多车站和调度区。此时,传统方法仅允许驾驶员呼叫当前的驾驶调度员和调度员,但是此时驾驶员没有相应的电话号码。这时,用户便可以使用短号码呼叫车站有关工作人员和相关的火车调度员。驱动程序完成呼叫并在网络上正确识别出呼叫之后,您可以呼叫相应的用户。

精确位置寻址:简而言之,这一技术就是基于位置寻址业务所进行的深层次进扩展研发。该项技术主要应用于移动数据和点对点语音呼叫。网络可以将用户拨打的短号码与相应目的地的呼叫路由相结合,同时获得有关用户的准确信息。

呼叫限制(基于 MSISDN):从易于理解的角度而言,此技术包括限制单个用户的呼叫和呼叫号码。

铁路紧急呼叫:根据使用特性可以将其分为两种:首先就是火车紧急呼叫,其次便是并联紧急呼叫。

基于呼叫限制:通过区域限制影响用户启动功能部件号。

自动获取 IP 地址:列车运行时,可以使用 CIR 获取调度中心的 IP 地址。

SMS 智能服务:包含两种主要的存在形式:分别为基于位置的寻址配置以及 SMS 服务配置。

动态群呼(取决于列车号码功能):此功能主要来自 VGCS。同一列车的用户可以设置与 GSM-R 网络兼容的多媒体消息,从而允许用户创建多点到多点连接。

(3)GSM－R 在铁路中的具体应用。

① 调度通信。

对于调度通信,铁路客运线路主要采用无线和有线混合联网模式,无线终端

CIR 包含机车和有线终端,这一就可以完全满足车站和调度站的相关需求。网络侧则集成了各种有线技术以及无线技术。在火车站或铁路公司安装 FAS 并连接到 MSC。站台和调度站也可以连接到 MSC,此外还需要在沿线的站上安装 FAS 并访问中心局中的 FAS。火车调度通信(无线用户机车,车站服务员,火车调度员,机车驾驶员等)尽快可以在机车和机器之间形成联合控制通信。

② 车次号传输与列车停稳信息的传送。

从交通安全或铁路运输管理的角度来看,分析站点和列车号的传输非常重要。可以充分利用 GSM-R 或使用 GPRS 发送信息来发送数据。系统配置可以细分为包含 GPRS 的 GSM-R 网络,用于收集监视数据。第二个是 CIR,第三个是 TDCS / CTC。使用 GPRS 方法,可以自动更新目标列车的 IP 地址,并且可以通过 TDCS / CTC 组合和查询/获取所获取的停车站信息,传输列车编号信息以及相关处理资料。

③ 调度命令传送。

火车调度员以书面形式向车站或火车驾驶员发出调度指令,并在车站的控制下操作火车,操作分流器以及指挥和管理紧急情况。这是铁路运输管理的重要组成部分,对火车运行的安全性有重大影响。因此,准确快速地发送调度命令与铁路运营的安全有关。当前,以 GPRS 模式发送调度命令数据是最重要的安全方法。系统配置主要包括机车集成无线通信系统,铁路集成数字移动通信系统和火车调度三个方面。指挥系统设备等 GSM－R 系统在铁路通信中使用一般是由于具有加速调度命令传输的作用,并且由于科技不断进步,这便导致其功能在现代铁路运输命令中起着更加积极的作用。

(4) 列车进路预告应用研究。

① 网络构成。

火车前通知服务一般由 GSM-R 系统中的 GPRS 即分组交换系统提供保障信息安全的服务,这项服务包括保障信息传输安全,更需要保障信息的储存安全。GSM－R 分组域应用网络继承了许多服务器和各种通信信息,一般都包含以下几种技术和服务器,即无线通信技术 CIR 和 GPRS 网络定位服务设备以及 GPRS 所包含接口服务器和我们所使用的家庭服务器,所包含的信息有铁路信息通信服务器信息等多种通信信息。该信息的伴随传输为安全性和适当的铁路运输提供了最佳的信息平台。GPRS 网络设备包括基站基站,基站 BSC,数据包控制单元 PCU,GPRS 服务支持节点 SGSN,GPRS 网关支持 GGSN 节点,域名服务器 DNS,ID 扫描器服务器 Radius 等。

② 通信流程。

CIR 开机附着 GPRS 网络。

第一步所进行的步骤就是注册账户,HLR 可将与用户相关的 GPRS 服务信息发送至 SGSN 内部储存器,在此过程中需要使用 SGSN 以及 HLR 这两种技术进行相关数据验证信息。这些工作需要对于设备要求比较低,只需要其移动设备可以正常运行即可,设备正常运行后,带有不同编号的移动数据就会被添加至HLR 中,通过 SIM 卡激活 GPRS 相关服务便可以进行成功匹配连接。

CIR 激活 PDP,获取自身 IP 地址。

在输入代码编号和 APN 之后,CIR 将发送 PDP 以将消息建立到本地 SG-SN。SGSN 归属将 APN 中的信息发送到 DNS 进行分析。审查显示了 GGSN,它是 APN,并且同时将相关的所有者信息返回给 SGSN。如果解决方案失败,则 PDP 实施将失败。

归属 SGSN 向归属 GGSN 发送 PDP 消息消息和 IP 地址,唤醒其中包含的信息。如果测试确认织机号正确,则表明授权已通过。消息包含原始 GGSN,消息包含 CIR 为其分配的 IP 地址。如果测试仍然失败,则 PDP 激活失败。

归属 GGSN 将与 PDP 状态的设置相对应的消息返回给归属 SGSN,归属SGSN 将默认的 PDP 状态发送给消息接收者到 CIR。

CIR 查询归属 GRIS IP 地址。

GROS 根据 LACCI 选择 CIR 的当前 GRISIP 地址,并将其返回给 CIR。在GROS 查询连续三次失败后,将执行查询。如果它仍然连续三次失败,那么就表示这次的查询以失败告终,并且 CIR 使用最后使用的 GRISIP 地址。

CIR 发送无线车次号信息。

CIR 会随时将无线电火车号码信息发送给 CTC。信息内容包括 LAC,CI,公里标记,机车号,火车号等,将当前位置通知 CTC,并发送调度命令和预先通知提供证明。

CTC 发送调度命令/进路预告发送与自动确认。

CTC 发出包括机车号的调度命令,但是 GRIS 需要在指定发送数据的位置之前知道其中的 IP 地址。在此阶段,DNS 完成 IP 地址和机车号的转换。如果GRIS 在 DNS 中找不到 IP 地址,它将在 15 秒后开始第二个查询过程。如果连续三次失败,它将向 DNS 发送查询。如果查询仍然失败 3 次,则不会发送任何调度命令。发送调度命令后,如果成功接收到 CIR,它将被自动检查和恢复(该命令将由 CIR 自动发送,而无须任何手动干预)。发送分派命令后十五秒钟,CTC 会重新发送该命令,而不会收到 CIR 确认消息,重复 3 次。如果没有自动确认消息,则传输将结束,传输失败。

当机车发出调度命令时,它并不总是在运行。例如,它可能会在车站停下来。因此,驾驶员是否接收到自动确认消息不能清楚地指示驾驶员是否定购。

基于此,将需要从手机上手动按下相应的 GIR 按钮,以确保驱动程序已阐明命令。只有这样,才能解释驱动程序已验证命令。

发送预先通知的过程与调度命令的过程相同。一个区别是,发送预告后,车辆必须处于行驶状态。此时,驾驶员正在驾驶火车并大声宣布 CIR,因此驾驶员无须在此时手动完成相关操作。

(5) 列车进路预告异常情况分析。

① 列车进路预告触发条件。

入场条件,即接送计划正常处理,并与包括接送车道和基本路线的火车计划完全吻合。在此间隔内火车的位置条件,即火车编号的逻辑跟踪位置,并且火车与前一站之间没有其他火车占用。无线电列车编号的条件匹配,并且 CTC 接收到的无线电列车编号检查信息是准确的。

成功发送路径提前通知信息的条件:GRIS 在收到 CTC 发送的路径提前通知信息后,通过 GSM-R 网络将其发送给符合车号条件的 CIR 设备。机车司机收到列车进路的预先通知后,CIR 设备人工签认,CIR 设备通过 GSM-R 网络和车站将已签认的确认报文返回 CTC。接收到回执后,站场自动调节器进行匹配。如果匹配成功,它将停止火车提前通知的逻辑处理并形成一个闭环。否则,预告将根据指定时间重新发送。最多可以重新发送 3 次预先通知信息,但是如果超过 3 次,请更改分派命令编号并重新发送。

② 分析方法。

导致火车提前通知传输失败的主要障碍有三种:根据传输路径和列车提前通知信息的流量,可以使用以下分析方法。

G 网络上的火车将丢失,不另行通知。在这种情况下,可以使用 Gb 监视系统来详细分析信令信息。

无法发送 CIR 车号确认信息。在这种情况下,可以通过 GRIS 网络管理检查 CIR 传输检查信息,并分析是否由于 CIR 本身而传输了车号确认信息。

CIR 被禁用。如果 CIR 由于人为因素,重新启动等原因而断开连接,则可以使用 Gb 接口监视系统来跟踪 CIR 设备的 PDP 失效信号,并根据车辆数据确定 CIR 设备。

③ 列车进路预告异常情况故障定位。

CTA 提供的通知包含自治信息,CTC 账户发送带有车辆编号的命令,但是 GRIS 需要在指定目的地之前查看 IP 地址,该目的地当前由 DNS 转换。

GRIS 向 DNS 发起 CIRIP 地址请求请求。如果在 15 秒内未请求 CIRIP 地址,它将启动第二个请求查询。如果它连续三次失败,则发送该命令提示符将失败。

作为该铁路系统的 DNS 和其他公共服务,如果两组设备同时发生故障,则所有铁路列车都会受到影响,发生的机会非常低。如果单列火车上的特定站点无法收到预先通知,则 DNS 在确认已收到 CTC 发送的请求并在此期间查询 DNS 的操作后,在此期间接收到该请求。

同时,必须考虑机车注册的准确性。一些驾驶员在遇到机车集成无线通信设备(CIR)故障时在 CIR 上执行相关操作。由于错误的操作,很可能会发生诸如注册错误之类的问题。此时,首先必须考虑机车是否在互联网上正常注册。首先,检查跟踪信号以查看汽车的 PDP 启动是否成功。如果无法正常启动并且解决了人为操作问题。

④ 调度集中系统设备问题。

CTC 发送路线预先通知的前提是接收火车的无线电火车号码信息的数据包。收到用户报告后,必须首先通过 GRIS 设备检查当时是否有任何无线电车辆号码上传信息。如果没有记录,则需要检查车辆是否成功注册,并解决未注册或注册不正确的问题。如果有无线电车号信息,检查 CTC 发出的预先通知记录。如果没有记录,联系 CTC 中心检查传输记录。

如果 CTC 中心记录并发送,并且 GRIS 没有记录接收,则必须使用 CTC 进行分析和确定,以识别排除了数据包的设备。

⑤ GPRS 接口服务器 GRIS 设备问题。

GRIS 从 CTC 接收转发通知,将数据传输到 GGSN,并将接收和转发方法存储在其自己的记录单元服务器上。如果 CT 储存有信息发送记录,而 GRIS 中没有进行数据储存,这可能导致数据包丢失等问题发生,或者 GRIS 成功收到数据包后无法读取其内部信息。首先清除设备异常警报,然后与 CTC 中心合作以最终测试包装。如果存在数据包丢失,需要逐步检测电路以找出故障所在。

⑥ 核心网核心设备 GGSN、SGSN 等设备问题。

首先,网络管理器消除异常警报,检查数据配置是否异常,在最近的操作日志中检查是否存在欺诈性操作记录,如果发现问题,则进行纠正或备份。异常的核心网络会影响所有用户,因此一个用户无法收到预先通知,并且通常不会考虑核心网络问题。

⑦ 无线网络 BSS 问题。

如果 GRIS 记录了预告的接收和转移,并且核心网络的 PS 域中没有异常警报,请继续在无线方面进行调查。与核心网络一样,网络管理器最初会确定没有警报,并消除了硬件问题。然后检查 BSC 和 BTS 数据以确保配置正确。异常的 BSC 或 BTS 影响一个或多个基站的覆盖范围。如果一个用户不正常,则不会考虑这种情况。在对网络设备问题进行故障排除之后,应该考虑无线环境,从服务单元,信号强度,质量级别,邻接单元覆盖范围以及接受异常提前通知的网络优化参数开始。在优化无线网络时,需要通过现场测试和长期数据统计来确定问题。

⑧ 机车无线综合设备 CIR 问题。

CIR 和 GSM-R 网络实时交换数据。当满足某些条件时,CIR 将无线车辆号码信息报告给 GRIS,并每分钟对 GRIS 执行一次活动检测。可以通过 GRIS 中的网络管理和活动检测来检查 CIR 的网络状态。数据模块中的异常情况会使机车离线,并且无法接受预先通知。此时,应通过 GRIS 网络管理来提取和分析 CIR 模块数据。

由于我国铁路运输发展十分迅速,各种客运专线以及高速铁路建设技术和铁路运行技术都得到了很大的提高,GSM-R 系统得以成功突破,这一系统始终占据我国铁路通信技术的主导地位,甚至现在已经成为我国铁路运输通信中十分重要的科学技术。甚至随着科技的进步,这一系统将代替现如今相对较落后的铁路无线电通信系统,我国铁路有关研发部门基于 GSM 系统框架以及当前我国的铁路实际运行状态打造出了极其适合我国铁路基本情况的数字无线通信系统。我国所打造的数字无线通信系统将铁路运行时几乎所有的人为因素以及意外故障都考虑在内,比如高铁实际运行情况、车站列车的调度及其控制问题都考虑在内,从而打造出适合我国铁路未来发展的 GSM-R 通信系统。

就目前其系统使用情况来看,GSM-R 系统在我国铁路运输通信中起到了很好的作用,不仅仅保障了在铁路通信中始终保持着极高的安全性以及可控性,并且在高速列车停靠站台信息上传以及列车编号的保存运输甚至列车末端信息处理传输方面都表现出及其优良的可靠性和稳定性。包括调度通信,以确保可靠性和信息传输,例如数据,监视信息,分支机构编号等。

第二节　新时期无线电技术展望

1. WLAN

WLAN 是 Wireless Local Area Network 的简称,指应用无线通信技术将计算机设备互联起来,构成可以互相通信和实现资源共享的网络体系。无线局域网本质的特点是不再使用通信电缆将计算机与网络连接起来,而是通过无线的方式连接,从而使网络的构建和终端的移动更加灵活。它是相当便利的数据传输系统,它利用射频(Radio Frequency;RF)的技术,使用电磁波,取代旧式碍手碍脚的双绞铜线(Coaxial)所构成的局域网络,在空中进行通信连接,使得无线局域网络能利用简单的存取架构让用户透过它,达到"信息随身化、便利走天下"的理想境界。

(1)简介。

在无线局域网 WLAN 发明之前,人们要想通过网络进行联络和通信,必须先用物理线缆-铜绞线组建一个电子运行的通路,为了提高效率和速度,后来又发明了光纤。当网络发展到一定规模后,人们又发现,这种有线网络无论组建、拆装还是在原有基础上进行重新布局和改建,都非常困难,且成本和代价也非常高,于是 WLAN 的组网方式应运而生。

WLAN 起步于 1997 年。当年的 6 月,第一个无线局域网标准 IEEE802.11 正式颁布实施,为无线局域网技术提供了统一标准,但当时的传输速率只有 1~2 Mbit/s。随后,IEEE 委员会又开始制定新的 WLAN 标准,分别取名为 IEEE802.11a 和 IEEE802.11b。IEEE802.11b 标准首先于 1999 年 9 月正式颁布,其速率为 11 Mbit/s。经过改进的 IEEE802.11a 标准,在 2001 年年底才正式颁布,它的传输速率可达到 54 Mbit/s,几乎是 IEEE802.11b 标准的 5 倍。尽管如此,WLAN 的应用并未真正开始,因为整个 WLAN 应用环境并不成熟。

WLAN 的真正发展是从 2003 年 3 月 Intel 第一次推出带有 WLAN 无线网卡芯片模块的迅驰处理器开始的。尽管当时的无线网络环境还非常不成熟,最为发达的美国也不例外。但是由于 Intel 的捆绑销售,加上芯片的高性能、低功耗等非常明显的优点,使得许多无线网络服务商看到了商机,同时 11 Mbit/s 的接入速率在一般的小型局域网也可进行一些日常应用,于是各国的无线网络服务商开始在公共场所(如机场、宾馆、咖啡厅等)提供访问热点,实际上就是布置一些无线访问点(Access Point,AP),方便移动商务人士无线上网。经过了两年多的发展,基于 IEEE802.11b 标准的无线网络产品和应用已相当成熟,但毕竟 11 Mbit/s 的接入速率还远远不能满足实际网络的应用需求。在 2003 年 6 月,经过两年多的开发和多次改进,一种兼容原来的 IEEE802.11b 标准,同时也可提供 54 Mbit/s 接入速率的新标准－IEEE802.11g 在 IEEE 委员会的努力下正式发布了。

目前使用最多的是 802.11n(第四代)和 802.11ac(第五代)标准,它们既可以工作在 2.4 GHz 频段也可以工作在 5 GHz 频段上,传输速率可达 600 Mbit/s(理论值)。但严格来说只有支持 802.11ac 的才是真正 5G,现在来说支持 2.4 G 和 5G 双频的路由器其实很多都是只支持第四代无线标准,也就是 802.11n 的双频。

(2)优点与不足。

灵活性和移动性。在有线网络中,网络设备的安放位置受网络位置的限制,而无线局域网在无线信号覆盖区域内的任何一个位置都可以接入网络。无线局域网另一个最大的优点在于其移动性,连接到无线局域网的用户可以移动且能同时与网络保持连接。

安装便捷。无线局域网可以免去或最大限度地减少网络布线的工作量,一般只要安装一个或多个接入点设备,就可建立覆盖整个区域的局域网络。

易于进行网络规划和调整。对于有线网络来说,办公地点或网络拓扑的改变通常意味着重新建网。重新布线是一个昂贵、费时、浪费和琐碎的过程,无线局域网可以避免或减少以上情况的发生。

故障定位容易。有线网络一旦出现物理故障,尤其是由于线路连接不良而造成的网络中断,往往很难查明,而且检修线路需要付出很大的代价。无线网络则很容易定位故障,只需更换故障设备即可恢复网络连接。

易于扩展。无线局域网有多种配置方式,可以很快从只有几个用户的小型局域网扩展到上千用户的大型网络,并且能够提供节点间"漫游"等有线网络无法实现的特性。由于无线局域网有以上诸多优点,因此其发展十分迅速,无线局域网已经在企业、医院、商店、工厂和学校等场合得到了广泛的应用。

无线局域网的不足之处:无线局域网在能够给网络用户带来便捷和实用的同时,也存在着一些缺陷。无线局域网的不足之处体现在以下几个方面:

性能。无线局域网是依靠无线电波进行传输的。这些电波通过无线发射装置进行发射,而建筑物、车辆、树木和其他障碍物都可能阻碍电磁波的传输,所以会影响网络的性能。

速率。无线信道的传输速率与有线信道相比要低得多。无线局域网的最大传输速率为 1Gbit/s,只适合于个人终端和小规模网络应用。

安全性。本质上无线电波不要求建立物理的连接通道,无线信号是发散的。从理论上讲,很容易监听到无线电波广播范围内的任何信号,造成通信信息泄漏。

(3) 无线局域网拓扑结构。

基于 IEEE802.11 标准的无线局域网允许在局域网络环境中使用可以不必授权的 ISM 频段中的 2.4GHz 或 5.8GHz 射频波段进行无线连接。它们被广泛应用,从家庭到企业再到 Internet 接入热点。

简单的家庭无线 WLAN:在家庭无线局域网最通用和最便宜的例子,一台设备作为防火墙、路由器、交换机和无线接入点。这些无线路由器可以提供广泛的功能。例如:保护家庭网络远离外界的入侵。允许共享一个 ISP(Internet 服务提供商)的单一 IP 地址。可为 4 台计算机提供有线互联网服务,但是也可以和另一个互联网交换机或集线器进行扩展。为多个无线计算机作一个无线接入点。通常基本模块提供 2.4 GHz 802.11b/g 操作的 Wi-Fi,而更高端模块将提供双波段 Wi-Fi 或高速 MIMO 性能。

双波段接入点提供 2.4 GHz 802.11b/g/n 和 5.8 GHz 802.11a 性能,而 MIMO 接入点在 2.4 GHz 范围中可使用多个射频以提高性能。双波段接入点本质上是两个接入点为一体并可以同时提供两个非干扰频率,而更新的 MIMO 设备在 2.4 GHz 范围或更高的范围提高了速度。2.4 GHz 范围经常拥挤不堪而且由于成本问题,厂商避开了双波段 MIMO 设备。双波段设备不具有最高性能或范围,但是允许你在相对不那么拥挤的 5.8 GHz 范围操作,并且如果两个设备在不同的波段,允许它们同时全速操作。家庭网络中的例子并不常见。该拓扑费用更高但是提供了更强的灵活性。路由器和无线设备可能不提供高级用户希望的所有特性。在这个配置中,此类接入点的费用可能会超过一个相当的路由器和 AP 一体机的价格,归因于市场中这种产品较少,因为多数人喜欢组合功能。一些人需要更高的终端路由器和交换机,因为这些设备具有诸如带宽控制,千兆以太网这样的特性,以及具有允许他们拥有需要的灵活性的标准设计。

(4)无线桥接。

当有线连接以太网或者需要为有线连接建立第二条冗余连接以作备份时,无线桥接允许在建筑物之间进行无线连接。802.11 设备通常用来进行这项应用以及无线光纤桥。802.11 基本解决方案一般更便宜并且不需要在天线之间有直视性,但是比光纤解决方案要慢很多。802.11 解决方案通常在 5 至 30 Mbps 范围内操作,而光纤解决方案在 100 至 1 000 Mbps 范围内操作。这两种桥操作距离可以超过 10 km,基于 802.11 的解决方案可达到这个距离,而且它不需要线缆连接。但基于 802.11 的解决方案的缺点是速度慢和存在干扰,而光纤解决方案不会。光纤解决方案的缺点是价格高以及两个地点间不具有直视性。

(5)中型 WLAN。

中等规模的企业传统上使用一个简单的设计,它简单地向所有需要无线覆盖的设施提供多个接入点。这个特殊的方法可能是最通用的,因为它入口成本低,尽管一旦接入点的数量超过一定限度它就变得难以管理。从管理的角度看,每个接入点以及连接到它的接口都被分开管理。在更高级的支持多个虚拟 SSID 的操作中,VLAN 通道被用来连接访问点到多个子网,但需要以太网连接具有可管理的交换端口。这种情况中的交换机需要进行配置,以在单一端口上支持多个 VLAN。

尽管使用一个模板配置多个接入点是可能的,但是当固件和配置需要进行升级时,管理大量的接入点仍会变得困难。从安全的角度来看,每个接入点必须被配置为能够处理其自己的接入控制和认证。RADIUS 服务器将这项任务变得更轻松,因为接入点可以将访问控制和认证委派给中心化的 RADIUS 服务器,这些服务器可以轮流和诸如 Windows 活动目录这样的中央用户数据库进行连接。但是即使如此,仍需要在每个接入点和每个 RADIUS 服务器之间建立一个 RADIUS 关联,如果接入点的数量很多会变得很复杂。

(6) 大型 WLAN。

交换无线局域网是无线联网最新的进展,简化的接入点通过几个中心化的无线控制器进行控制。数据通过 Cisco,ArubaNetworks,Symbol 和 TrapezeNetworks 这样的制造商的中心化无线控制器进行传输和管理。这种情况下的接入点具有更简单的设计,用来简化复杂的操作系统,而且更复杂的逻辑被嵌入在无线控制器中。接入点通常没有物理连接到无线控制器,但是它们逻辑上通过无线控制器交换和路由。要支持多个 VLAN,数据以某种形式被封装在隧道中,所以即使设备处在不同的子网中,但从接入点到无线控制器有一个直接的逻辑连接。从管理的角度来看,管理员只需要管理可以轮流控制数百接入点的无线局域网控制器。这些接入点可以使用某些自定义的 DHCP 属性以判断无线控制器在哪里,并且自动联结到它成为控制器的一个扩充。这极大地改善了交换无线局域网的可伸缩性,因为额外接入点本质上是即插即用的。要支持多个 VLAN,接入点不再在它连接的交换机上需要一个特殊的 VLAN 隧道端口,并且可以使用任何交换机甚至易于管理的集线器上的任何老式接入端口。VLAN 数据被封装并发送到中央无线控制器,它处理到核心网络交换机的单一高速多 VLAN 连接。安全管理也被加固了,因为所有访问控制和认证在中心化控制器进行处理,而不是在每个接入点。只有中心化无线控制器需要连接到 RADIUS 服务器,这些服务器轮流连接到活动目录。

交换无线局域网的另一个好处是低延迟漫游。这允许 VoIP 和 Citrix 这样的对延迟敏感的应用。切换时间会发生在通常不明显的大约 50 毫秒内。传统的每个接入点被独立配置的无线局域网有 1 000 毫秒范围内的切换时间,这会破坏电话呼叫并丢弃无线设备上的应用会话。交换无线局域网的主要缺点是由于无线控制器的附加费用而导致的额外成本。但是在大型无线局域网配置中,这些附加成本很容易被易管理性所抵消。

(7) 组建无线组网要求。

由于无线局域网需要支持高速、突发的数据业务,在室内使用还需要解决多径衰落以及各子网间串扰等问题。具体来说,无线局域网必须实现以下技术要求:

可靠性。无线局域网的系统分组丢失率应该低于 10^{-5},误码率应该低于 10^{-8}。

　　兼容性。对于室内使用的无线局域网,应尽可能使其跟现有的有线局域网在网络操作系统和网络软件上相互兼容。

　　数据速率。为了满足局域网业务量的需要,无线局域网的数据传输速率应该在 54 Mbps 以上。

　　通信保密。由于数据通过无线介质在空中传播,无线局域网必须在不同层次采取有效的措施以提高通信保密和数据安全性能。

　　移动性。支持全移动网络或半移动网络。

　　节能管理。当无数据收发时使站点机处于休眠状态,当有数据收发时再激活,从而达到节省电力消耗的目的。

　　小型化、低价格。这是无线局域网得以普及的关键。

　　电磁环境。无线局域网应考虑电磁对人体和周边环境的影响问题。

　　在组建无线局域网时,往往需要仔细考虑许多细节因素,才能成功搭建无线局域网,并保证其有很高的工作性能。在通过无线局域网连接远程局域网时,远程局域网所在的建筑物应该尽量可视,如果无线局域网要穿过高大的建筑物或茂密的树木等障碍物,那么搭建的无线局域网传输性能就会受影响,毕竟那些障碍物会直接影响无线局域网数据信号的正常传输。

　　当远程网络与本地局域网之间的距离比较远时,可以适当降低网络传输带宽,达到远距离数据传输的目的,实在需要进行远距离无线传输的话,不妨尝试在中间设立无线局域网中继中转站,以便让上网信号绕过障碍物。在无线局域网中,网络信号进行近距离传输时,为了确保能够获取最大的传输带宽,就要将几个无线网桥互相集成在一起,同时无线局域网的天线高度基本不会受到影响。

　　无线局域网的天线高度进行合适设置也是非常重要的,倘若没有将无线局域网设备的天线高度设置合适,单纯依靠增大天线增益或增大功率放大等方法,获取的无线传输效果将十分有限。那么可以考虑将无线节点设备的天线布置在建筑物的最顶层上,并且尽量利用小型天线以便确保无线电波的相对集中,这样有利于有效避免来自其他无线局域网信号的干扰。尽管无线局域网传输采用了跳频技术,但上网信号的频率载波很难被检测到,如此一来只有当双方无线设置了相同的网络 ID 号,才能进行无线上网信号的安全传输。如果要进一步保证无线局域网的运行安全性,还可以对无线上网信号进行加密。

　　(8) 组网模式。

　　将 WLAN 中的几种设备结合在一起使用,就可以组建出多层次、无线和有线并存的计算机网络。一般说来,无线局域网有两种组网模式,一种是无固定基站的 WLAN,另一种是有固定基站的 WLAN。

　　无固定基站的 WLAN 是一种自足网络,主要适用于在安装无线网卡的计算机之间组成的对等状态的网络。有固定基站的 WLAN 类似于移动通信的机制,安装无线网卡的计算机通过基站(无线 AP 或者无线路由器)接入网络,这种网络的应用比较广泛,通常用于有线局域网覆盖范围的延伸或者作为宽带无线互联网的接入方式。

① 无固定基站的 WLAN。

无固定基站的 WLAN 也被称为无线对等网,是最简单的一种无线局域网结构。这种无固定基站的 WLAN 结构是一种无中心的拓扑结构,通过网络连接的各个设备之间的通信关系是平等的,但仅适用于较少数的计算机无线连接方式(通常是 5 台主机或设备之内)。

这种组网模式不需要固定的设施,只需要在每台计算机中安装无线网卡就可以实现,因此非常适用于一些临时网络的组建。

② 有固定基站的 WLAN。

当网络中的计算机用户到达一定数量时,或者是当需要建立一个稳定的无线网络平台的时候,一般会采用以 AP 为中心的组网模式。

以 AP 为中心的组网模式也是无线局域网最为普遍的一种组网模式,在这种模式中,需要有一个 AP 充当中心站,所有站点对网络的访问都受该中心的控制。

无线网卡。无线网卡的作用和以太网中的网卡的作用基本相同,它作为无线局域网的接口,能够实现无线局域网各客户机间的连接与通信。

无线 AP。AP 是 Access Point 的简称,无线 AP 就是无线局域网的接入点、无线网关,它的作用类似于有线网络中的集线器。

无线天线。当无线网络中各网络设备相距较远时,随着信号的减弱,传输速率会明显下降以致无法实现无线网络的正常通信,此时就要借助于无线天线对所接收或发送的信号进行增强。

无线局域网的用户管理的内容包括在移动通信中强调对移动电话用户的档案、变更记录等资料的管理和对交换机用户数据的管理;宽带 ADSL 网络中的用户管理强调的是用户的认证管理和计费管理,当然也包括用户资料的管理;分布式的系统中强调用户的建立、删除、权限设置、注册、连接、记账等。但是所有的用户管理不外乎通常包括的系统 IP 地址分配、用户资料库管理、用户注册、用户级别管理、用户权限设置、用户日志和系统工作状态监控等主要内容。

在引入了新一代的 Internet 协议 IPv6 之后无线局域网的用户管理主要处理以下几个方面:

IP 地址分配。无线局域网从用户到无线接入点之间走的是无线链路,因此不存在 IP 地址的分配问题,但是一旦进入了接入网络,接入网络的 AP 就会给用户分配一个暂时的 IP,在用户与网络通信阶段都会使用这一 IP,直到用户离网,

IP 自动释放。在 IPv6 网络中的 IP 地址分配和管理，主要有被动分配和主动获取两种方式，主动获得是通过 IPv6 协议簇的相关协议计算得出，主要通过网卡 MAC 地址使用特定的算法得到，被动分配是通过向网络中的 DHCPv6 的服务器请求获得。

资料库。用户资料库是为保存用户的基本人事资料如姓名、性别等而设置的，其目的是强制用户进行实名注册，核查用户注册时输入的个人资料是否正确。当用户首次登录网站进行用户注册时，只有输入的个人资料与资料库保存的内容相一致时，才能完成整个注册过程，否则不能成功注册。这个部分属于应用层管理的内容，与 IPv6 结合之后不需要太大的改动。

注册。用户注册是对终端用户进行分类分级管理，保证系统有序运行的基础。用户注册信息是系统判别来访用户是否为注册用户的依据。为防止其他用户冒名注册，可将客户机 IP 地址和用户名、用户密码及其他个人信息进行捆绑验证。与 IPv6 结合之后，IPv6 协议本身提供了很好的安全性，我们可以充分利用 IPv6 的一些优点使用户的注册更加完善。

登陆。当终端接入网络时网络可以自动获取来访客户机的 IP 地址，并将该 IP 地址与用户注册资料库中的记录进行比对，以判别来访者是否为注册用户。若在资料库中未找到该客户机 IP 地址相关的资料，表明是未进行过注册的终端，则引导其进行用户注册。若用户注册库中存在该 IP 地址注册资料，表明该客户机已进行过注册，将提示用户输入其个人资料姓名密码等，然后再与用户注册库中的记录进行比对验证用户密码确认用户身份。经确认的用户将被系统自动赋予一个标识，该用户且在终端上不能获取和更改的存活期可由系统控制的身份信息。

级别设置。用户在单位和组织机构内通常都有一个明确固定的工作岗位，属于某一部门和群组，位于某一行政级别。不同级别的用户由系统管理员根据人事资料和用户注册信息进行设置。这一部分与 IPv6 结合之后基本上没有变动，也就是面向下一代全 IP 网络中的接入 WLAN 网络中，也不会有太大的变化。

权限设置。为防止用户进行越权访问和随意性的信息发布活动必须对用户进行权限限制。当然这与具体的网络协议没有太大关系，因此在下一代 IPv6 网络中没有什么变化。

日志。用户日志是记录用户活动统计信息栏目点击率，分析改进网络利用情况的第一手资料。用户日志保存到数据库中，便于日后的统计分析利用用户日志信息，能对诸如用户登录时间浏览的站点与栏目发布的信息等进行统计分析。这一部分属于应用层的操作，引入 IPv6 技术后，也不需要什么变动。

应用。WLAN 的实现协议有很多,其中最为著名也是应用最为广泛的当属无线保真技术 Wi-Fi,它实际上提供了一种能够将各种终端都使用无线进行互联的技术,为用户屏蔽了各种终端之间的差异性。

在实际应用中,WLAN 的接入方式很简单,以家庭 WLAN 为例,只需一个无线接入设备-路由器,一个具备无线功能的计算机或终端(手机或 PAD),没有无线功能的计算机只需外插一个无线网卡即可。有了以上设备后,具体操作如下:使用路由器将热点(其他已组建好且在接收范围的无线网络)或有线网络接入家庭,按照网络服务商提供的说明书进行路由配置,配置好后在家中覆盖范围内放置接收终端,打开终端的无线功能,输入服务商给定的用户名和密码即可接入 WLAN。

WLAN 的典型应用场景如下:

大楼之间。大楼之间建构网络的联结,取代专线,简单又便宜。

餐饮及零售。餐饮服务业可使用无线局域网络产品,直接从餐桌即可输入并传送客人点菜内容至厨房、柜台。零售商促销时,可使用无线局域网络产品设置临时收银柜台。

医疗。使用附近无线局域网络产品的手提式计算机取得实时信息,医护人员可藉此避免对伤患救治的迟延、不必要的纸上作业、单据循环的迟延及误诊等,而提升对伤患照顾的品质。

企业。当企业内的员工使用无线局域网络产品时,不管他们在办公室的任何一个角落,有无线局域网络产品,就能随意地发电子邮件、分享档案及上网络浏览。

仓储管理。一般仓储人员的盘点事宜,透过无线网络的应用,能立即将最新的资料输入计算机仓储系统。

货柜集散场。一般货柜集散场的桥式起重车,可于调动货柜时,将实时信息传回办公室,以利相关作业的进行。

监视系统。一般位于远方且需受监控的场所,由于布线困难,可由无线网络将远方影像传回主控站。

展示会场。诸如一般的电子展,计算机展,由于网络需求极高,而且布线又会让会场显得凌乱,因此若能使用无线网络,是再好不过的选择。

2. RFID

射频识别(RFID)是 Radio Frequency Identification 的缩写。其原理为阅读器与标签之间进行非接触式的数据通信,达到识别目标的目的。RFID 的应用非常广泛,典型应用有动物晶片、汽车晶片防盗器、门禁管制、停车场管制、生产线自动化、物料管理。

无线射频识别即射频识别技术,是自动识别技术的一种,通过无线射频方式进行非接触双向数据通信,利用无线射频方式对记录媒体(电子标签或射频卡)进行读写,从而达到识别目标和数据交换的目的。

无线射频识别技术通过无线电波不接触快速信息交换和存储技术,通过无线通信结合数据访问技术,然后连接数据库系统,加以实现非接触式的双向通信,从而达到了识别的目的,用于数据交换,串联起一个极其复杂的系统。在识别系统中,通过电磁波实现电子标签的读写与通信。根据通信距离,可分为近场和远场,为此读/写设备和电子标签之间的数据交换方式也对应地被分为负载调制和反向散射调制。

(1) 发展进程。

1940—1950 年:由于雷达技术的发展和进步从而衍生出了 RFID 技术,1948 年 RFID 的理论基础诞生。

1950—1960 年:人们开始对 RFID 技术进行探索,但是并没有脱离实验室研究。

1960—1970 年:相关理论不断发展,并且将这一系统在实际中开始运用。

1970—1980 年:RFID 技术不断更新,产品研究逐步深入,对于 RFID 的测试开始进一步加速,并且实现了对相关系统的应用。

1980—1990 年:RFID 技术和相关产品被开发并且应用在市场中,并且出现了多个领域的运用。

1990—2000 年:人们开始对 RFID 的标准化问题给予重视,并且在生活的多个领域可以见到 RFID 系统的身影。

2000 年后:人们普遍认识到标准化问题的重要意义,RFID 产品的种类进一步丰富发展,无论是有源、无源还是半有源电子标签都开始发展起来,相关生产成本进一步下降,应用领域逐渐增加。

2020 年,射频电路是广泛应用于无线通信中的集成电路,上至卫星通信,下至手机、WiFi、共享单车,处处都有射频电路的身影。设计是射频产业链的源头,射频电子设计自动化(EDA)软件是射频电路设计的使能端,也是射频产业的重要基石。

RFID 的技术理论得到了进一步的丰富和发展,人们研发单芯片电子标签、多电子标签识读、无线可读可写、适应高速移动物体的 RFID 技术不断发展,并且相关产品也走入我们的生活,并开始广泛应用。

(2) 工作原理。

RFID 技术的基本工作原理并不复杂。标签进入阅读器后,接收阅读器发出的射频信号,凭借感应电流所获得的能量发送出存储在芯片中的产品信息(Passive Tag,无源标签或被动标签),或者由标签主动发送某一频率的信号(Active Tag,有源标签或主动标签),阅读器读取信息并解码后,送至中央信息系统进行有关数据处理。

一套完整的 RFID 系统,是由阅读器与电子标签也就是所谓的应答器及应用软件系统三个部分所组成,其工作原理是阅读器(Reader)发射一特定频率的无线电波能量,用以驱动电路将内部的数据送出,此时 Reader 便依序接收解读数据,送给应用程序做相应的处理。以 RFID 卡片阅读器及电子标签之间的通信及能量感应方式来看大致上可以分成:感应耦合及后向散射耦合两种。一般低频的 RFID 大都采用第一种方式,而较高频大多采用第二种方式。阅读器根据使用的结构和技术不同可以是读或读/写装置,是 RFID 系统信息控制和处理中心。阅读器通常由耦合模块、收发模块、控制模块和接口单元组成。阅读器和标签之间一般采用半双工通信方式进行信息交换,同时阅读器通过耦合给无源标签提供能量和时序。在实际应用中,可进一步通过 Ethernet 或 WLAN 等实现对物体识别信息的采集、处理及远程传送等管理功能。

(3) 组成部分。

① 阅读器。阅读器是将标签中的信息读出,或将标签所需要存储的信息写入标签的装置。根据使用的结构和技术不同,阅读器可以是读/写装置,是 RFID 系统信息控制和处理中心。在 RFID 系统工作时,由阅读器在一个区域内发送射频能量形成电磁场,区域的大小取决于发射功率。在阅读器覆盖区域内的标签被触发,发送存储在其中的数据,或根据阅读器的指令修改存储在其中的数据,并能通过接口与计算机网络进行通信。阅读器的基本构成通常包括:收发天线、频率产生器、锁相环、调制电路、微处理器、存储器、解调电路和外设接口组成。

收发天线:发送射频信号给标签,并接收标签返回的响应信号及标签信息。

频率产生器:产生系统的工作频率。

锁相环:产生所需的载波信号。

调制电路:把发送至标签的信号加载到载波并由射频电路送出。

微处理器:产生要发送往标签的信号,同时对标签返回的信号进行译码,并把译码所得的数据回传给应用程序,若是加密的系统还需要进行解密操作。

存储器:存储用户程序和数据。

解调电路:解调标签返回的信号,并交给微处理器处理。

外设接口:与计算机进行通信。

② 电子标签。电子标签由收发天线、AC/DC 电路、解调电路、逻辑控制电路、存储器和调制电路组成。

收发天线：接收来自阅读器的信号，并把所要求的数据送回给阅读器。

AC/DC 电路：利用阅读器发射的电磁场能量，经稳压电路输出为其他电路提供稳定的电源。

解调电路：从接收的信号中去除载波，解调出原信号。

逻辑控制电路：对来自阅读器的信号进行译码，并依阅读器的要求回发信号。

存储器：作为系统运作及存放识别数据的位置。

调制电路：逻辑控制电路所送出的数据经调制电路后加载到天线送给阅读器。

（4）分类。

射频识别技术依据其标签的供电方式可分为三类，即无源 RFID，有源 RFID，与半有源 RFID。

① 无源 RFID。在三类 RFID 产品中，无源 RFID 出现时间最早，最成熟，其应用也最为广泛。在无源 RFID 中，电子标签通过接受射频识别阅读器传输来的微波信号，以及通过电磁感应线圈获取能量来对自身短暂供电，从而完成此次信息交换。因为省去了供电系统，所以无源 RFID 产品的体积可以达到厘米量级甚至更小，而且自身结构简单，成本低，故障率低，使用寿命较长。但作为代价，无源 RFID 的有效识别距离通常较短，一般用于近距离的接触式识别。无源 RFID 主要工作在较低频段 125 kHz、13.56 MHz 等，其典型应用包括公交卡、二代身份证、食堂餐卡等。

② 有源 RFID。有源 RFID 兴起的时间不长，但已在各个领域，尤其是在高速公路电子不停车收费系统中发挥着不可或缺的作用。有源 RFID 通过外接电源供电，主动向射频识别阅读器发送信号。其体积相对较大。但也因此拥有了较长的传输距离与较高的传输速度。一个典型的有源 RFID 标签能在百米之外与射频识别阅读器建立联系，读取率可达 1 700 read/sec。有源 RFID 主要工作在 900 MHz、2.45 GHz、5.8 GHz 等较高频段，且具有可以同时识别多个标签的功能。有源 RFID 的远距性、高效性，使得它在一些需要高性能、大范围的射频识别应用场合里必不可少。

③ 半有源 RFID。无源 RFID 自身不供电，但有效识别距离太短。有源 RFID 识别距离足够长，但需外接电源，体积较大。而半有源 RFID 就是为这一矛盾而妥协的产物。半有源 RFID 又叫做低频激活触发技术。在通常情况下，半有源 RFID 产品处于休眠状态，仅对标签中保持数据的部分进行供电，因此耗电量较小，可维持较长时间。当标签进入射频识别阅读器识别范围后，阅读器实现 125 kHz 低频信号在小范围内精确激活标签使之进入工作状态，再通过 2.4 GHz

微波与其进行信息传递。也即是说,先利用低频信号精确定位,再利用高频信号快速传输数据。其通常应用场景为:在一个高频信号所能所覆盖的大范围中,在不同位置安置多个低频阅读器用于激活半有源 RFID 产品。这样既完成了定位,又实现了信息的采集与传递。

（5）特点。

通常来说,射频识别技术具有如下特性:

适用性。RFID 技术依靠电磁波,并不需要连接双方的物理接触。这使得它能够无视尘、雾、塑料、纸张、木材以及各种障碍物建立连接,直接完成通信。

高效性。RFID 系统的读写速度极快,一次典型的 RFID 传输过程通常不到100 毫秒。高频段的 RFID 阅读器甚至可以同时识别、读取多个标签的内容,极大地提高了信息传输效率。

独一性。每个 RFID 标签都是独一无二的,通过 RFID 标签与产品的一一对应关系,可以清楚跟踪每一件产品的后续流通情况。

简易性。RFID 标签结构简单,识别速率高、所需读取设备简单。尤其是随着 NFC 技术在智能手机上逐渐普及,每个用户的手机都将成为最简单的 RFID阅读器。

（6）优缺点。

① 优势。

射频识别技术能够被广泛应用到多个产业和领域,必然有其"过人之处"。就其外在表现形式来讲,射频识别技术的载体一般都是要具有防水、防磁、耐高温等特点,保证射频识别技术在应用时具有稳定性。就其使用来讲,射频识别在实时更新资料、存储信息量、使用寿命、工作效率、安全性等方面都具有优势。射频识别能够在减少人力、物力、财力的前提下,更便利的更新现有的资料,使工作更加便捷;射频识别技术依据电脑等对信息进行存储,最大可达数兆字节,可存储信息量大,保证工作的顺利进行;射频识别技术的使用寿命长,只要工作人员在使用时注意保护,它就可以进行重复使用;射频识别技术改变了从前对信息处理的不便捷,实现了多目标同时被识别,大大提高了工作效率;而射频识别同时设有密码保护,不易被伪造,安全性较高。与射频识别技术相类似的技术是传统的条形码技术,传统的条形码技术在更新资料、存储信息量、使用寿命、工作效率、安全性等方面都较射频识别技术差,不能够很好地适应我国当前社会发展的需求,也难以满足产业以及相关领域的需要。

② 缺点。

技术成熟度不够。RFID 技术出现时间较短,在技术上还不是非常成熟。由于超高频 RFID 电子标签具有反向反射性特点,使得其在金属、液体等商品中应用比较困难。

成本高。RFID 电子标签相对于普通条码标签价格较高,为普通条码标签的几十倍,如果使用量大的话,就会造成成本太高,在很大程度上降低了市场使用 RFID 技术的积极性。

安全性不够强。RFID 技术面临的安全性问题主要表现为 RFID 电子标签信息被非法读取和恶意篡改。

(7)应用领域。

物流。物流仓储是 RFID 最有潜力的应用领域之一,UPS、DHL、Fedex 等国际物流巨头都在积极实验 RFID 技术,以期在将来大规模应用于提升其物流能力。可应用的过程包括:物流过程中的货物追踪、信息自动采集、仓储管理应用、港口应用、邮政包裹、快递等。

交通。出租车管理、公交车枢纽管理、铁路机车识别等,已有不少较为成功的案例。

身份识别。RFID 技术由于具有快速读取与难伪造性,所以被广泛应用于个人的身份识别证件中。如开展的电子护照项目、我国的第二代身份证、学生证等其他各种电子证件。

防伪。RFID 具有很难伪造的特性,但是如何应用于防伪还需要政府和企业的积极推广。可以应用的领域包括贵重物品(烟、酒、药品)的防伪和票证的防伪等。

资产管理。可应用于各类资产的管理,包括贵重物品、数量大相似性高的物品或危险品等。随着标签价格的降低,RFID 几乎可以管理所有的物品。

食品。可应用于水果、蔬菜、生鲜、食品等管理。该领域的应用需要在标签的设计及应用模式上有所创新。

信息统计。射频识别技术的运用,信息统计就变成了一件既简单又快速的工作。由档案信息化管理平台的查询软件传出统计清查信号,阅读器迅速读取馆藏档案的数据信息和相关储位信息,并智能返回所获取的信息和中心信息库内的信息进行校对。如针对无法匹配的档案,由管理者用阅读器展开现场核实,调整系统信息和现场信息,进而完成信息统计工作。

查阅应用。在查询档案信息时,档案管理者借助查询管理平台找出档号,系统按照档号在中心信息库内读取数据资料,核实后,传出档案出库信号,储位管理平台的档案智能识别功能模块会结合档号对应相关储位编号,找出该档案保存的具体部位。管理者传出档案出库信号后,储位点上的指示灯立即亮起。资料出库时,射频识别阅读器将获取的信息反馈至管理平台,管理者再次核实,对出库档案和所查档案核查相同后出库。而且,系统将记录信息出库时间。若反馈档案和查询档案不相符,安全管理平台内的警报模块就会传输异常预警。

安全控制。安全控制系统能实现对档案馆的及时监控和异常报警等功能,以避免档案被毁、失窃等。档案在被借阅归还时,特别是实物档案,常常用作展览、评价检查等,管理者对归还的档案仔细检查,并和档案借出以前的信息核实,能及时发现档案是否受损、缺失等。

(8)发展趋势。

随着标准的制定、应用领域的广泛、应用数量的增加、工艺的不断提高、技术的飞速进步(如在图书方面,在封面或版权页上用导电油墨直接在印制射频识别天线),其成本会更低;其次识别距离更远,即使是无源射频识别标签也能达到几十米;体积也将更小。

高频化。超高频射频识别系统与低频系统相比,具有识别距离远、数据交换速度更快、伪造难度更高、对外界的抗干扰能力更强、体积小巧,且随着制造成本的降低和高频技术的进一步完善,超高频系统的应用将会更加广泛。

网络化。部分应用场合需要将不同系统(或多个阅读器)所采集的数据进行统一处理,然后提供给用户使用,如我们使用二代身份证在自动取票机取火车票,这就需要将射频识别系统网络化管理,来实现系统的远程控制与管理。

多能化。随着移动计算技术的不断提高和普及,射频识别阅读器设计与制造的发展趋势是将向多功能、多接口、多制式,并向模块化、小型化、便携式、嵌入式方向发展;同时,多阅读器协调与组网技术将成为未来发展方向之一。

3.卫星导航

卫星导航(Satellite Navigation)是指采用导航卫星对地面、海洋、空中和空间用户进行导航定位的技术。常见的 GPS 导航,北斗星导航等均为卫星导航。采用导航卫星对地面、海洋、空中和空间用户进行导航定位的技术。利用太阳、月球和其他自然天体导航已有数千年历史,由人造天体导航的设想虽然早在 19 世纪后半期就有人提出,但直到 20 世纪 60 年代才开始实现。1964 年美国建成"子午仪"卫星导航系统,并交付海军使用,1967 年开始民用。1973 年又开始研制"导航星"全球定位系统。苏联也建立了类似的卫星导航系统。法国、日本、中国也开展了卫星导航的研究和试验工作。卫星导航综合了传统导航系统的优点,真正实现了各种天气条件下全球高精度被动式导航定位。特别是时间测距卫星导航系统,不但能提供全球和近地空间连续立体覆盖、高精度三维定位和测速,而且抗干扰能力强。

(1)组成部分。

卫星导航系统由导航卫星、地面台站和用户定位设备三个部分组成。

导航卫星。卫星导航系统的空间部分,由多颗导航卫星构成空间导航网。

地面台站。跟踪、测量和预报卫星轨道并对卫星上设备工作进行控制管理,通常包括跟踪站、遥测站、计算中心、注入站及时间统一系统等部分。跟踪站用于跟踪和测量卫星的位置坐标。遥测站接收卫星发来的遥测数据,以供地面监视和分析卫星上设备的工作情况。计算中心根据这些信息计算卫星的轨道,预报下一段时间内的轨道参数,确定需要传输给卫星的导航信息,并由注入站向卫星发送。

用户定位设备。通常由接收机、定时器、数据预处理器、计算机和显示器等组成。它接收卫星发来的微弱信号,从中解调并译出卫星轨道参数和定时信息等,同时测出导航参数(距离、距离差和距离变化率等),再由计算机算出用户的位置坐标(二维坐标或三维坐标)和速度矢量分量。用户定位设备分为船载、机载、车载和单人背负等多种类型。

(2)主要原理。

卫星导航按测量导航参数的几何定位原理分为测角、时间测距、多普勒测速和组合法等系统,其中测角法和组合法因精度较低等原因没有实际应用。

多普勒测速定位:"子午仪"卫星导航系统采取这种方法。用户定位设备根据从导航卫星上接收到的信号频率与卫星上发送的信号频率之间的多普勒频移测得多普勒频移曲线,根据这个曲线和卫星轨道参数即可算出用户的位置。

时间测距导航定位:全球定位系统采用这种体制。用户接收设备精确测量由系统中不在同一平面的 4 颗卫星(为保证结果独一,4 颗卫星不能在同一平面)发来信号的传播时间,然后完成一组包括 4 个方程式的模型数学运算,就可算出用户位置的三维坐标以及用户钟与系统时间的误差。

用户利用导航卫星所测得的自身地理位置坐标与其真实的地理位置坐标之差称为定位误差,它是卫星导航系统最重要的性能指标。定位精度主要决定于轨道预报精度、导航参数测量精度及其几何放大系数和用户动态特性测量精度。轨道预报精度主要受地球引力场模型影响和其他轨道摄动力影响;导航参数测量精度主要受卫星和用户设备性能、信号在电离层、对流层折射和多路径等误差因素影响,它的几何放大系数由定位期间卫星与用户位置之间的几何关系图形决定;用户的动态特性测量精度是指用户在定位期间的航向、航速和天线高度测量精度。

(3)导航分类。

导航定位分二维和三维。二维定位只能确定用户在当地水平面内的经、纬度坐标;三维定位还能给出高度坐标。多普勒导航卫星的均方定位精度在静态时为 20~50 米(双频)及 80~400 米(单频)。在动态时,受航速等误差影响较大,定位精度会降低。时间测距导航卫星的三维定位精度可达十几米,粗定位精度 100 米左右,测速精度优于 0.1 米/秒,授时精度优于 1 微秒。

① 北斗导航

北斗卫星导航系统是中国自行研制的全球卫星定位与通信系统(BDS),是继美国全球定位系统(GPS)和俄罗斯 GLONASS 之后第三个成熟的卫星导航系统。系统由空间端、地面端和用户端组成,可在全球范围内全天候、全天时为各类用户提供高精度、高可靠定位、导航、授时服务,并具短报文通信能力,已经初步具备区域导航、定位和授时能力,定位精度优于 20m,授时精度优于 100ns。2012 年 12 月 27 日,北斗系统空间信号接口控制文件正式版正式公布,北斗导航业务正式对亚太地区提供无源定位、导航、授时服务。

② GPS 导航

GPS 是英文 Global Positioning System(全球定位系统)的简称。GPS 起始于 1958 年美国军方的一个项目,1964 年投入使用。20 世纪 70 年代,美国陆海空三军联合研制了新一代卫星定位系统 GPS。主要目的是为陆海空三大领域提供实时、全天候和全球性的导航服务,并用于情报收集、核爆监测和应急通信等一些军事目的,经过 20 余年的研究实验,耗资 300 亿美元,到 1994 年,全球覆盖率高达 98% 的 24 颗 GPS 卫星已布设完成。在机械领域 GPS 则有另外一种含义:产品几何技术规范(Geometrical Product Specifications)一简称 GPS。另外一种解释为 G/s(GB per s)

北斗系统与 GPS 定位系统原理是大体一致的,用的是无源定位,但是细节上有差异。GPS 是全球定位,北斗是区域定位;GPS 是接收端根据接收到的信号计算位置。

坐标系不同,GPS 为 GS84,北斗系统为 2000 中国大地坐标系。这两个坐标系是可以转换的,只是标准不同。

北斗系统还具有短信通信功能一次可传送多达 120 个汉字的讯息。在没有电信地面基站的地方,通过它就可以实现发短信。

北斗卫星导航三号系统卫星数为 35 颗,比 GPS 多,因此未来定位导航精度有保障。北斗系统拥有更多的地球同步轨道卫星。

(4) 发展趋势。

北斗系统是实现全球连续、实时、高精度导航,降低用户设备价格,建立导航与通信、海空交通管制、授时、搜索营救、大地测量及气象服务等多用途的综合卫星系统。

① 政策催动千亿产值

北斗卫星导航系统是中国自行研制的全球卫星定位与通信系统(CNSS),是继美国全球定位系统(GPS)和俄罗斯 GLONASS 之后第三个成熟的卫星导航系

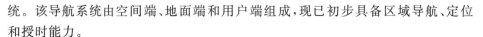

统。该导航系统由空间端、地面端和用户端组成,现已初步具备区域导航、定位和授时能力。

②将打破 GPS 的垄断

长期以来,我国在导航领域的关键技术与产量上均落后,使 GPS 在我国几乎处于垄断地位。数据显示,GPS 国内市场份额超过 95%,在电力传输、通信、金融等领域,严重依赖 GPS 提供的精准时间。

在北斗卫星导航产业投资标的的选择上,可遵循两条投资思路:一是产业链上游的卫星导航系统建设,即北斗卫星制造、卫星芯片及卫星运营与系统集成;二是产业链的下游,即北斗卫星导航面向大众消费者的导航设备,包括手持、车载导航仪以及相关的应用软件。

中国正在积极实施北斗卫星导航系统建设工作,其目标是:建成独立自主、开放兼容、技术先进、稳定可靠的覆盖全球的北斗卫星导航系统,促进卫星导航产业链形成,形成完善的国家卫星导航应用产业支撑、推广和保障体系,推动卫星导航在国民经济和社会各行业的广泛应用。

北斗卫星导航系统将提供高质量的卫星导航服务,包括开放和授权两种服务类型。开放服务将面向大众用户免费提供高可靠性的定位、测速和授时服务,定位精度 10 米,测速精度 0.2 米/秒,授时精度 10 纳秒;授权服务面向专业用户提供更高精度的定位、测速、授时、短报文通信、差分服务以及系统完好性信息服务。同时,将推广卫星导航在各行业的广泛应用,特别是建立和完善中国卫星导航产业支撑、保障与推广体系,促进卫星导航产业的发展,促进卫星导航在国民经济和社会各领域的广泛应用。为使北斗卫星导航系统更好地为全球服务,推动世界卫星导航系统的发展,北斗系统将与世界各卫星导航系统开展合作与交流,积极探讨在导航标准制定、科学研究、应用发展、兼容与互操作和系统完好性等方面的合作。

4. 物联网

物联网(Internet of Things,简称 IoT)是指通过各种信息传感器、射频识别技术、全球定位系统、红外感应器、激光扫描器等各种装置与技术,实时采集任何需要监控、连接、互动的物体或过程,采集其声、光、热、电、力学、化学、生物、位置等各种需要的信息,通过各类可能的网络接入,实现物与物、物与人的泛在连接,实现对物品和过程的智能化感知、识别和管理。物联网是一个基于互联网、传统电信网等的信息承载体,它让所有能够被独立寻址的普通物理对象形成互联互通的网络。

物联网(IoT ,Internet of Things)即"万物相连的互联网",是互联网基础上的延伸和扩展的网络,将各种信息传感设备与网络结合起来而形成的一个巨大网络,实现任何时间、任何地点,人、机、物的互联互通。物联网是新一代信息技术的重要组成部分,IT 行业又叫:泛互联,意指物物相连,万物万联。由此,"物联网就是物物相连的互联网"。这有两层意思:第一,物联网的核心和基础仍然是互联网,是在互联网基础上的延伸和扩展的网络;第二,其用户端延伸和扩展到了任何物品与物品之间,进行信息交换和通信。因此,物联网的定义是通过射频识别、红外感应器、全球定位系统、激光扫描器等信息传感设备,按约定的协议,把任何物品与互联网相连接,进行信息交换和通信,以实现对物品的智能化识别、定位、跟踪、监控和管理的一种网络。

(1)发展历程。

物联网概念最早出现于比尔·盖茨 1995 年《未来之路》一书,在《未来之路》中,比尔·盖茨已经提及物联网概念,只是当时受限于无线网络、硬件及传感设备的发展,并未引起世人的重视。

1998 年,美国麻省理工学院创造性地提出了当时被称作 EPC 系统的"物联网"的构想。

1999 年,美国 Auto-ID 首先提出"物联网"的概念,主要是建立在物品编码、RFID 技术和互联网的基础上。过去在中国,物联网被称之为传感网。中科院早在 1999 年就启动了传感网的研究,并已取得了一些科研成果,建立了一些适用的传感网。同年,在美国召开的移动计算和网络国际会议提出了,"传感网是下一个世纪人类面临的又一个发展机遇"。

2003 年,美国《技术评论》提出传感网络技术将是未来改变人们生活的十大技术之首。

2005 年 11 月 17 日,在突尼斯举行的信息社会世界峰会(WSIS)上,国际电信联盟(ITU)发布了《ITU 互联网报告 2005:物联网》,正式提出了"物联网"的概念。报告指出,无所不在的"物联网"通信时代即将来临,世界上所有的物体从轮胎到牙刷、从房屋到纸巾都可以通过因特网主动进行交换。射频识别技术(RFID)、传感器技术、纳米技术、智能嵌入技术将得到更加广泛的应用和关注。

2021 年 7 月 13 日,中国互联网协会发布了《中国互联网发展报告(2021)》,物联网市场规模达 1.7 万亿元,人工智能市场规模达 3 031 亿元。

2021 年 9 月,工信部等八部门印发《物联网新型基础设施建设三年行动计划(2021—2023 年)》,明确到 2023 年底,在国内主要城市初步建成物联网新型基础设施,社会现代化治理、产业数字化转型和民生消费升级的基础更加稳固。

(2)特征。

物联网的基本特征从通信对象和过程来看,物与物、人与物之间的信息交互是物联网的核心。物联网的基本特征可概括为整体感知、可靠传输和智能处理。

整体感知。可以利用射频识别、二维码、智能传感器等感知设备感知获取物体的各类信息。

可靠传输。通过对互联网、无线网络的融合,将物体的信息实时、准确地传送,以便信息交流、分享。

智能处理。使用各种智能技术,对感知和传送到的数据、信息进行分析处理,实现监测与控制的智能化。根据物联网的以上特征,结合信息科学的观点,围绕信息的流动过程,可以归纳出物联网处理信息的功能:

获取信息的功能。主要是信息的感知、识别。信息的感知是指对事物属性状态及其变化方式的知觉和敏感;信息的识别指能把所感受到的事物状态用一定方式表示出来。

传送信息的功能。主要是信息发送、传输、接收等环节,最后把获取的事物状态信息及其变化的方式从时间(或空间)上的一点传送到另一点的任务,这就是常说的通信过程。

处理信息的功能。是指信息的加工过程,利用已有的信息或感知的信息产生新的信息,实际是制定决策的过程。

施效信息的功能。指信息最终发挥效用的过程,有很多的表现形式,比较重要的是通过调节对象事物的状态及其变换方式,始终使对象处于预先设计的状态。

(3) 关键技术。

① 射频识别技术。

谈到物联网,就不得不提到物联网发展中备受关注的射频识别技术(Radio Frequency Identification,简称 RFID)。RFID 是一种简单的无线系统,由一个询问器(或阅读器)和很多应答器(或标签)组成。标签由耦合元件及芯片组成,每个标签具有扩展词条唯一的电子编码,附着在物体上标识目标对象,它通过天线将射频信息传递给阅读器,阅读器就是读取信息的设备。RFID 技术让物品能够"开口说话"。这就赋予了物联网一个特性,即可跟踪性。就是说人们可以随时掌握物品的准确位置及其周边环境。据 Sanford C. Bernstein 公司的零售业分析师估计,关于物联网 RFID 带来的这一特性,可使沃尔玛每年节省 83.5 亿美元,其中大部分是因为不需要人工查看进货的条码而节省的劳动力成本。RFID 帮助零售业解决了商品断货和损耗(因盗窃和供应链被搅乱而损失的产品)两大难题,仅盗窃一项,沃尔玛一年的损失就达近 20 亿美元。

② 传感网。

MEMS 是微机电系统(Micro-Electro-Mechanical Systems)的英文缩写。

它是由微传感器、微执行器、信号处理和控制电路、通信接口和电源等部件组成的一体化的微型器件系统。其目标是把信息的获取、处理和执行集成在一起,组成具有多功能的微型系统,集成于大尺寸系统中,从而大幅度地提高系统的自动化、智能化和可靠性水平。它是比较通用的传感器。因为 MEMS,赋予了普通物体新的生命,它们有了属于自己的数据传输通路、有了存储功能、操作系统和专门的应用程序,从而形成一个庞大的传感网。这让物联网能够通过物品来实现对人的监控与保护。遇到酒后驾车的情况,如果在汽车和汽车点火钥匙上都植入微型感应器,那么当喝了酒的司机掏出汽车钥匙时,钥匙能透过气味感应器察觉到一股酒气,就通过无线信号立即通知汽车"暂停发动",汽车便会处于休息状态。同时"命令"司机的手机给他的亲朋好友发短信,告知司机所在位置,提醒亲友尽快来处理。不仅如此,未来衣服可以"告诉"洗衣机放多少水和洗衣粉最经济;文件夹会"检查"我们忘带了什么重要文件;食品蔬菜的标签会向顾客的手机介绍"自己"是否真正"绿色安全"。这就是物联网世界中被"物"化的结果。

③ M2M 系统框架。

M2M 是 Machine-to-Machine 的简称,是一种以机器终端智能交互为核心的、网络化的应用与服务。它将使对象实现智能化的控制。M2M 技术涉及 5 个重要的技术部分:机器、M2M 硬件、通信网络、中间件、应用。基于云计算平台和智能网络,可以依据传感器网络获取的数据进行决策,改变对象的行为进行控制和反馈。拿智能停车场来说,当该车辆驶入或离开天线通信区时,天线以微波通信的方式与电子识别卡进行双向数据交换,从电子车卡上读取车辆的相关信息,在司机卡上读取司机的相关信息,自动识别电子车卡和司机卡,并判断车卡是否有效和司机卡的合法性,核对车道控制电脑显示与该电子车卡和司机卡一一对应的车牌号码及驾驶员等资料信息;车道控制电脑自动将通过时间、车辆和驾驶员的有关信息存入数据库中,车道控制电脑根据读到的数据判断是正常卡、未授权卡、无卡还是非法卡,据此做出相应的回应和提示。另外,家中老人戴上智能传感器的手表,在外地的子女可以随时通过手机查询父母的血压、心跳是否稳定;智能化的住宅在主人上班时,传感器自动关闭水电气和门窗,定时向主人的手机发送消息,汇报安全情况。

④ 云计算。

云计算旨在通过网络把多个成本相对较低的计算实体整合成一个具有强大计算能力的完美系统,并借助先进的商业模式让终端用户可以得到这些强大计算能力的服务。如果将计算能力比作发电能力,那么从古老的单机发电模式转向现代电厂集中供电的模式,就好比大家习惯的单机计算模式转向云计算模式,而"云"就好比发电厂,具有单机所不能比拟的强大计算能力。这意味着计算能力也可以作为一种商品进行流通,就像煤气、水、电一样,取用方便、费用低廉,以至于用户无须自己配备。与电力是通过电网传输不同,计算能力是通过各种有线、无线网络传输的。因此,云计算的一个核心理念就是通过不断提高"云"的处理能力,不断减少用户终端的处理负担,最终使其简化成一个单纯的输入输出设备,并能按需享受"云"强大的计算处理能力。物联网感知层获取大量数据信息,在经过网络层传输以后,放到一个标准平台上,再利用高性能的云计算对其进行处理,赋予这些数据智能,才能最终转换成对终端用户有用的信息。

（4）应用。

物联网的应用领域涉及方方面面,在工业、农业、环境、交通、物流、安保等基础设施领域的应用,有效地推动了这些方面的智能化发展,使得有限的资源更加合理的使用分配,从而提高了行业效率、效益。在家居、医疗健康、教育、金融与服务业、旅游业等与生活息息相关的领域的应用,从服务范围、服务方式到服务的质量等方面都有了极大的改进,大大地提高了人们的生活质量;在涉及国防军事领域方面,虽然还处在研究探索阶段,但物联网应用带来的影响也不可小觑,大到卫星、导弹、飞机、潜艇等装备系统,小到单兵作战装备,物联网技术的嵌入有效提升了军事智能化、信息化、精准化,极大提升了军事战斗力,是未来军事变革的关键。

① 智能交通。

物联网技术在道路交通方面的应用比较成熟。随着社会车辆越来越普及,交通拥堵甚至瘫痪已成为城市的一大问题。对道路交通状况实时监控并将信息及时传递给驾驶人,让驾驶人及时作出出行调整,有效缓解了交通压力;高速路口设置道路自动收费系统(简称 ETC),免去进出口取卡、还卡的时间,提升车辆的通行效率;公交车上安装定位系统,能及时了解公交车行驶路线及到站时间,乘客可以根据搭乘路线确定出行,免去不必要的时间浪费。社会车辆增多,除了会带来交通压力外,停车难也日益成为一个突出问题,不少城市推出了智慧路边停车管理系统,该系统基于云计算平台,结合物联网技术与移动支付技术,共享车位资源,提高车位利用率和用户的方便程度。该系统可以兼容手机模式和射频识别模式,通过手机端 App 软件可以实现及时了解车位信息、车位位置,提前做好预定并实现交费等等操作,很大程度上解决了"停车难、难停车"的问题。

② 智能家居。

智能家居就是物联网在家庭中的基础应用,随着宽带业务的普及,智能家居产品涉及方方面面。家中无人,可利用手机等产品客户端远程操作智能空调,调节室温,甚者还可以学习用户的使用习惯,从而实现全自动的温控操作,使用户在炎炎夏季回家就能享受到冰爽带来的惬意;通过客户端实现智能灯泡的开关、调控灯泡的亮度和颜色等等;插座内置 Wi-Fi,可实现遥控插座定时通断电流,甚至可以监测设备用电情况,生成用电图表让你对用电情况一目了然,安排资源使用及开支预算;智能体重秤,监测运动效果。内置可以监测血压、脂肪量的先进传感器,内定程序根据身体状态提出健康建议;智能牙刷与客户端相连,供刷牙时间、刷牙位置提醒,可根据刷牙的数据生产图表,口腔的健康状况;智能摄像头、窗户传感器、智能门铃、烟雾探测器、智能报警器等都是家庭不可少的安全监控设备,你及时出门在外,以在任意时间、地方查看家中任何一角的实时状况,任何安全隐患。看似烦琐的种种家居生活因为物联网变得更加轻松、美好。

③ 公共安全。

近年来全球气候异常情况频发,灾害的突发性和危害性进一步加大,互联网可以实时监测环境的不安全性情况,提前预防、实时预警、及时采取应对措施,降低灾害对人类生命财产的威胁。美国布法罗大学早在 2013 年就提出研究深海互联网项目,通过特殊处理的感应装置置于深海处,分析水下相关情况,海洋污染的防治、海底资源的探测、甚至对海啸也可以提供更加可靠的预警。该项目在当地湖水中进行试验,获得成功,为进一步扩大使用范围提供了基础。利用物联网技术可以智能感知大气、土壤、森林、水资源等方面各指标数据,对于改善人类生活环境发挥巨大作用。

(5)挑战。

虽然物联网近年来的发展已经渐成规模,各国都投入了巨大的人力、物力、财力来进行研究和开发。但是在技术、管理、成本、政策、安全等方面仍然存在许多需要攻克的难题,具体分析如下:

① 技术标准的统一与协调。

传统互联网的标准并不适合物联网。物联网感知层的数据多源异构,不同的设备有不同的接口,不同的技术标准;网络层、应用层也由于使用的网络类型不同、行业的应用方向不同而存在不同的网络协议和体系结构。建立的统一的物联网体系架构,统一的技术标准是物联网正在面对的难题。

② 管理平台问题。

物联网自身就是一个复杂的网络体系,加之应用领域遍及各行各业,不可避免地存在很大的交叉性。如果这个网络体系没有一个专门的综合平台对信息进行分类管理,就会出现大量信息冗余、重复工作、重复建设造成资源浪费的状况。每个行业的应用各自独立,成本高、效率低,体现不出物联网的优势,势必会影响物联网的推广。物联网现急需要一个能整合各行业资源的统一管理平台,使其能形成一个完整的产业链模式。

③ 成本问题。

各国对物联网都积极支持,在看似百花齐放的背后,能够真正投入并大规模使用的物联网项目少之又少。譬如,实现 RFID 技术最基本的电子标签及读卡器,其成本价格一直无法达到企业的预期,性价比不高;传感网络是一种多跳自组织网络,极易遭到环境因素或人为因素的破坏,若要保证网络通畅,并能实时安全传送可靠信息,网络的维护成本高。在成本没有达到普遍可以接受的范围内,物联网的发展只能是空谈。

④ 安全性问题。

传统的互联网发展成熟、应用广泛,尚存在安全漏洞。物联网作为新兴产物,体系结构更复杂、没有统一标准,各方面的安全问题更加突出。其关键实现技术是传感网络,传感器暴露的自然环境下,特别是一些放置在恶劣环境中的传感器,如何长期维持网络的完整性对传感技术提出了新的要求,传感网络必须有自愈的功能。这不仅仅受环境因素影响,人为因素的影响更严峻。RFID 是其另一关键实现技术,就是事先将电子标签置入物品中以达到实时监控的状态,这对于部分标签物的所有者势必会造成一些个人隐私的暴露,个人信息的安全性存在问题。不仅仅是个人信息安全,如今企业之间、国家之间合作都相当普遍,一旦网络遭到攻击,后果将更不敢想象。如何在使用物联网的过程做到信息化和安全化的平衡至关重要。

5. 车联网

车联网的内涵主要指:车辆上的车载设备通过无线通信技术,对信息网络平台中的所有车辆动态信息进行有效利用,在车辆运行中提供不同的功能服务。可以发现,车联网表现出以下几点特征:车联网能够为车与车之间的间距提供保障,降低车辆发生碰撞事故的概率;车联网可以帮助车主实时导航,并通过与其他车辆和网络系统的通信,提高交通运行的效率。

车联网的概念源于物联网,即车辆物联网,是以行驶中的车辆为信息感知对象,借助新一代信息通信技术,实现车与 X(车与车、人、路、服务平台)之间的网络连接,提升车辆整体的智能驾驶水平,为用户提供安全、舒适、智能、高效的驾驶感受与交通服务,同时提高交通运行效率,提升社会交通服务的智能化水平。车联网通过新一代信息通信技术,实现车与云平台、车与车、车与路、车与人、车内等全方位网络链接,主要实现了"三网融合",即将车内网、车际网和车载移动互联网进行融合。车联网是利用传感技术感知车辆的状态信息,并借助无线通信网络与现代智能信息处理技术实现交通的智能化管理,以及交通信息服务的智能决策和车辆的智能化控制。

车与云平台间的通信是指车辆通过卫星无线通信或移动蜂窝等无线通信技术实现与车联网服务平台的信息传输,接受平台下达的控制指令,实时共享车辆数据。车与车间的通信是指车辆与车辆之间实现信息交流与信息共享,包括车辆位置、行驶速度等车辆状态信息,可用于判断道路车流状况。车与路间的通信是指借助地面道路固定通信设施实现车辆与道路间的信息交流,用于监测道路路面状况,引导车辆选择最佳行驶路径。车与人间的通信是指用户可以通过Wi-Fi、蓝牙、蜂窝等无线通信手段与车辆进行信息沟通,使用户能通过对应的移动终端设备监测并控制车辆。车内设备间的通信是指车辆内部各设备间的信息数据传输,用于对设备状态的实时检测与运行控制,建立数字化的车内控制系统。

（1）发展历程。

车联网在国外起步较早。在 20 世纪 60 年代,日本就开始研究车间通信。2000 年左右,欧洲和美国也相继启动多个车联网项目,旨在推动车间网联系统的发展。2007 年,欧洲 6 家汽车制造商（包括 BMW 等）成立了 Car2Car 通信联盟,积极推动建立开放的欧洲通信系统标准,实现不同厂家汽车之间的相互沟通。2009 年,日本的 VICS 车机装载率已达到 90%。而在 2010 年,美国交通部发布了《智能交通战略研究计划》,内容包括美国车辆网络技术发展的详细规划和部署。

与国外车联网产业发展相比,我国的车联网技术直至 2009 年才刚刚起步,最初只能实现基本的导航、救援等功能。随着通信技术的发展,2013 年国内汽车网络技术已经能够实现简单的实时通信,如实时导航和实时监控。在 2014－2015 年,3G 和 LTE 技术开始应用于车载通信系统以进行远程控制。2016 年 9 月,华为、奥迪、宝马和戴姆勒等公司合作推出 5G 汽车联盟（5GAA）,并与汽车经销商和科研机构共同开展了一系列汽车网络应用场景。此后至 2017 年底,国家颁布了多项方案,将发展车联网提到了国家创新战略层面。在这期间,人工智能和大数据分析等技术的发展使得车载互联网更加实用,如企业管理和智能物流。此外 ADAS 等技术可以实现与环境信息交互,使得 UBI 业务的发展有了强劲的助推力。未来,依托于人工智能、语音识别和大数据等技术的发展,车联网将与移动互联网结合,为用户提供更具个性化的定制服务。

在 2021 中国互联网大会上发布的《中国互联网发展报告（2021）》指出,中国车联网标准体系建设基本完备,车联网成为汽车工业产业升级的创新驱动力。车联网的装机率大概有三百多万台,市场增长率有 107%,渗透率有 15%。说明整个的车连接到互联网上已经形成了一个非常好的趋势,而且具备了一些规模。

（2）构成。

车辆和车载系统。车辆和车载系统是参与交通的每一辆汽车和车上的各种设备,通过这些传感器设备,车辆不仅可以实时地了解自己的位置、朝向、行驶距离、速度和加速度等车辆信息,还可以通过各种环境传感器感知外界环境的信息,包括温度、湿度、光线、距离等,不仅方便驾驶员及时了解车辆和信息,还可以对外界变化做出及时的反应。此外,这些传感器获取的信息还可以通过无线网络发送给周围的车辆、行人和道路,上传到车联网系统的云计算中心,加强了信息的共享能力。

车辆标识系统。车辆上的若干标志标识和外界的标识识别设备构成了车辆标识系统,其中标志以 RFID 和图像识别系统为主。

路边设备系统。路边设备系统会沿交通路网设置,一般会安装在交通热点地区、交叉路口或者高危险地区,通过采集通过特定地点的车流量,分析不同拥堵段的信息,给予交通参与者避免拥堵的若干建议。

信息通信网络系统。有了若干信息之后,还需要信息通信系统对各种数据的传输,这是网络链路层的重要组成部分,目前车联网的通信系统以 WiFi、移动网络、无线网络、蓝牙网络为主,车联网的大部分网络需求需要和网络运营商合作,以便和用户的手机随时连接。

(3)体系结构。

车联网技术是在交通基础设备日益完善和车辆管理难度不断加大的背景下被提出的,到目前为止仍处于初步的研究探索阶段,但经过多年的发展,当前已基本形成了一套比较稳定的车联网技术体系结构。在车联网体系结构中,主要由三大层次结构组成,按照其层次由高到低分别是应用层、网络层和采集层。

① 应用层。

应用层是车联网的最高层次,可以为联网用户提供各种车辆服务业务,从当前最广泛就业的业务内容来看,主要就是由全球定位系统取得车辆的实时位置数据,然后返回给车联网控制中心服务器,经网络层的处理后进入用户的车辆终端设备,终端设备对定位数据进行相应的分析处理后,可以为用户提供各种导航、通信、监控、定位等应用服务。

② 网络层。

网络层主要功能是提供透明的信息传输服务,即实现对输入输出的数据的汇总、分析、加工和传输,一般由网络服务器以及 WEB 服务组成。GPS 定位信号及车载传感器信号上传到后台服务中心,由服务器对数据进行统计的管理,为每辆车提供相应的业务,同时可以对数据进行联合分析,形成车与车之间的各种关系,成为局部车联网服务业务,为用户群提供高效、准确、及时的数据服务。

③ 采集层。

采集层负责数据的采集,它是由各种车载传感器完成的,包括车辆实时运行参数、道路环境参数以及预测参数等等,例如车速、方向、位置、里程、发动机转速、车内温度等等。所有采集到的数据将会上传到后台服务器进行统一的处理与分析，得到用户所需要的业务数据，为车联网提供可靠的数据支持。

（4）关键技术。

① 射频识别技术。

射频识别（Radio Frequency Identification，RFID）技术是通过无线射频信号实现物体识别的一种技术，具有非接触、双向通信、自动识别等特征，对人体和物体均有较好的效果。RFID不但可以感知物体位置，还能感知物体的移动状态并进行跟踪。RFID定位法目前已广泛应用于智能交通领域，尤其是车联网技术中更是对RFID技术有强烈的依赖，成为车联网体系的基础性技术。RFID技术一般与服务器、数据库、云计算、近距离无线通信等技术结合使用，由大量的RFID通过物联网组成庞大的物体识别体系。

② 传感网络技术。

车辆服务需要大量数据的支持，这些数据的原始来源正是由各类传感器进行采集。不同的传感器或大量的传感器通过采集系统组成一个庞大的数据采集系统，动态采集一切车联网服务所需要的原始数据，例如车辆位置、状态参数、交通信息等。当前传感器已由单个或几个传感器演化为由大量传感器组成的传感器网络，并且通能够根据不同的业务进行处性化定制。为服务器提供数据源，经过分析处理后作为各项业务数据为车辆提供优质服务。

③ 卫星定位技术。

随着全球定位技术的发展，车联网的发展迎来了新的历史机遇，传统的GPS系统成为车联网技术的重要技术基础，为车辆的定位和导航提供了高精度的可靠位置服务，成为车联网的核心业务之一。随着我国北斗导航系统的日益完善并投入使用，车联网技术又有了新的发展方向，并逐步实现向国产化、自主知识产权的时期过渡。北斗导航系统将成为我国车联网体系的核心技术之一，成为车联网核心技术自主研发的重要开端。

④ 无线通信技术。

传感网络采集的少量处理需要通信系统传输到云才能得到及时的处理和分析，分析后的数据也要经过通信网络的传输才能到达车辆终端设备。考虑到车辆的移动特性，车联网技术只能采用无线通信技术来进行数据传输，因此无线通信技术是车联网技术的核心组成部分之一。在各种无线传输技术的支持下，数据可以在服务器的控制下进行交换，实现业务数据的实时传输，并通过指令的传输实现对网内车辆的实时监测和控制。

⑤ 大数据分析技术。

大数据（Big Data）是指借助于计算机技术、互联网，捕捉到数量繁多、结构复杂的数据或信息的集合体。在计算机技术和网络技术的发展推动下,各种大数据处理方法已经开始得到广泛的应用。常见的大数据技术包括信息管理系统、分布式数据库、数据挖掘、类聚分析等,成为不断推动大数据在车联网中应用的强大驱动力。

⑥ 标准及安全体系。

车联网作为一个庞大的物联网应用系统,包含了大量的数据、处理过程和传输节点,其高效运行必须有一套统一的标准体系来规范,从而确保数据的真实性和完整性,完成各项业务的应用。标准化已成为车联网技术发展的迫切要求,也是一项复杂的管理技术。另外,车辆联网和获取服务本身也是为了更好地为车辆安全行驶提供保障,因此安全体系的建立也十分重要。能否根据当前车联网发展情况,建立一套高效的标准和安全体系,已经成为决定未来车联网技术发展的关键因素。

(5) 信息安全。

当前的汽车具备大量外部信息接口:车载诊断系统接口(OBD)、充电控制接口、无线钥匙接口、导航接口、车辆无线通信接口(蓝牙、WiFi、DSRC、2.5G/3G/4G/5G)等,增大了被入侵的风险。此外,汽车也正成为一个安装有大规模软件的信息系统,被称为"软件集成器"。伴随着汽车信息化水平的提高,经由外部实施的网络攻击让汽车控制系统误操作,这种电影中才有的惊险画面,已然成为现实。综合分析最近几年发生的车联网安全事件,车联网信息安全主要存在三大方面的风险:车内网络架构容易遭到信息安全的挑战,无线通信面临更为复杂的安全通信环境,云平台的安全管理中存在更多的潜在攻击接口。

① 车联网服务平台防护策略。

当前车联网服务平台均采用云计算技术,通过现有网络安全防护技术手段进行安全加固,部署有网络防火墙、入侵检测系统、入侵防护系统、Web防火墙等安全设备,覆盖系统、网络、应用等多个层面,并由专业团队运营。车联网服务平台功能逐步强化,已成为集数据采集、功能管控于一体的核心平台,并部署多类安全云服务,强化智能网联汽车安全管理,具体包括:一是设立云端安全检测服务,部分车型通过分析云端交互数据及车端日志数据,检测车载终端是否存在异常行为以及隐私数据是否泄露,进行安全防范。此外,云平台还具备远程删除恶意软件能力;二是完善远程OTA更新功能,加强更新校验和签名认证,适配固件更新和软件更新,在发现安全漏洞时快速更新系统,大幅降低召回成本和漏洞的暴露时间;三是建立车联网证书管理机制,用于智能网联汽车和用户身份验证,为用户加密密钥和登录凭证提供安全管理;四是开展威胁情报共享,在整车厂商、服务提供商及政府机构之间进行安全信息共享,并进行软件升级和漏洞修复。

② 车联网通信防护策略。

车辆控制域和信息服务域采用隔离的方式来加强安全管理。一是网络隔离APN1 和 APN2 之间网络完全隔离,形成两个不同安全等级的安全域,避免越权访问。二是车内系统隔离,车内网的控制单元和非控制单元进行安全隔离,对控制单元实现更强访问控制策略。三是数据隔离,不同安全级别数据的存储设备相互隔离,并防止系统同时访问多个网络,避免数据交叉传播。四是加强网络访问控制,车辆控制域仅可访问可信白名单中的 IP 地址,避免受到攻击者干扰,部分车型对于信息服务域的访问地址也进行了限定,加强网络管控。

③ 数据安全防护策略。

车联网整车厂商对用户数据进行分级保护,对于涉及驾驶员信息、驾驶习惯、车辆信息、位置信息等敏感数据采取较高级别的管理要求,仅被整车厂商签名认可的应用才可读取相关数据,其他非签名认证应用只可读取非敏感数据。敏感数据传输通过 APN1 在车辆控制域中加密传输,避免外泄。加强数据使用限制,部分车企将车联网数据仅作为内部数据使用,用于车辆故障诊断,拒绝与任何第三方企业共享用户数据,尽可能确保用户私密数据安全可控。在车联网数据的隐私和可靠性方面,有机融合区块链和云计算技术是一种缓解矛盾冲突的方法。把整个车联网某一些跟安全密切相关的功能和数据放到区块链上,相对来说重要性不是很高的技术放到云计算平台,利用云计算大量的存储资源保护隐私数据。

(6)应用。

车联网是实现自动驾驶乃至无人驾驶的重要组成部分,也是未来智能交通系统的核心组成部分,将在以下几个方面发挥越来越重要的作用。

车辆安全方面:车联网可以通过提前预警、超速警告、逆行警告、红灯预警、行人预警等相关手段提醒驾驶员,也可通过紧急制动、禁止疲劳驾驶等措施有效降低交通事故的发生率,保障人员及车辆安全。

交通控制方面:将车端和交通信息及时发送到云端,进行智能交通管理,从而实时播报交通及事故情况,缓解交通堵塞,提高道路使用率。

信息服务方面:车联网为企业和个人提供方便快捷的信息服务,例如提供高精度电子地图和准确的道路导航。车企也可以通过收集和分析车辆行驶信息,了解车辆的使用状况和问题,确保用户行车安全。其他企业还可通过相关特定信息服务了解用户需求和兴趣,挖掘盈利点。

智慧城市与智能交通方面:以车联网为通信管理平台可以实现智能交通。例如交通信号灯智能控制、智慧停车、智能停车场管理、交通事故处理、公交车智能调度等方面都可以通过车联网实现。而随着交通的信息化和智能化,必然有助于智慧城市的构建。

（7）发展瓶颈。

① 行业壁垒难打破，政府跨部门合作不深入。

车联网产业是一个涉及多个行业的新兴产业，只有当参与者足够多的时候，才能最大化发挥其网络效应和价值。许多老牌车企拥有行业技术和经验优势，但缺乏互联网思维，对于与科技企业合作持相对保守的态度，既不愿意在车联网竞逐中被落下，也不愿将车联网这一机遇拱手相让于科技企业。而新兴的互联网科技企业，急于踏入车联网领域，虽然掌握着人工智能、大数据分析等技术，但没有最核心的车辆载体和应有的技术积淀。总的来说，车企之间与互联网科技企业之间缺乏广泛的合作和有效的跨行业合作平台。此外，车联网的跨行业和跨领域属性意味着在政策、关键技术、应用模式和标准制定等方面需要多个部门通力合作，共同推进。虽然工信部发布了《智能网络化车辆技术路线图》等一系列指导文件，但是从文件到实施还有很长的路要走。

② 尚未形成成熟的商业模式，企业盈利无法保障。

企业尚未找到成熟的业务运营模式，盈利能力和用户续约率低的问题突出。目前国内的车联网企业利润来源主要是消费者，但又缺乏具有吸引力的产品和服务，用户的黏性普遍较低，这种相对单一的买卖方式和商业运营模式，也无法为用户持续带来附加价值，导致车联网即使受到企业的高度重视，在消费者中的推广仍阻力重重，大多数消费者对于智能网联汽车持观望态度，企业的盈利来源无法得到保障。此外，目前我国虽已开始制定相关规划重视行业发展，但商业模式仍不清晰，主要呈现以汽车厂商为主导的商业模式。这种模式存在很大的弊端：由于我国汽车品牌众多，不同品牌汽车的目标客户群不同且相对固定，难以实现车辆信息系统的广泛应用。同时，每种汽车品牌独立安装 TSP 系统，违背了车联网信息共享实时共通的要求。

③ 基础设施建设滞后，信息安全制约行业发展。

车辆互联网是一项复杂的系统工程，若想实现车与路、车与环境的交互，还需要设置智能交通信号系统、路测的信息采集单元等综合智能交通配套设施，然而我国相应的基础设施建设与美国、日本和欧洲等相比明显滞后。此外，日趋严格的网络信息安全法律法规，促使企业在提供车辆网络服务时更加关注信息安全和跨境数据传输的合规，它对 SaaS 服务和基础设施提供商构成了巨大挑战。

（8）发展趋势。

作为具有新生力量的车联网技术，其未来的发展趋势可能表现在以下几个方面：

① 石油能源短缺的现状与持续增加的车辆尾气排放量，将使人们的生存环

境趋向恶劣。车联网在未来的车辆驾驶中得以应用,将能够以生态作为中心,实现生态出行。

② 能够应用于安全驾驶、协同驾驶以及汽车活动安全等领域。

③ 涉及交通智能化方面。具体表现在:对已经得到确切定位的货物进行位置信息的跟踪,并为货物在供应链与物流链当中提供服务;同时,可以实现对车辆信息的实时传输,通过车辆传感器收集信息,并在云中心实施计算与分类处理,将不同类型的数据分类发放,使不同部门都能够掌握信息数据,通过得到的反馈数据实施交通智能调度。

④ 导航精确化。在灵敏导航系统的运行下,车辆将能够即时获得系统指示,并会依据驾驶员的既往经验对导航路径实施精准计算,以此为驾驶员提供精准的导航指导。

⑤ 整车硬件的联网化。汽车电子电气系统正逐渐向集中式架构体系发展,未来的每一台汽车都将像一台智能手机,对应的也是应用软件、操作系统、芯片层、硬件层。应用软件可以基于唯一的操作系统和计算芯片开发,通过统一集中的 ECU,控制多个硬件。汽车软件控制将更高效,并能像手机一样,实现 OTA 升级,从而实现对控制软件的持续优化,不断改善硬件性能体验。通过这种集中式的电气架构,整车硬件的运转情况就可以通过软件实现远程调校修改。

⑥ 用车服务的线上化。整车数字化时代的车联网,将极大地提高汽车用车服务的质量。线下付费的用车场景都将实现线上化,汽车的实时车况可以通过云端传输给服务商,车况的透明化将助力服务商为用户提供一系列主动式的服务,如代驾、停车场、加油站、违章查询代缴、充电桩收费、上门保养、上门洗车、UBI 保险等等。这时候汽车成为流量出口,服务商有动力推销服务,线上高效快捷的服务体验也将吸引用户,从而大大促进用车服务的效率。

⑦ 车联网功能服务方式的多样化。整车数字化时代,每辆车的所有车况信息都可以在云端对应一个 ID。通过 ID 的统一管理和适配开发,车联网功能将不局限于车机这一个交互渠道,可拓展到手机 App、微信小程序、智能穿戴设备、智能家居设备等多个交互设备,将极大地便利用户的用车体验,延长人车交互的频率和时间,改善交互体验,改善用车体验。另外通过分拆车联网功能,把有些对网速或运算能力要求高的功能分拆至车外如手机 App、智能穿戴设备等(但车机上应有的功能如导航什么的必须要保留),这样就对车载车联网硬件要求降低,从而覆盖更多的低端车型。通过大数据积累自学习,实现千人千面的交互服务方式。

⑧ 助力无人驾驶技术发展。随着整车联网能力的增强,智慧城市基础设施的进一步发展,自动驾驶感知和决策功能将从车上转移至道路基础设施,有助于

单车成本下降,并且能通过区域内集中控制实现所有车辆的自动驾驶,提升交通效率与安全性。自动驾驶功能的商业模式也将有极大的创新应用,因为整车硬件的功能都可以通过云端开启关闭,同一个车型可以拥有一样的硬件,但通过软件限制区分不同的配置,允许用户在购车之后,再通过付费开启车上的硬件功能,使得"免费试用"的模式成为可能。这样既可以实现对消费者的推销,又能反向促进车企提供能足够吸引用户的自动驾驶软件体验。

6. 无线城市

无线城市,就是使用高速宽带无线技术覆盖城市行政区域,向公众提供利用无线终端或无线技术获取信息的服务,提供随时随地接入和速度更快的无线网络,从而使在现有的移动通信网络上不断有新业务、新功能被开发出来,例如用手机看电视、打网络游戏、手机视频聊天、用手机随时召开或参加视频会议、家庭数字网络、无线传输文稿和照片等大文件、无线网络硬盘、移动电子邮件,等等。是城市信息化和现代化的一项基础设施,也是衡量城市运行效率、信息化程度以及竞争水平的重要标志。

无线城市是指利用多种无线接入技术,为整个城市提供随时随地随需的无线网络接入。业内人士则认为,无线城市,首先是一张多层次、全覆盖、具有宽带、泛在、融合特性的信息网络,使得用户根据应用和场景自由切换,随时接入最佳网络,为市民构建一个能够便捷、安全、迅速接入信息世界的通道,它是所有数字化、智慧化信息应用的基础;同时无线城市也是一张融合了互联网、移动互联网和物联网的信息应用平台,通过聚合大量信息内容和应用,能够为市民的购物、出行、学习、教育、保健等方面提供便利,能为企业的开张、销售、宣传、管理等方面提供有力工具,能够为政府的政务公开、监督、城市管理等方面提供有益帮助。

(1)常见应用。

① 无线公共接入。

再也不受线缆和网络接口限制,只要有无线网络信号,随时随地可用便携电脑和手机、PAD上网、浏览新闻、搜索资料、收发邮件、传送文稿和相片等文件。

② 无线视频服务

手机上看电视直播/转播、开视频会议,哪怕在车上也可以;用手机和亲朋好友聊天,既听其声,又见其人;可看到孩子在家里、学校是否安全和遵守纪律。

③ 无线位置服务

一家人去公园,孩子不慎走失,如果其配有无线挂牌,就可以通过无线网络定位功能,立即确定孩子所在位置,免去奔走寻找和广播寻人的焦急;驾车者利

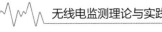

用车载设备联网登入后,无线系统可自动感知汽车是否进入车流密集区域。

④ 无线支付

无线支付有手机支付和无线 POS 支付两大类别。手机支付有中国移动为代表的通过手机近场通信技术完成的支付,但是要首先从银行卡往手机钱包完成充值。所谓无线 POS 机,就是通过无线方式与银行间传送数据,具有交易迅速、安全保密、不受地点限制等特点,堪与有线 POS 相媲美。刷卡交易需要 POS 机和通信网络,传统 POS 系统与银联之间采用固定线路的连接方式,这种方式需要预先铺设线路,系统建设周期长,交易步骤冗繁,费用也比较高,不利于为顾客建立快速优质的刷卡环境。而采用移动 POS 进行交易,则使得刷卡交易不再受到场地、线路铺设的限制,使银行服务能够深入到社区、会场、集市、企业等各类场所,同时还具有快捷、便宜、安全的特点,极大方便了商家和银行,促进了电子支付的发展。

⑤ 无线网络硬盘

有了高速的无线网络,旅游者和新闻工作者不再为数码相机的存储空间有限和照片传递操心。旅游者一旦拍摄完毕,可即时通过无线网络传送到网络硬盘上,只要网络硬盘够大,那么照片数量就可以无限增大;新闻工作者拍摄完毕即可通过网络传送到了编辑部。

另外,无线城市的建设还为政府部门和医疗单位提供了一个对社会突发性事件做出高效协同处理的平台。比如,发生重大火灾、燃气泄漏等重点安全事故时,一方面派遣消防和技术人员火速奔赴现场,另一方面可通过安装在流动汽车上的摄像系统把现场情况还原回城市应急指挥中心,使指挥人员做出直观判断并正确下达救助指令,最大限度降低损失;在危重病人送往医院途中,可通过随身或车载摄像机及各种传感器,及时将伤病人情况及生理数据实时传回医院,为伤病人的抢救赢得宝贵的时间。

(2)发展趋势。

经过近几年的飞速发展,无线城市给城市带来的信息化发展以及提升居民生活品质方面的优点逐步展现,收到人们普遍认可。所谓无线城市,就是用高速宽带无线网络把一座城市覆盖起来,实现随时随地上网,获取信息化服务,它将信息快速、多样、方便地传递给各个单位与个人,被称为继水、电、气、交通之后的城市的"第五公用基础设施",是移动通信发展大潮的自然延伸和拓展。

2004 年 7 月,美国费城首次提出建设基于 WLAN 标准的无线宽带城域网络,也叫"无线费城计划"。此后无线城市的建设浪潮开始席卷全球,目前,包括美国华盛顿、英国伦敦、加拿大安大略、荷兰阿姆斯特丹、德国汉堡、中国香港等1 000多个城市在建或计划建设无线城市,以满足公共接入、公共安全和公共服务的需要。

分析表示，随着无线城市建设步伐的不断加快，在若干年后，无线城市的成果——降低行政成本、提高工作效率、提升城市竞争力、改善公共服务、提高生活质量等将进一步显现出来。同时，作为城市信息化发展的一个阶段，我国无线城市建设也将逐步过渡到更为高级的"智慧城市"建设阶段。

如今，这股浪潮也开始波及中国各大城市均开始考虑建设类似项目。较大城市市政府将率先建设无线宽带覆盖网络，在无线城市建设方面"先试先行"，主要着眼于市政服务，采用无线宽带网络进行新城城区全覆盖，以无所不在的综合无线信息网络平台支撑公共安全、城市管理、应急联动、公共服务、商务旅游、生活学习等信息化应用。

（3）运营模式。

政府委托因特网业务提供商建网，传统运营商通过自己建设或者与政府共同建设无线城市网络并运营，再将业务批发、零售给用户、企业以及政府。

广告模式。ISP 自己建设、运营网络为主，为普通市民提供免费的、带宽较低的服务，通过广告支持免费服务。此外，ISP 也向政府部门及企业和团体批发带宽较高、服务质量较高、无广告的接入服务。

政府独营模式。从投资、建网到网络维护和运营都由政府主要负责，直接提供服务给城市各个部门以及市民。

合作社模式。所有拥有 WiFi（无线相容性认证）AP（接入点）设备和宽带接入资源的人或机构，通过加盟的方式开放自己的资源，使公共和私人拥有的分散的 WiFi 网络连在一起形成虚拟的"无线社区"。

（4）无线生活。

政务之窗。展示政府公告、政府新闻、政府办事机构及办事流程、服务热线的政务相关信息，以及城市概况、经济建设等城市基本资讯。市民可以通过政务之窗栏目查询各级政府部门的发布信息和办事指南，从而为政府与民众之间搭建起公开、便捷、友好沟通的平台。

便民服务。以信息技术提高人民的生产、生活效率，为个人及家庭提供丰富的信息应用为目标，为广大市民提供日常生活中相关的查询、预订服务，包括生活、交通、理财、医疗、家庭、教育、运动、掌上移动网上营业厅、银行营业厅等十余个分类服务。

商家优惠。包括餐饮、娱乐、购物、运动、酒店、景点等行业优惠信息，客户登陆无线城市即可免费/付费下载各类商家提供的最低的优惠折扣和代金券服务，还可为会员客户提供优质商家的手机预约和在线手机支付服务。

旅游频道。展现当地城市的风采、推荐当地的特色旅游业务，涵盖该地区的吃、游、娱、住、购、行等信息,并为客户提供周到、便捷的商旅服务。

时事新闻。为广大的市民提供全省各个地市的时事、经济、体育、娱乐等新闻内容以及城市热点新闻和专题新闻报道。

掌上娱乐。提供当前互联网热门手机应用下载及咨询,包括软件、视频、音乐、娱乐、书籍、SNS 社区等多个方面。

"无线城市":唯一的限制就是想象力,对于居住在"无线城市"的人来说,无线网络除了带来更加便捷的生活之外,还有更多的遐想空间。

"无线生活":汽车一驶入高速公路入口,WiFi 信号就会如约跳上笔记本电脑屏幕,网络连接的名字叫"Wicity",计算机显示这是一个"未设置安全机制的网络",也就是说,这是一个人人都可以登录的免费无线网络。"无线城市"开通后,打开配置了无线网卡的笔记本电脑,开始看新闻、听音乐,速度还可以,跟家里使用有线宽带的感觉相差无几。

在无线信号覆盖的范围内,可以随时随地上网收邮件、浏览信息、听音乐、看电影、上传照片等等,带给我们最大的感觉当然就是便利。尤其是外出时,不用再为发封电子邮件或传份文稿四处找网线、找接口、找网吧而犯愁了。可以预见,"无线城市"真正建成之后,救护车在抢救病人的途中,可及时获取和传送病史与医疗记录,并预订手术,为救治病人赢得宝贵的时间。

(5)智能社区。

再往远处看,如果技术足够成熟,无线智能社区也将成为现实。炎炎的夏日,开着车回家的你,用手机打个电话就可以提前打开家里的空调,让榨汁机准备一杯新鲜的果汁,再让家庭音响准备好你最喜欢的音乐,慵懒的冬季,躺在客厅沙发上的你,通过一个遥控器就可以让厨房里的咖啡机煮出一壶热咖啡,让微波炉为你准备一套香喷喷的晚餐,再遥控隔壁书房里的打印机为你打印好明天开会需要的文件,小区里再也没有神色紧张的保安,谁家的煤气漏了,发生火灾了,有人闯入了,都已经自动及时地通报到小区的报警服务器,而正在上班的你再也不用慌慌张张,因为第一时间小区保安已经用电话告诉你情况如何……

当然,在居民的住所开始使用之前,需要解决无线与有线运营商如何协调的问题。如果要真正实现全城覆盖,资金、管理、人力资源的落实,都是需要陆续解决的问题。从这个层面来看,"无线城市"作为政府提供的一种公共设施,对于公共服务理念的转变也是一种促进:在越来越多的领域,开始出现政府为市民生活买单的现象,这正是城市文明的一种体现。无线城市不是梦想,在中国,北京、天津、杭州等城市纷纷加入其中,随时随地获取需要的信息公共信息将更加透明化。只需装一个小小的芯片——无线通信模块,就能代替有线网络所需的接口、布线,无线城市,将提供更整洁、更便利的生活空间。所谓无线城市,是指在全城任一地点、任一时间、多种终端均可接入无线宽带网,有线互联网的所有应用在无线状态下都能实现。正如手机摆脱了电话机对于电话线的束缚,无线宽带可以使我们摆脱上网对于网线的依赖。无线网络技术使电脑成为一个可以漫游的媒介或流动的图书馆,你将能够随时随地获取需要的信息。市民的娱乐项目将更加丰富。利用手持终端,可以看电影、看电视、玩网络游戏……用手机拍下的照片,可以即刻传递到网络另一端的亲友眼前。外来游客在信息化方面会有"宾至如归"的感觉。只要租用一个无线终端,就会有语音提示,为游客指路、讲解景点、提供相关信息。而商旅人士只需购买一张无线服务卡,就能及时获取资讯、随时随地进行电子商务交易。

不久的将来,无线宽带的应用还可以帮助公安部门抓逃犯,帮助环保部门监控企业偷排漏排问题,无线宽带的一个重要应用正是公共信息化。今后,政府、单位、社区通过无线上网,可以实现新闻浏览、在线信息查询、城市公共信息和应急信息发布、可视通信、无线语音通信等多个功能。同时,道路监控、交通管理、安全监控、环境数据采集、水文监测等公用服务项目,逐渐也将"无线化",市域范围内的各类信息将快速送达各部门,公共信息将更加透明化。

由此可见,"无线城市"的实现,在便利市民之外,对于提升城市的管理水平和管理效率,提升城市的现代化水平,都有着重要的意义。"无线城市"代表着未来城市信息化的方向。

参考文献

[1] 薛晓明.移动通信技术[M].北京:北京理工大学出版社,2010.

[2] 邱绍峰.通信技术[M].重庆:重庆大学出版社,2013.

[3] 张洪顺.无线电监测与测向定位[M].西安:西安电子科技大学出版社,2011.

[4] 毕天平.城市管理信息系统[M].大连:大连理工大学出版社,2012.

[5] 王兴亮.数字通信原理与技术[M].西安:西安电子科技大学出版社,2003.

[6] 丁志云.大学计算机信息技术导论[M].北京:电子工业出版社,2009.

[7] 王佳琪.软件开发设计概览:W-regression[J].商情,2019(17):169-171.

[8] 陈浩君.气象探测中的无线电技术应用[J].上海信息化,2013(11):70-75.

[9] 侯东洋.基于RFID的无人超市系统优化方案[J].网络安全技术与应用信息通信,2019(12):62-63.

[10] 李成渊.射频识别技术的应用与发展研究[J].无线互联科技,2016(20):146-148.

[11] 翟冠杰.车联网体系结构分析及关键技术应用探讨[J].电子测试,2018(23):76-77.

[12] 韩来辉.美国地基深空探测网现状及对我国发展的启示[J].现代雷达,2020(5):9-17.

[13] 于素霞.关于无线电导航设备在航海中的应用分析[J].通信世界,2020(6):92-94.

[14] 黄健洁.探讨计算机网络与通信系统现状及发展[J].科技与生活,2012(23):51-54.

[15] 宋蒙.探讨计算机网络与通信系统现状及发展[J].城市建设理论研究,2014(10):62-65.

[16] 李姝晖.无线电广播电视发射技术传播范围扩大策略[J].科技传播,2020(4):50-51.

[17] 王蕊.空间信息技术与传输通信的电子集成网络系统模式的探讨[J].信息技术与信息化,2015(6):121-122.

[18] 唐琦.无线局域网组建与应用[J].企业文化,2016(2):256-257.

[19] 王祥祥. EPON 网络承载 WLAN 业务的优越性探讨[J]. 建筑工程技术与设计,2017(15):36-37.

[20] 黎明辉. 云计算在无线城市中应用的可行性分析[J]. 科技与生活,2011(9):199-200.

[21] 孔争光. 关于 5G 网络技术特点及无线网络规划[J]. 商情,2019(46):186-187.

[22] 赵国锋. 5G 移动通信网络关键技术综述[J]. 重庆邮电大学学报,2015(4):441-452.

[23] 张镭. 微波站电磁环境测试与干扰计算[J]. 福建电脑,2010(1):56-57.

[24] 李智远. 无线网络中定位并测试干扰讯号的方法[J]. 科技信息,2009(28):249-250.

[25] 邓晓燕. 适合我国国情的 3G 技术标准方案的探讨[J]. 甘肃科技,2005(12)218-219.

[26] 胡东风. 无线城市项目管理研究[D]. 成都:电子科技大学,2010.

[27] 张凯. 小型化高性能的低噪声放大器[D]. 济南:山东大学,2009.

[28] 赖如峰. 基于 ARM9 的智能家居开发与应用[D]. 杭州:浙江工业大学,2019.

[29] 谭静. 基于 WCDMA 网络移动执法系统的研究与实现[D]. 北京:北京邮电大学,2010.

[30] 李源. 延安 TD－SCDMA 无线网络规划设计和优化[D]. 西安:西安电子科技大学,2010.

[31] 李冠全. 某电信企业面向 3G 的网络支撑管理系统的设计[D]. 济南:山东大学,2013.

[32] 郭倩. 宽带接收机前端射频电路设计——可重构射频混频器设计[D]. 北京:北京交通大学,2010.

[33] 冯宝华. 后 3G 时代无线城市运营模式的研究[D]. 长沙:中南大学,2012.

[34] 费敏. CDMA2000 网络优化的研究[D]. 西安:西安电子科技大学,2010.

[35] 武天佑. 安全多链路可靠通信系统关键技术研究与实现[D]. 南京:东南大学,2011.

[36] 刘海鹏. Diameter 上下文传递应用的研究[D]. 上海:复旦大学,2002.

[37] 张五洲. 微波接力站电磁环境测量及干扰分析[D]. 西安:西安电子科技大学,2008.

[38] 董兴华. 基于 SCILAB/SCILAB 通信仿真平台的研究及设计[D]. 北京:北京邮电大学,2009.

[39] 刘婷婷.基于场强定向通信系统接收机的设计与实现[D].武汉:华中科技大学,2006.

[40] 谷金清.扭矩传感器的无线数据采集系统的设计[D].天津:河北工业大学,2005.

[41] 赵秋.一种扭矩传感器的无线数据传输系统[D].天津:河北工业大学,2006.

[42] 柳星普.宽频带无线电测向系统的设计与实现[D].成都:电子科技大学,2019.

[43] 晏琪.无线电监测管理系统的应用研究[D].保定:河北大学,2014.

[44] 张小清.误码率码及其在可靠组播数据传输协议中的应用[D].广州:中山大学,2008.

[45] 蔡少春.LDPC码及其在WiMAX中的应用[D].广州:中山大学,2007.

[46] 王建国.蜂窝网络的移动管理研究[D].上海:复旦大学,2003.

[47] 魏蔚.基于AT4wireless射频测试平台的一致性测试方法和应用[D].北京:北京邮电大学,2009.

[48] 张翼飞.基于压力传感器的风速风压测量与无线数据传输[D].天津:河北工业大学,2008.